机电及电气类专业高职高专"十二五"规划教材

电气控制与 PLC 原理及应用

（第二版）

主　编　常文平

副主编　李晓慧　张　敏

参　编　郭艳萍　殷兴光

　　　　王　鹏　万留杰

西安电子科技大学出版社

内容简介

本书从实际应用出发,系统介绍了继电器—接触器控制系统设计,突出介绍了可编程控制器(PLC)控制系统的原理与应用。其主要内容有:常用低压电器的工作原理与选用、机床控制线路的基本环节和典型机床电气控制线路的分析、PLC的工作原理和指令、电气控制系统的设计和应用以及实验指导。

本书可作为高职高专电气类、机电类专业的教材,也可作为职大、电大等相关专业的教材,还可作为其他工程技术人员的参考书。

★ 本书配有电子教案,需要者可与出版社联系,免费提供。

图书在版编目(CIP)数据

电气控制与 PLC 原理及应用/常文平主编. —2 版(2014.3 重印)
—西安:西安电子科技大学出版社,2012.8
机电及电气类专业高职高专"十二五"规划教材
ISBN 978 - 7 - 5606 - 2871 - 4

Ⅰ. ① 电… Ⅱ. ① 常… Ⅲ. ① 电气控制—高等职业教育—教材 ② PLC 技术—高等职业教育—教材 Ⅳ. ① TM571.2 ② TM571.6

中国版本图书馆 CIP 数据核字(2012)第 163213 号

策 划	马晓娟
责任编辑	曹媛媛 马晓娟
出版发行	西安电子科技大学出版社(西安市太白南路 2 号)
电 话	(029)88242885 88201467 邮 编 710071
网 址	www. xduph. com 电子邮箱 xdupfxb001@163.com
经 销	新华书店
印刷单位	中铁一局印刷厂
版 次	2012 年 8 月第 2 版 2014 年 3 月第 7 次印刷
开 本	787 毫米×1092 毫米 1/16 印 张 17
字 数	397 千字
印 数	25 001~29 000 册
定 价	26.00 元

ISBN 978 - 7 - 5606 - 2871 - 4/TM • 0098

XDUP 3163002 - 7

高职高专机电及电气类专业"十二五"规划教材

编审专家委员会名单

主　　任：李迈强

副 主 任：唐建生　李贵山

机 电 组

组　　长：唐建生(兼)

成　　员：(按姓氏笔画排列)

王春林　王周让　王明哲　田　坤　宋文学

陈淑惠　张　勤　肖　珑　吴振亭　李　鲤

徐创文　殷　铖　傅维亚　巍公际

电 气 组

组　　长：李贵山(兼)

成　　员：(按姓氏笔画排列)

马应魁　卢庆林　冉　文　申凤琴　全卫强

张同怀　李益民　李　伟　杨柳春　汪宏武

柯志敏　赵虎利　戚新波　韩全立　解建军

项目策划：马乐惠

策　　划：马武装　毛红兵　马晓娟

电子教案：马武装

前　　言

　　"电气控制与 PLC 原理及应用"是高职高专电气类、机电类专业的主干课程。作为一门重要的教材，本书本着培养高等技术应用型人才的宗旨，在注重基础理论的同时，突出针对性、实用性和先进性，力图做到由简到繁、深入浅出、主次分明，体现高职高专教育的特点。

　　本书除绪论外共分九章。首先介绍了常用低压电器的有关基础知识，接着系统讲解了由其组成的控制电路的基本环节、机床电气控制电路，最后讲述 PLC 控制系统。考虑到西门子公司的 PLC 在我国占有的份额以及其快速发展的趋势，本书以西门子公司的 S7 系列 PLC 为例，讲述其硬件的构成、工作原理、指令系统以及系统设置、调试和使用方法，并通过大量模拟工程实践环节的训练，进一步培养学生 PLC 系统的应用能力。在教学过程中，可以根据不同专业对本书内容进行适当的删减，参考教学时数为 50~60 学时。

　　本书在第一版的基础上，按照与时俱进培养高等技术应用型人才的要求，完善了典型机床电气控制电路内容，增加了起重机控制电路内容和 PLC 的 S7 - 300/400 内容，进一步增强了该教材的实用性和先进性。

　　本书由常文平任主编，李晓慧、张敏任副主编。河南漯河职业技术学院的郭艳萍编写第 1 章，西安理工大学高职学院的王鹏和陕西国防工业职业技术学院的殷兴光编写了第 2 章，河南机电高等专科学校的李晓慧编写了第 3 章和第 4 章，河南机电高等专科学校的张敏编写了第 5 章和附录，万留杰编写了第 6 章和第 7 章，常文平编写了第 8 章和第 9 章。

　　由于作者水平有限，书中不妥之处在所难免，恳请读者提出宝贵意见。

作　者
2012 年 7 月

第 一 版 前 言

　　"电气控制与 PLC 原理及应用"是高职高专电气类、机电类专业的主干课程。作为一门重要课程的教材，本书本着培养综合型应用人才的宗旨，在注重基础理论的同时，突出针对性、实用性和先进性，力图做到由简到繁、深入浅出、主次分明，尽可能体现高职高专教育的特点。

　　随着科学技术日新月异的发展，PLC 的性价比不断提高，电气控制技术进入新的发展时期。为便于前后承接，既体现电气控制技术的现状，又体现 PLC 控制技术的发展方向，本书在兼顾继电器—接触器控制等内容的同时，还重点讲解了 PLC 控制系统。考虑到西门子公司的 PLC 在我国占有的份额以及其快速发展的趋势，本书以西门子公司 S7-200 系列的 CPU22X 为例，讲述了 PLC 的硬件组成、工作原理和指令系统以及系统设置、调试和使用方法，并通过大量模拟工程实践环节的训练，来培养学生的 PLC 控制系统的应用能力。在教学过程中，可以根据不同专业对本书内容进行适当的删减，参考教学时数为 50～60 学时。

　　全书共分 8 章，主要内容有：常用低压电器；继电器—接触器控制电路的基本环节；典型机床电气控制电路；可编程控制器简介；S7-200 系列 PLC 基本指令；S7-200 系列 PLC 功能指令；电气控制系统设计；实验指导。

　　本书由常文平任主编，赵斌、郭艳萍任副主编。河南漯河职业技术学院的郭艳萍编写了第 1 章，西安理工大学高职学院的王鹏编写了第 2 章，陕西国防工业职业技术学院的殷兴光编写了第 3 章和第 4 章，河南机电高等专科学校的张敏编写了第 4 章和附录，赵斌编写了第 5 章和第 6 章，常文平编写了第 7 章和第 8 章。全书由常文平负责统稿。

　　由于作者水平有限，书中不妥之处在所难免，恳请读者提出宝贵意见。

作 者
2006 年 1 月

目　录

绪 论

1. 电气控制技术的发展状况

在现代工业中，为了实现各种生产工艺过程的要求，需要使用各种各样的生产机械。驱动生产机械的工作机构运动的电气机械装置称为电力拖动。在电力拖动中，电动机是生产机械的原动机，必须根据生产工艺的要求，通过各种控制电器，自动实现其启动、制动、反转及调速等控制，从而产生了电气自动控制技术。

20世纪20～30年代，人们采用继电器及接触器等元器件控制电动机的运行，这种控制系统称为继电器—接触器控制系统。这类系统结构简单、价格低廉、维护方便，因此被广泛应用于各类机床和机械设备中。采用这种系统不但可以方便地实现生产过程自动化，而且还可以实现集中控制和远距离控制。目前，我国的大部分机床和其他机械设备仍然采用继电器—接触器控制系统。由于该系统采用固定接线形式，故在改变生产工艺时需要重新布线，控制的灵活性较差。另外，该系统采用有触点元件控制，动作频率低，触点易损坏，系统的可靠性差。

20世纪40年代，世界上出现了交磁放大机—电动机控制系统，这是一种闭环反馈系统，它利用输出量与给定量的偏差进行自动控制，其控制精度和快速性都有了提高。20世纪60年代出现了晶体管—晶闸管控制系统，到了70年代发展成为集成电路放大器—晶闸管控制系统。由晶闸管供电的直流调速系统和交流调速系统不仅调速性能大为改善，而且减少了机电设备和占地面积，耗电少、效率高，已完全取代了交磁放大机—电动机系统。

在实际生产中，由于大量存在一些由开关量控制的简单程序控制过程，而实际生产工艺和流程又是经常变化的，因此需要一种能灵活改变程序的新型控制器。于是，在20世纪60年代出现了一种能够根据生产需要方便地改变控制程序，而又比电子计算机结构简单、价格低廉的自动化装置——顺序控制器。它是通过组合逻辑元件插接或编程来实现继电器—接触器控制线路功能的装置，能满足程序经常改变的控制要求，使控制系统具有较大的灵活性和通用性，但它使用的依然是硬件手段，装置体积大，功能也受到一定限制。随着大规模集成电路和微处理器技术的发展和应用，上述控制技术也发生了根本变化，在20世纪70年代出现了以微处理器为核心的、用软件手段来实现各种控制功能的新型工业控制器——可编程序控制器(PLC)。它不仅充分利用了微处理器的优点来满足各种工业领域的实时控制要求，而且还照顾到了现场电气操作维护人员的技能和习惯，摒弃了微机常用的计算机编程语言的表达形式，独具风格地形成了一套以继电器梯形图为基础的形象编程语言和模块化的软件结构，使用户程序的编制清晰直观，方便易学，更容易调试和查错。它已经取代了继电器—接触器控制系统，被广泛应用于大规模的生产过程控制中，具有通用性强、程序可变、编程容易、可靠性高、使用维护方便等优点，故目前世界各国已将它作为一种标准化通用设备普遍应用于工业控制中。

电气控制技术是随着科学技术的不断发展、生产工艺的不断提高而迅速发展的。在控制方法上，它是从手动控制到自动控制；在控制功能上，它是从简单到复杂；在操作上，它是由笨重到轻巧；在控制原理上，它是由单一的有触点硬接线的继电器—接触器控制系统到以微处理器为中心的软件控制系统。随着新的控制理论和新型电器及电子元件的出现，电气控制技术还将不断得到发展。

2. 本课程的内容与任务

"电气控制与 PLC 原理及应用"课程作为电气类、机电类等专业的基础课，在整个专业的课程体系中起着承上启下的作用。明确它在专业中的性质和地位，正确处理它与先行课程及后续课程的关系，是学好该课程的首要问题。在整个课程体系中，与它密切相关的先行课程是"电路基础"和"电力拖动基础"，它所服务的后续课程是"电力电子变流技术"、"工厂供电"、"自动控制原理与系统"等。

"电气控制与 PLC 原理及应用"是一门实践性较强的课程，它以电动机或其他执行电器为控制对象，介绍电气控制的基本原理、典型控制线路及设计。电气控制技术涉及面很广，各种电气控制设备种类繁多、功能各异，但就其控制原理、基本线路、设计基础而言是相似的。本书从应用角度出发，以方法论为手段，讲授上述几方面内容，以培养电气控制系统的分析及设计的基本能力。

本课程的任务是：

（1）熟悉常用低压电器的结构、工作原理、用途及型号，达到能正确使用和选用的目的。

（2）熟练掌握电气控制线路的基本环节，具有对一般电气控制线路的独立分析能力。

（3）熟悉典型生产设备的电气控制系统，具有从事电气设备的安装、调试、运行和维护等技术工作的能力。

（4）了解可编程控制器的工作原理及应用发展情况，熟练掌握可编程控制器的指令系统和编程方法。

（5）具有设计和改进电气控制系统的基本能力。

第1章　常用低压电器

1.1　低压电器的基本知识

在我国的经济建设和人民生活中,电能的应用越来越广泛。要实现工业、农业、国防和科学技术的现代化,就更离不开电气化。为了安全、可靠地使用电能,电路中就必须装有各种起调节、分配、控制和保护作用的电气设备,这些电气设备统称为电器。从生产或使用的角度来看,电器可分为高压电器和低压电器两大类。我国的现行标准是将工作电压交流 1200 V 以下、直流 1500 V 以下的电气线路中的电气设备称为低压电器。

1.1.1　低压电器的分类

低压电器的种类繁多,按其结构、用途及所控制的对象的不同,可以有不同的分类方式,以下介绍三种分类方式。

1. 按用途和控制对象分

按用途和控制对象的不同,可将低压电器分为配电电器和控制电器。

(1)用于低压电力网的配电电器。这类电器包括刀开关、转换开关、空气断路器和熔断器等。对配电电器的主要技术要求是断流能力强,限流效果好,在系统发生故障时保护动作准确,工作可靠,有足够的热稳定性和动稳定性。

(2)用于电力拖动及自动控制系统的控制电器。这类电器包括接触器、启动器和各种控制继电器等。对控制电器的主要技术要求是操作频率高,寿命长,有相应的转换能力。

2. 按操作方式分

按操作方式的不同,可将低压电器分为自动电器和手动电器。

(1)自动电器。通过电磁(或压缩空气)做功来完成接通、分断、启动、反向和停止等动作的电器称为自动电器。常用的自动电器有接触器、继电器等。

(2)手动电器。通过人力做功来完成接通、分断、启动、反向和停止等动作的电器称为手动电器。常用的手动电器有刀开关、转换开关和主令电器等。

3. 按工作原理分

按工作原理的不同,可将低压电器分为电磁式电器和非电量控制电器。

电磁式电器是依据电磁感应原理来工作的电器,如接触器、各类电磁式继电器等。非电量控制电器是靠外力或某种非电物理量的变化而动作的电器,如行程开关、速度继电器等。

另外,低压电器按工作条件还可划分为一般工业电器、船用电器、化工电器、矿用电器、牵引电器及航空电器等几类。对应于不同类型低压电器的防护形式，对其耐潮湿、耐腐蚀、抗冲击等性能的要求是不同的。

1.1.2　低压电器的基本结构

电磁式低压电器大都由两个主要部分组成，即感测部分（电磁机构）和执行部分（触头系统）。

1. 电磁机构

电磁机构的主要作用是将电磁能量转换成机械能量，带动触头动作，从而接通或分断电路。

电磁机构由吸引线圈、铁芯和衔铁三个基本部分组成。

常用的电磁机构可分为三种形式，如图 1-1 所示。

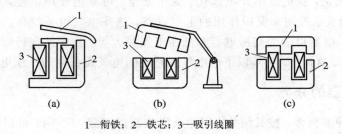

1—衔铁；2—铁芯；3—吸引线圈

图 1-1　常见的电磁机构

（1）衔铁沿棱角转动的拍合式铁芯，如图 1-1(a)所示。这种形式广泛应用于直流电器中。

（2）衔铁沿轴转动的拍合式铁芯，如图 1-1(b)所示。其铁芯形状有 E 形和 U 形两种。此种结构多用于触点容量较大的交流电器中。

（3）衔铁沿直线运动的双 E 型直动式铁芯，如图 1-1(c)所示。此种结构多用于交流接触器、继电器中。

1）直流电磁铁和交流电磁铁

按吸引线圈所通电流性质的不同，电磁铁可分为直流电磁铁和交流电磁铁。

直流电磁铁由于通入的是直流电，其铁芯不发热，只有线圈发热，因此，线圈与铁芯接触有利于散热，线圈做成无骨架、高而薄的瘦高型，可以改善线圈自身的散热。铁芯和衔铁由软钢和工程纯铁制成。

交流电磁铁由于通入的是交流电，铁芯中存在磁滞损耗和涡流损耗，这样会使线圈和铁芯都发热，因此，交流电磁铁的吸引线圈设有骨架，使铁芯与线圈隔离，并将线圈制成短而厚的矮胖型，这样有利于铁芯和线圈的散热。铁芯用硅钢片叠加而成，以减小涡流损耗。

电磁铁工作时，线圈产生的磁通作用于衔铁，产生电磁吸力，并使衔铁产生机械位移。衔铁在复位弹簧的作用下复位。因此，作用在衔铁上的力有两个：电磁吸力与反力。电磁吸力由电磁机构产生，反力则由复位弹簧和触头弹簧产生。铁芯吸合时要求电磁吸力大于反力，即衔铁位移的方向与电磁吸力方向相同；衔铁复位时要求反力大于电磁吸力。直流电磁铁的电磁吸力公式为

$$F = 4B^2 S \times 10^5 \tag{1-1}$$

式中：F—— 电磁吸力(单位为 N)；

  B—— 气隙磁感应强度(单位为 T)；

  S—— 磁极截面积(单位为 m^2)。

由式(1-1)可知：当线圈中通以直流电时，B 不变，F 为恒值；当线圈中通以交流电时，磁感应强度为交变量，即

$$B = B_m \sin\omega t \qquad\qquad (1-2)$$

由式(1-1)和式(1-2)可得：

$$
\begin{aligned}
F &= 4B^2 S \times 10^5\\
&= 4S \times 10^5 \times B_m^2 \sin^2\omega t\\
&= 2B_m^2 S (1 - \cos 2\omega t) \times 10^5\\
&= 2B_m^2 S \times 10^5 - 2B_m^2 S \times 10^5 \cos 2\omega t \qquad (1-3)
\end{aligned}
$$

由式(1-3)可知：交流电磁铁的电磁吸力在 0(最小值)～F_m(最大值)之间变化，其吸力曲线如图 1-2 所示。在一个周期内，当电磁吸力的瞬时值大于反力时，铁芯吸合；当电磁吸力的瞬时值小于反力时，铁芯释放。当电源电压变化一个周期时，电磁铁吸合两次、释放两次，使电磁机构产生剧烈的振动和噪音，因而不能正常工作。

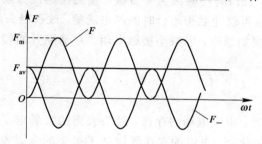

图 1-2 交流电磁铁吸力变化情况

2）短路环的作用

为了消除交流电磁铁产生的振动和噪音，可在铁芯的端面开一小槽，在槽内嵌入铜制短路环，如图 1-3 所示。加上短路环后，磁通被分成大小相近、相位相差约 90°的两相磁通 φ_1 和 φ_2，因此两相磁通不会同时为零。由于电磁吸力与磁通的平方成正比，因此由两相磁通产生的合成电磁吸力较为平坦，在电磁铁通电期间电磁吸力始终大于反力，使铁芯牢牢吸合，从而可消除振动和噪音。

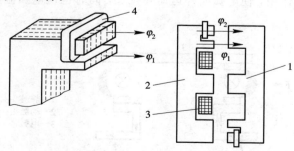

1—衔铁；2—铁芯；3—线圈；4—短路环

图 1-3 交流电磁铁的短路环

2. 触头系统

触头是电器的执行部分,起接通和分断电路的作用。触头通常用铜制成。由于铜制触头表面易产生氧化膜,使触头的接触电阻增大,从而使触头的损耗也增大,因此,有些小容量电器的触头采用银制材料,以减小接触电阻。

触头主要有两种结构形式:桥式触头和指形触头,如图 1-4 所示。

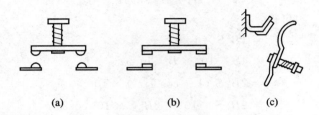

图 1-4 触头的结构形式

桥式触头(见图 1-4(a)和图 1-4(b))的两个触点串于同一条电路中,电路的通断由两个触头共同完成。桥式触头多为面接触,常用于大容量电器中。

指形触头(见图 1-4(c))的接触区为一直线,触头接通或分断时将产生滚动摩擦,以利于去掉氧化膜,同时也可缓冲触头闭合时的撞击能量,改善触头的电气性能。

为了使触头接触的更加紧密,以减小接触电阻,并消除开始接触时产生的振动,可在触头上安装接触弹簧。

1.1.3 灭弧系统

在大气中分断电路时,由于电场的存在,触头表面的大量电子溢出会产生电弧。电弧一经产生,就会产生大量热能。电弧的存在既烧蚀了触头的金属表面,降低了电器的使用寿命,又延长了电路的分断时间,所以必须迅速把电弧熄灭。

为使电弧熄灭,可采用将电弧拉长、使弧柱冷却、把电弧分成若干短弧等方法。灭弧装置就是基于这些原理来设计的。

1. 电动力灭弧

图 1-5 所示是一种桥式结构双断口触头系统。当触头分断时,在断口处将产生电弧。电弧电流在两电弧之间产生如图 1-5 所示的磁场。根据左手定则,电弧电流要受到一个指向外侧的电动力 F 的作用,使电弧向外运动并拉长,同时也使电弧温度降低,有助于熄灭电弧。

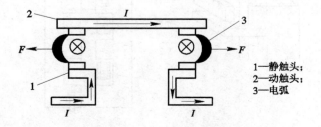

1—静触头;
2—动触头;
3—电弧

图 1-5 双断点触头的电动力灭弧

这种灭弧方法简单,无需专门的灭弧装置,一般用于接触器等交流电器。当交流电弧电流过零时,触头间隙的介质强度迅速恢复,将电弧熄灭。

2. 磁吹灭弧

磁吹灭弧的原理如图1-6所示。在触头电路中串入一个磁吹线圈,该线圈产生的磁通经过导磁夹板引向触头周围,如图1-6所示。由图可见,在弧柱下方,两个磁通是相加的,而在弧柱上方是彼此相减的,因此,在下强上弱的磁场作用下,电弧被拉长并吹入灭弧罩中。引弧角与静触头相连接,其作用是引导电弧向上运动,将热量传递给罩壁,使电弧冷却熄灭。

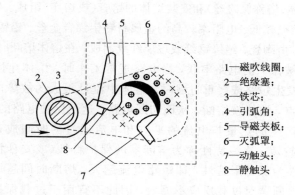

1—磁吹线圈;
2—绝缘塞;
3—铁芯;
4—引弧角;
5—导磁夹板;
6—灭弧罩;
7—动触头;
8—静触头

图1-6 磁吹灭弧示意图

该灭弧装置是利用电弧电流本身灭弧的,因而电弧电流越大,吹弧能力就越强。它广泛应用于直流接触器中。

3. 金属栅片灭弧

图1-7所示为金属栅片灭弧装置示意图。灭弧栅是由多片镀铜薄钢片(称为栅片)组成的,它们安放在电器触头上方的灭弧室内,彼此之间互相绝缘。当电器的触头分离时,所产生的电弧在吹磁电动力作用下被推向灭弧栅内。当电弧进入栅片后被分割成一段段串联的短弧,而栅片就是这些短弧的电极。每两片灭弧栅片之间都有150 V~250 V的绝缘强度,使整个灭弧栅的绝缘强度大大加强,以致外加电压无法维持,电弧迅速熄灭。除此之外,栅片还能吸收电弧热量,使电弧吸收冷却。基于上述原因,电弧进入栅片后就会很快熄灭。由于栅片灭弧装置的灭弧效果在交流时要比直流时强得多,因此在交流电器中常采用栅片灭弧。

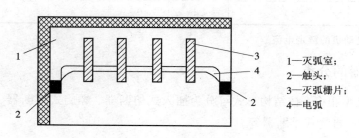

1—灭弧室;
2—触头;
3—灭弧栅片;
4—电弧

图1-7 金属栅片灭弧示意图

1.2 熔　断　器

熔断器是一种结构简单、使用方便、价格低廉、控制有效的短路保护电器。它串联在电路中，当电路或用电设备发生短路时，熔体能自身熔断，切断电路，阻止事故蔓延，因而能实现短路保护。无论是在强电系统中还是在弱电系统中，熔断器都得到了广泛的应用。

1.2.1　熔断器的结构和工作原理

熔断器主要由熔体(俗称保险丝)和安装熔体的熔管(或熔座)组成。熔体是熔断器的主要部分，其材料一般由熔点较低、电阻率较高的金属材料铝锑合金丝、铅锡合金丝或铜丝制成。熔管是装熔体的外壳，由陶瓷、绝缘钢纸或玻璃纤维制成，在熔体熔断时兼有灭弧作用。

熔断器的熔体与被保护的电路串联，当电路正常工作时，熔体允许通过一定大小的电流而不熔断；当电路发生短路或严重过载时，熔体中流过很大的故障电流，一旦电流产生的热量达到熔体的熔点，熔体就熔断，从而切断电路，达到保护电路的目的。

电流流过熔体时产生的热量与电流的平方和电流通过的时间成正比，因此，电流越大，熔体熔断的时间越短。这一特性称为熔断器的保护特性(或安秒特性)，如图1-8所示。熔断器的安秒特性为反时限特性，即短路电流越大，熔断时间越短，这样就能满足短路保护的要求。由于熔断器对过载反应不灵敏，因此不宜用于过载保护，而主要用于短路保护。表1-1示出了某熔体的安秒特性数值关系。

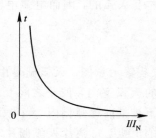

图1-8　熔断器的安秒特性

表1-1　某熔体的安秒特性数值关系

熔断电流	$1.25I_N \sim 1.3I_N$	$1.6I_N$	$2I_N$	$2.5I_N$	$3I_N$	$4I_N$
熔断时间	∞	1 h	40 s	8 s	4.5 s	2.5 s

注：I_N 为电动机的额定电流。

1.2.2　熔断器的分类

熔断器的类型很多，按结构形式可分为插入式熔断器、螺旋式熔断器、封闭管式熔断器、快速熔断器、自复式熔断器等。

1. 插入式熔断器

常用的插入式熔断器是RC1A系列，其结构如图1-9所示。它由瓷盖、瓷座、触头和熔丝四部分组成。由于其结构简单、价格便宜、更换熔体方便，因此广泛应用于 380 V 及以下的配电线路末端，作为动力、照明负荷的短路保护。

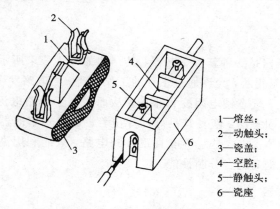

1—熔丝；
2—动触头；
3—瓷盖；
4—空腔；
5—静触头；
6—瓷座

图 1-9　插入式熔断器的结构

2. 螺旋式熔断器

常用的螺旋式熔断器是 RL1 系列，其外形与结构如图 1-10 所示。它由瓷座、瓷帽和熔断管组成。熔断管上有一个标有颜色的熔断指示器，当熔体熔断时，熔断指示器会自动脱落，显示熔丝已熔断。

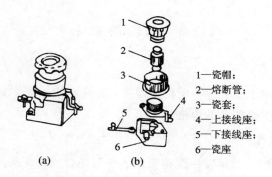

1—瓷帽；
2—熔断管；
3—瓷套；
4—上接线座；
5—下接线座；
6—瓷座

(a)　(b)

图 1-10　螺旋式熔断器
（a）外形；（b）结构

在装接使用时，电源线应接在下接线座，负载线应接在上接线座，这样在更换熔断管（旋出瓷帽）时，金属螺纹壳的上接线座便不会带电，保证了维修者的安全。它多应用于机床配线中，作为短路保护。

3. 封闭管式熔断器

封闭管式熔断器主要用于负载电流较大的电力网络或配电系统中，其熔体采用封闭式结构。它有两个作用：一是可防止电弧的飞出和熔化金属的滴出；二是在熔断过程中，封闭管内将产生大量的气体，使管内压力升高，从而使电弧因受到剧烈压缩而很快熄灭。封闭式熔断器有无填料式和有填料式两种，常用的型号有 RM10 系列和 RT0 系列。

4. 快速熔断器

快速熔断器是在 RL1 系列螺旋式熔断器的基础上，为保护可控硅半导体元件而设计的，其结构与 RL1 完全相同。常用的型号有 RLS 系列、RS0 系列等。RLS 系列主要用于小容量可控硅元件及其成套装置的短路保护；RS0 系列主要用于大容量晶闸管元件的短路保护。

5. 自复式熔断器

RZ1 型自复式熔断器是一种新型熔断器，其结构如图 1-11 所示，它采用金属钠作熔体。在常温下，钠的电阻很小，允许通过正常的工作电流。当电路发生短路时，短路电流产生的高温使钠迅速气化，气态钠电阻变得很高，从而限制了短路电流。当故障消除时，温度下降，气态钠又变为固态钠，恢复其良好的导电性。自复式熔断器的优点是动作快，能重复使用，无需备用熔体。缺点是它不能真正分断电路，只能利用高阻闭塞电路，故常与自动开关串联使用，以提高组合分断性能。

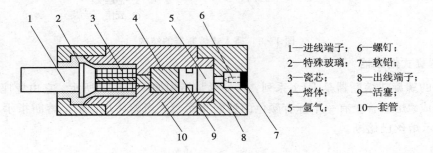

1—进线端子；　6—螺钉；
2—特殊玻璃；　7—软铅；
3—瓷芯；　　　8—出线端子；
4—熔体；　　　9—活塞；
5—氩气；　　　10—套管

图 1-11　自复式熔断器结构图

1.2.3　熔断器的选择

在选用熔断器时，应根据被保护电路的需要，首先确定熔断器的类型，然后选择熔体的规格，再根据熔体确定熔断器的规格。

1. 熔断器类型的选择

选择熔断器的类型时，主要根据线路要求、使用场合、安装条件、负载要求的保护特性和短路电流的大小等来进行。电网配电一般用管式熔断器；电动机保护一般用螺旋式熔断器；照明电路一般用瓷插入式熔断器；保护可控硅元件则应选择快速熔断器。

2. 熔断器额定电压的选择

熔断器的额定电压大于或等于线路的工作电压。

3. 熔断器熔体额定电流的选择

（1）对于变压器、电炉和照明等负载，熔体的额定电流 I_{fN} 应略大于或等于负载电流 I，即

$$I_{fN} \geqslant I \tag{1-4}$$

（2）保护一台电机时，应考虑启动电流的影响，可按下式选择熔体的额定电流：

$$I_{fN} \geqslant (1.5 \sim 2.5)I_N \tag{1-5}$$

式中：I_N——电动机额定电流（单位是 A）。

（3）保护多台电机时，可按下式计算熔体的额定电流：

$$I_{fN} \geqslant (1.5 \sim 2.5)I_{Nmax} + \sum I_N \qquad (1-6)$$

式中：I_{Nmax}—— 容量最大的一台电动机的额定电流；

$\sum I_N$—— 其余电动机的额定电流之和。

4. 熔断器额定电流的选择

熔断器的额定电流必须大于或等于所装熔体的额定电流。

熔断器型号的含义和电气符号如图 1-12 所示。

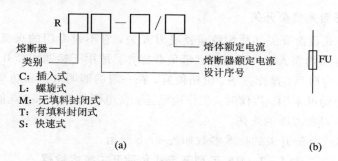

图 1-12　熔断器型号的含义和电气符号

（a）型号的含义；（b）电气符号

1.3　刀　开　关

刀开关是一种手动电器，在低压电路中用于不频繁地接通和分断电路，或用于隔离电路与电源，故又称"隔离开关"。

1.3.1　刀开关的结构和安装

刀开关是一种结构较为简单的手动电器，主要由闸刀（动触头）和刀座（静触头）及绝缘底板等组成，如图1-13所示。接通或切断电路是由人工操纵闸刀完成的。容量大的刀开关一般都装在配电盘的背面，通过连杆手柄操作。用刀开关切断电流时，由于电路中电感和空气电离的作用，刀片与刀座在分离时会产生电弧，特别是当切断较大电流时，电弧持续不易熄灭。因此，为安全起见，不允许用无隔弧、无灭弧装置的刀开关切断大电流。在继电器—接触器控制系统中，刀开关一般作为隔离电源用，而用接触器接通和断开负载。

刀开关在切断电源时会产生电弧，必须注意在安装刀开关时应将手柄朝上，不得倒装或平装。安装的方向正确，作用在电弧上的电动力和热空气的上升方向一致，就能使电弧迅速拉长而熄灭；反之，两者方向相反，

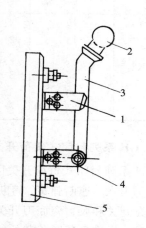

1—静触头；2—手柄；3—动触头；
4—铰链支座；5—绝缘底板

图 1-13　刀开关结构示意图

电弧将不易熄灭，严重时会使触头及刀片烧伤甚至造成极间短路。另外，如果倒装，手柄

可能因自动下落而引起误动作合闸，将可能造成人身和设备安全事故。

接线时，应将电源线接在上端，负载接在下端，这样拉闸后刀片与电源隔离，可防止意外事故的发生。

1.3.2 常用刀开关

常用刀开关有 HD 系列及 HS 系列刀开关、HK 系列开启式负荷开关和 HH 系列封闭式负荷开关。

1. HK 系列开启式负荷开关

HK 系列开启式负荷开关又称为胶盖瓷底刀开关，它不设专门的灭弧装置，仅利用胶盖的遮护来防止电弧灼伤人手，因此不宜带负载操作，适用于接通或断开有电压而无负载电流的电路。其结构简单、操作方便、价格便宜，在一般的照明电路和功率小于 5.5 kW 的电动机控制电路中仍可采用。操作时，动作应迅速，使电弧较快熄灭，既能避免灼伤人手，也能减少电弧对闸刀和刀座的灼伤。

HK 系列开启式负荷开关的技术参数如表 1-2 所示。

表 1-2 HK 系列开启式负荷开关技术数据

型号	额定电流/A	极数	额定电压/V	可控制电动机容量/kW	配用熔丝规格			
					线径/mm	成分/(%)		
						铜	锡	锑
HK1	15	2	220	1.5	1.45～1.59			
	30	2	220	3.0	2.30～2.52			
	60	2	220	4.5	3.36～4.00	98	1	1
	15	3	380	2.2	1.45～1.59			
	30	3	380	4.0	2.3～2.52			
	60	3	380	5.5	3.36～4.00			
HK2	10	2	220	1.1	0.25			
	15	2	220	1.5	0.41			
	30	2	220	3.0	0.56	含铜量不少于 99.9%		
	15	3	380	2.2	0.45			
	30	3	380	4.0	0.71			
	60	3	380	5.5	0.12			

2. HH 系列封闭式负荷开关

HH 系列封闭式负荷开关因其外壳为铁制壳，故俗称铁壳开关。铁壳开关由安装在铁壳内的刀开关、速断弹簧、熔断器及操作手柄等组成，通常可用以控制 28 kW 以下的电动机。铁壳开关和胶盖瓷底刀开关中都装有熔断器，因此都具有短路保护作用。铁壳开关的灭弧性能、操作及通断负载的能力和安全防护性能都优于 HK 系列的胶盖瓷底刀开关，但其价格较贵。

HH 系列铁壳开关的操作机构具有以下两个特点：一是采用了弹簧储能分合闸方式，其分合闸的速度与手柄的操作速度无关，从而提高了开关通断负载的能力；二是设有联锁装置，保证开关在合闸状态下开关盖不能开启，开关盖开启时又不能合闸，充分发挥了外壳的防护作用，并保证了更换熔丝等操作的安全。

刀开关常用于不频繁接通和切断电源的场合。选用刀开关时应根据电源及负载的情况确定其极数、额定电压和额定电流。用刀开关控制电动机时，其额定电流要大于电动机额定电流的 3 倍，然后根据表 1-2 所示的技术数据，确定刀开关的具体型号。两极和三极刀开关本身均配有熔断器。

刀开关的型号含义和电气符号如图 1-14 所示。

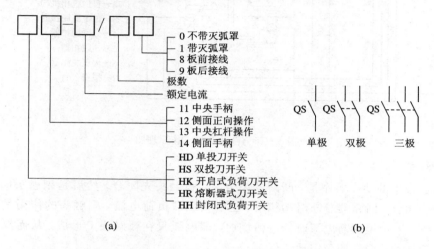

图 1-14　刀开关的型号含义和电气符号

（a）型号含义；（b）电气符号

1.4　低压断路器

低压断路器（曾称为自动开关）是一种不仅可以接通和分断正常负荷电流和过负荷电流，还可以接通和分断短路电流的开关电器。低压断路器在电路中除起控制作用外，还具有一定的保护功能，如过负荷、短路、过载、欠压和漏电保护等。低压断路器可以手动直接操作或电动操作，也可以远方遥控操作。

1.4.1　低压断路器的结构和工作原理

1. 低压断路器的结构

低压断路器主要由触头系统、灭弧系统、操动机构和保护装置等组成，如图 1-15 所示。

1）触头系统

触头（静触头和动触头）在断路器中用来实现电路接通或分断。

触头的基本要求为：

（1）能安全可靠地接通和分断极限短路电流及以下的电路电流；

（2）能通过长期工作制的工作电流；

（3）在规定的电寿命次数内，接通和分断后不会严重磨损。

常用断路器的触头形式有对接式触头、桥式触头和插入式触头。对接式和桥式触头多为面接触或线接触，在触头上都焊有银基合金镶块。大型断路器每相除主触头外，还有副

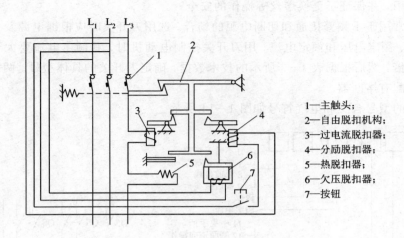

图 1-15 自动开关工作原理图

1—主触头；
2—自由脱扣机构；
3—过电流脱扣器；
4—分励脱扣器；
5—热脱扣器；
6—欠压脱扣器；
7—按钮

触头和弧触头。

断路器触头的动作顺序是：断路器闭合时，弧触头先闭合，然后是副触头闭合，最后才是主触头闭合；断路器分断时却相反，主触头承载负荷电流，副触头的作用是保护主触头，弧触头用来承担切断电流时的电弧烧灼，即电弧只在弧触头上形成，从而保证了主触头不被电弧烧蚀，能长期稳定地工作。

2）灭弧系统

灭弧系统用来熄灭触头间在断开电路时产生的电弧。灭弧系统包括两个部分：一是强力弹簧机构，可使断路器触头快速分开；二是在触头上方设置的灭弧室。

3）操动机构

断路器操动机构包括传动机构和脱扣机构两大部分。

（1）传动机构按断路器操作方式的不同可分为手动传动、杠杆传动、电磁铁传动、电动机传动；按闭合方式的不同可分为储能闭合和非储能闭合。

（2）自由脱扣机构的功能是实现传动机构和触头系统之间的联系。

4）保护装置

断路器的保护装置由各种脱扣器组成。

断路器的脱扣器形式有欠压脱扣器、过电流脱扣器、分励脱扣器等。

欠压脱扣器用来监视工作电压的波动。当电网电压降低至70％～35％额定电压或电网发生故障时，断路器可立即分断；当电源电压低于35％额定电压时，能防止断路器闭合。带延时动作的欠压脱扣器可防止因负荷陡升引起的电压波动造成的断路器不适当地分断，其延时时间可为1 s、3 s和5 s。

分励脱扣器用于远距离遥控或热继电器动作分断断路器。

过电流脱扣器用于防止过载和负载侧短路。

一般断路器还具有短路锁定功能，用来防止断路器因短路故障分断后，故障未排除前再合闸。在短路条件下，断路器分断，锁定机构动作，使断路器机构保持在分断位置，锁定机构未复位前，断路器合闸机构不能动作，无法接通电路。

5）其他

断路器除上述四类装置外，还具有辅助接点，一般有常开接点和常闭接点。辅助接点供信号装置和智能式控制装置使用。另外，断路器还有框架（万能式断路器）和塑料底座及外壳（塑壳式断路器）。

2. 工作原理

如图 1-15 所示，断路器的主触头依靠操动机构手动或电动合闸，主触头闭合后，自由脱扣机构将主触头锁定在合闸位置上。此时，短路脱扣器的线圈和热脱扣器的热元件串联在主电路中，欠压脱扣器的线圈并联在电路中。当电路发生短路或严重过载时，过电流脱扣器线圈中的电流急剧增加，衔铁吸合，使自由脱扣机构动作，主触头在弹簧作用下分开，从而切断电路。当电路过载时，热脱扣器的热元件使双金属片向上弯曲，推动自由脱扣机构动作。当电路发生失压故障时，电压线圈中的磁通下降，使电磁吸力下降或消失，衔铁在弹簧作用下向上移动，推动自由脱扣机构动作。分励脱扣器用作远距离分断电路。

1.4.2 低压断路器的分类

低压断路器的分类方式很多，按使用类别分，有选择型（保护装置参数可调）和非选择型（保护装置参数不可调）；按结构形式分，有万能式（又称框架式）和塑壳式断路器；按灭弧介质分，有空气式和真空式（目前国产多为空气式）；按操作方式分，有手动操作、电动操作和弹簧储能机械操作；按极数分，可分为单极、二极、三极和四极式；按安装方式分，有固定式、插入式、抽屉式和嵌入式等。低压断路器容量范围很大，最小为 4 A，而最大可达 5000 A。

低压断路器广泛应用于低压配电系统的各级馈出线、各种机械设备的电源控制和用电终端的控制和保护电路中。

1. 万能式断路器

万能式断路器（标准形式为 DW）又称为框架式断路器。其特点是具有一个钢制框架，所有部件都装于框架内，导电部需要加绝缘，部件大都设计成可拆装式的，便于安装和制造。由于其保护方案和操动方式较多，装设地点也很灵活，因此有"万能式"之称。

万能式断路器容量较大，可装设多种脱扣器，辅助接点的数量也较多，不同的脱扣器组合可形成不同的保护特性，故可作为选择性或非选择性，或具有反时限动作特性的电动机保护。它通过辅助接点可实现远方遥控和智能化控制。其额定电流为 630 A～5000 A。它一般用于变压器 400 V 侧出线总开关、母线联络开关或大容量馈线开关和大型电动机控制开关。

我国自行开发的万能式断路器系列有 DW15、DW16、CW 系列；引进技术的产品有德国 AEG 公司的 ME 系列（DW17），日本寺崎公司的 AH 系列（DW914），日本三菱公司的 AE 系列（DW19），西门子公司的 3WE 系列等。另外，还有国内各生产厂家以各自产品命名的高新技术开关。

2. 塑料外壳式断路器

塑料外壳式断路器（标准形式为 DZ）简称塑壳式低压断路器，原称装置式自动空气断路器，其主要特征是所有部件都安装在一个塑料外壳中，没有裸露的带电部分，提高了使用的安全性。新型的塑壳断路器也可制成选择型。小容量的断路器（50 A 以下）采用非储能式闭合，手动操作；大容量的断路器的操作机构采用储能式闭合，可以手动操作，亦可由电动机操作。电动机操作可实现远方遥控操作。其额定电流一般为 6 A～630 A，有单极、二极、三极和四极式。目前已有额定电流为 800 A～3000 A 的大型塑壳式断路器。

塑壳式断路器一般用于配电馈线控制和保护，小型配电变压器的低压侧出线总开关，动力配电终端控制和保护及住宅配电终端控制和保护，也可用于各种生产机械的电源开关。

我国自行开发的塑壳式断路器系列有 DZ5 系列、DZ15 系列、DZ20 系列、DZ25 系列，引进技术生产的有日本寺崎公司的 TO、TG 和 TH－5 系列，西门子公司的 3VE 系列，日本三菱公司的 M 系列，ABB 公司的 M611（DZ106）和 SO60 系列，施耐德公司的 C45N（DZ47）系列等，以及生产厂家以各自产品命名的高新技术塑壳断路器。

其派生产品有 DZX 系列限流断路器，带剩余电流保护功能（漏电保护功能）的剩余电流动作保护断路器及缺相保护断路器等。

3. 漏电保护断路器

漏电保护断路器分为电磁式电流动作型、电压动作型和晶体管（集成电路）电流动作型等。电磁式电流动作型剩余电流保护断路器是常用的漏电保护断路器，其原理见图 1－16。其结构是在一般的塑料外壳式断路器中增加了一个能检测剩余电流的感受元件（检测电流互感器）和剩余电流脱扣器。在正常运行时，各相电流的相量和为零，检测电流互感器二次侧无输出。当出现漏电（剩余电流）或人身触电时，在检测电流互感器二次线圈上会感应出剩余电流。剩余电流脱扣器受此电流激励，使断路器脱扣而断开电路。

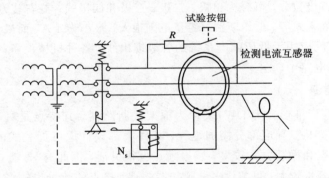

图 1－16　电磁式电流动作型剩余电流保护断路器工作原理图

电磁式剩余电流保护断路器是直接动作型的，动作较可靠，但体积较大，制造工艺要求也高。晶体管或集成电路式剩余电流保护断路器是间接动作型的，因而可使检测电流互感器的体积大大缩小，从而也缩小了断路器的体积。随着电子技术的发展，人们现在越来越多地采用了集成电路剩余电流保护断路器。

1.4.3　低压断路器的主要技术参数

我国低压电器标准规定低压断路器应有下列特性参数。

1. 型号

断路器型号包括相数、极数、额定频率、灭弧介质、闭合方式和分断方式。

2. 主电路额定值

主电路额定值有额定工作电压、额定电流、额定短路接通能力、额定短路分断能力等。

万能式断路器的额定电流还分主电路的额定电流和框架等级的额定电流。

3. 额定工作制

断路器的额定工作制可分为 8 小时工作制和长期工作制两种。

4. 辅助电路参数

断路器辅助电路参数主要为辅助接头特性参数。万能式断路器一般具有常开接头、常闭接头各 3 对，供信号装置及控制回路使用；塑壳式断路器一般不具备辅助接头。

5. 其他

断路器特性参数除上述各项外，还包括脱扣器形式及特性、使用类别等。

低压断路器的主要技术参数如表 1-3 所示。

表 1-3　DZ5 系列低压断路器的主要技术参数

型　号			DZ5-20				DZ5-50		
额定电压 U_N/V			AC 400				AC 400		
框架等级额定电流 I_{nm}/A			20				50		
额定电流 I_N/A			0.15、0.2、0.3、0.45、0.65、1、1.5、2.3、4.5、6.5、10 、15 、20				$10I_N$		
断路保护电路整定值 I_r/A	配电用		$10I_N$				$10I_N$		
	保护电动机用		$12I_N$				$12I_N$		
额定短路分断能力/A	I_N/A	复式脱扣器	电磁脱扣器		热脱扣器		液压		
	0.15~6.5	1200~1500	1200~1500		$14I_N$		2500		
	10~20								
寿命/次	有载		1500				1500		
	无载		8500				8500		
	总计		10 000				10 000		
每小时操作次数/(次/h)			120				120		
极数 P			2、3				3		
保护特性			热脱扣器和电磁脱扣器				液压脱扣器阻尼（电动机用）		
配电用	I/I_r	1.05	1.3	2.0		3.0	1.0	1.2	1.5
	动作时间	≥1 h 不动作	<1 h 动作	<4 min 动作		可返回时间 >1 s	>2 h 不动作	1 h 动作	<3 min
保护电动机用	I/I_r	1.05	1.2	1.5		7.2	7.2		12
	动作时间	≥1 h 不动作	<1 h 动作	<3 min 动作		2 s>可返回时间>1 s	可返回时间 >1 s		<0.2 s

1.4.4　低压断路器的选择

额定电流在 600 A 以下，且短路电流不大时，可选用塑壳断路器；额定电流较大，短路电流亦较大时，应选用万能式断路器。一般选用原则为：

（1）断路器额定电压大于等于电源和负载的额定电压；

（2）断路器额定电流大于等于负载工作电流；

（3）断路器极限通断能力大于等于电路最大短路电流；

（4）热脱扣器的整定电流应与所控制的电动机的额定电流或负载额定电流一致；

（5）断路器欠电压脱扣器额定电压等于线路额定电压；

（6）线路末端单相对地短路电流/断路器瞬时（或短路时）脱扣器整定电流大于等于 1.25。

断路器的型号含义和电气符号如图 1－17 所示。

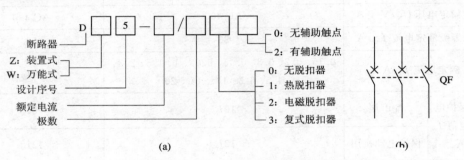

图 1－17　断路器的型号意义和电气符号
（a）型号意义；（b）电气符号

1.4.5　智能化低压断路器

将微处理机和计算机技术引入低压电器，一方面使低压电器具有了智能化功能，另一方面使低压开关电器通过中央控制系统，进入了计算机网络系统。

将微处理器引入低压断路器，使断路器的保护功能大大增强，它的三段保护特性中的短延时可设置成 $I-t$ 特性，以便与后一级保护更好地匹配，并可实现接地故障保护。

带微处理器的智能化脱扣器的保护特性可方便地进行调节，还可设置预警特性。智能化断路器可反映负载电流的有效值，消除输入信号中的高次谐波，避免高次谐波造成的误动作。

采用微处理器还能提高断路器的自身诊断和监视功能，可监视检测电压、电流和保护特性，并用液晶显示。当断路器内部温升超过允许值，或触头磨损量超过限定值时能发出警报。

智能化断路器能保护各种启动条件的电动机，并具有很高的动作准确性，整定调节范围宽，可以保护电动机不受过载、断相、三相不平衡、接地等故障的影响。

智能化断路器通过与控制计算机组成网络来自动记录断路器运行情况，并可实现遥测、遥控和遥信功能。

智能化断路器是传统低压断路器改造、提高、发展的方向。近年来，我国的断路器生产厂家也已开发生产了各种类型的智能化控制的低压断路器，相信今后智能化断路器在我国一定会有更大的发展。

1.5 接 触 器

接触器是一种应用广泛的开关电器。它主要用于频繁接通或分断交、直流主电路和大容量的控制电路。它可远距离操作，配合继电器实现定时操作，联锁控制及各种定量控制和失压保护，被广泛应用于自动控制电路中。其主要控制对象是电动机，也可用于控制其他电力负载，如电热器、照明、电焊机、电容器组等。

接触器按流过接触器主触头的电流的性质分为直流接触器和交流接触器。

1.5.1 电磁式交流接触器的结构和工作原理

1. 结构

如图 1-18 所示，接触器主要由电磁系统、触头系统、灭弧系统（图中未画出）及其他部分组成。

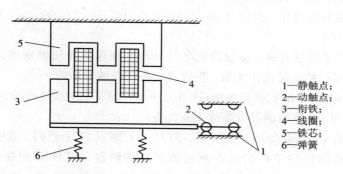

1—静触点；
2—动触点；
3—衔铁；
4—线圈；
5—铁芯；
6—弹簧

图 1-18 接触器结构示意图

（1）电磁系统。电磁系统包括电磁线圈、铁芯和衔铁，是接触器的重要组成部分，依靠它带动触点的闭合与断开。

（2）触头系统。触头是接触器的执行部分，它包括主触点和辅助触点。主触点的作用是接通和分断主回路，控制较大的电流；而辅助触点在控制回路中，用以满足各种控制方式的要求。

（3）灭弧系统。灭弧装置用来保证在触点断开电路时，产生的电弧能可靠地熄灭，减少电弧对触点的损伤。为了迅速熄灭断开时的电弧，通常接触器都装有灭弧装置，一般采用半封式纵缝陶土灭弧罩，并配有强磁吹弧回路。

（4）其他部分。其他部分包括绝缘外壳、弹簧、短路环、传动机构等。

2. 工作原理

如图 1-18 所示，当接触器线圈通电后，线圈电流产生磁场，使铁芯产生电磁吸力吸引衔铁，并带动触头动作：常闭触点断开，常开触点闭合，两者是联动的。当线圈断电时，电磁吸力消失，衔铁在自重和释放弹簧的作用下释放，使触点复原：常开触点断开，常闭触点闭合。接触器的触点数目应能满足控制线路的要求。

1.5.2　直流接触器

直流接触器的结构与工作原理基本上与交流接触器相同,即由线圈、铁芯、衔铁、触头、灭弧装置组成。所不同的是除触头电流和线圈电压为直流外,其触头大都采用滚动接触的指形触头,辅助触头则采用点接触的桥形触头。铁芯由整块钢或铸铁制成,线圈则制成长而薄的圆筒形。为保证衔铁可靠地释放,常在铁芯与衔铁之间垫有非磁性垫片。

由于直流电弧不像交流电弧那样有自然过零点,更难熄灭,因此,直流接触器常采用磁吹式灭弧装置。

1.5.3　接触器的主要技术参数和选择

1. 主要技术参数

(1) 额定电压。接触器铭牌上的额定电压是指主触头的额定电压,交流有 127 V、220 V、380 V、500 V,直流有 110 V、220 V、440 V。

(2) 额定电流。接触器铭牌上的额定电流是指主触头的额定电流,有 5 A、10 A、20 A、40 A、60 A、100 A、150 A、250 A、400 A、600 A。

(3) 吸引线圈额定电压。交流有 36 V、110 V、127 V、220 V、380 V,直流有 24 V、48 V、220 V、440 V。

(4) 电气寿命和机械寿命。接触器的电气寿命是在规定使用类别的正常操作条件下,不需修理或更换零件的负载操作次数,其数值应小于机械寿命的 1/20。

(5) 额定操作频率。额定操作频率(次/h)即允许的每小时接通的最多次数。交流接触器最高为 600 次/h,直流接触器可高达 1200 次/h。

常见接触器有 CJ10 系列、CJ20 系列、3TH 和 CJX1(3TB)系列。其中,3TH 和 CJX1 (3TB)系列是从德国西门子公司引进制造的新型接触器。3TH 系列接触器适用于交流 50 Hz 或 60 Hz,交流电压至 660 V 及直流电压至 600 V 的控制电路,用来控制各种电磁线圈,以使信号得到放大或将信号传送给有关控制元件。CJX1(3TB)系列接触器适用于交流 50 Hz 或 60 Hz,额定电压为 600 V 的控制电路,用作远距离接通及分断电路,并适用于频繁的启动或控制交流电动机。

2. 接触器的选择

(1) 接触器类型选择。接触器的类型应根据负载电流的类型和负载的轻重来选择,即是交流负载还是直流负载,是轻负载、一般负载还是重负载。

(2) 主触头额定电流的选择。接触器的额定电流应大于或等于被控回路的额定电流。对于电动机负载,可根据下列经验公式计算:

$$I_{NC} \geqslant P_{NM}/(1 \sim 1.4)U_{NM}$$

式中:I_{NC}——接触器主触头电流(单位为 A);

　　　P_{NM}——电动机的额定功率(单位为 W);

　　　U_{NM}——电动机的额定电压(单位为 V)。

若接触器控制的电动机启动、制动或正反转频繁，一般要将接触器主触头的额定电流降一级使用。

（3）额定电压的选择。接触器主触头的额定电压应大于或等于负载回路的电压。

（4）吸引线圈额定电压的选择。线圈额定电压不一定等于主触头的额定电压，当线路简单，使用电器少时，可直接选用 380 V 或 220 V 的电压；若线路复杂，使用电器超过 5 个，可用 24 V、48 V 或 110 V 电压(1964 年国标规定为 36 V、110 V 或 127 V)。吸引线圈允许在额定电压的 80％～105％范围内使用。

（5）接触器的触头数量、种类选择。其触头数量和种类应满足主电路和控制线路的要求。各种类型的接触器触点数目不同。交流接触器的主触点有三对（常开触点），辅助触点一般有四对（两对常开、两对常闭），最多可达到六对（三对常开、三对常闭）。直流接触器的主触点一般有两对（常开触点），辅助触点有四对（两对常开、两对常闭）。

1.5.4　真空交流接触器

真空接触器以真空为灭弧介质，其主触点密封在特制的真空灭弧管内。当操作线圈通电时，衔铁吸合，在触点弹簧和真空管自闭力的作用下触点闭合；操作线圈断电时，反力弹簧克服真空管自闭力使衔铁释放，触点断开。接触器分断电流时，触点间隙中会形成由金属蒸汽和其他带电粒子组成的真空电弧。因真空介质具有很高的绝缘强度，且介质恢复速度很快，所以以真空中的燃弧时间一般小于 10 ms。

真空接触器与真空断路器具有以下共同的特点：

（1）分断能力强：分断电流可达额定电流的 10～20 倍；

（2）寿命长：电寿命达数十万次，机械寿命可达百万次；

（3）体积小，重量轻，无飞弧距离，安全可靠；

（4）维修简便，主触点无需维修，运行噪声小，运行不受恶劣环境影响；

（5）可频繁操作。

接触器的型号含义及电气符号如图 1-19 所示。

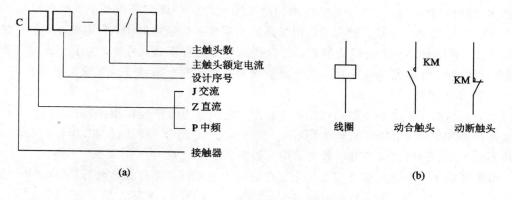

图 1-19　接触器的型号含义及电气符号

（a）型号含义；（b）电气符号

1.6 继 电 器

1.6.1 概述

继电器是根据一定的信号(如电流、电压、时间和速度等物理量)的变化来接通或分断小电流电路和电器的自动控制电器。

继电器实质上是一种传递信号的电器，它根据特定形式的输入信号动作，从而达到控制的目的。继电器一般不用来直接控制主电路，而是通过接触器或其他电器来对主电路进行控制的，因此同接触器相比较，继电器的触头通常接在控制电路中，触头断流容量较小，一般不需要灭弧装置，但对继电器动作的准确性要求较高。

继电器一般由 3 个基本部分组成：检测机构、中间机构和执行机构。

检测机构的作用是接受外界输入信号并将信号传递给中间机构；中间机构对信号的变化进行判断、物理量转换、放大等；当输入信号变化到一定值时，执行机构(一般是触头)动作，从而使其所控制的电路状态发生变化，接通或断开某部分电路，达到控制或保护的目的。

继电器种类很多，按输入信号可分为电压继电器、电流继电器、功率继电器、速度继电器、压力继电器、温度继电器等；按工作原理可分为电磁式继电器、感应式继电器、电动式继电器、电子式继电器、热继电器等；按用途可分为控制与保护继电器；按输出形式可分为有触点和无触点继电器。

1.6.2 电磁式电流、电压及中间继电器

低压控制系统中的控制继电器大部分为电磁式结构。

1. 工作原理及特性

图 1-20 为电磁式继电器的典型结构示意图。电磁式继电器的结构组成和工作原理与电磁式接触器相似，它也是由电磁机构和触头系统两个主要部分组成的。电磁机构由线圈 1、铁芯 2、衔铁 7 组成。触头系统由于其触点都接在控制电路中，且电流小，故不装设灭弧装置。它的触点一般为桥式触点，有常开和常闭两种形式。另外，为了实现继电器动作参数的改变，继电器一般还具有改变释放弹簧松紧和改变衔铁开后气隙大小的装置，即反作用调节螺钉 6。

当通过电流线圈 1 的电流超过某一定值时，电磁吸力大于反作用弹簧力，衔铁 7 吸合并带动绝缘支架动作，使常闭触点 9 断开，常开触点 10 闭合。可通过调节螺钉 6 来调节反作用力的大小，即可以调节继电器的动作参数值。

继电器输入量和输出量之间在整个变化过程中的相互关系称为继电器的继电特性或控制特性。用 X 表示输入值，Y 表示输出值，如图 1-21 所示。当输入量 X 连续变化到一定量 X_0 时，输出量 Y 发生跃变，从 0 增加到 Y_1，若输入量继续增加，则输出保持不变。相反，当输入量 X 减少到 X_r 时，Y 又突然由 Y_1 减少到 0。X_0 被称为继电器的动作值，X_r 被称为继电器的释放值。

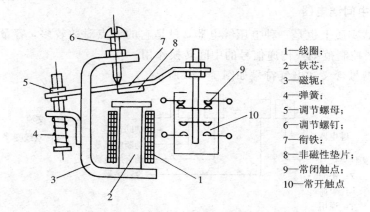

1—线圈；
2—铁芯；
3—磁轭；
4—弹簧；
5—调节螺母；
6—调节螺钉；
7—衔铁；
8—非磁性垫片；
9—常闭触点；
10—常开触点

图 1-20　电磁式继电器结构示意图

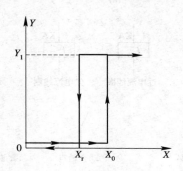

图 1-21　继电器的继电特性

2. 电磁式电流继电器

电流继电器是因电路中电流变化而动作的继电器，主要用于电动机、发电机或其他负载的过载及短路保护，直流电动机磁场控制或失磁保护等。电流继电器的线圈串于被测量电路中，其线圈匝数少、导线粗、阻抗小。电流继电器除用于电流型保护的场合外，还经常用于按电流原则控制的场合。电流继电器有过电流和欠电流继电器两种。

在电路正常工作时，过电流继电器的衔铁是释放的；一旦电路发生过载或短路故障，衔铁就吸合，带动相应的触点动作，即常开触点闭合，常闭触点断开。

在电路正常工作时，欠电流继电器的衔铁是吸合的，其常开触点闭合，常闭触点断开；一旦线圈中的电流降至额定电流的 $10\%\sim20\%$ 以下，衔铁就释放，发出信号，从而改变电路的状态。

3. 电磁式电压继电器

电压继电器反映的是电压信号。它的线圈并联在被测电路的两端，所以匝数多、导线细、阻抗大。电压继电器按动作电压值的不同，分为过电压和欠电压继电器两种。

在电路电压正常时，过电压继电器的衔铁释放，一旦电路电压升高至额定电压的 $110\%\sim115\%$ 以上，衔铁就吸合，带动相应的触点动作；在电路电压正常时，欠电压继电器的衔铁吸合，一旦电路电压降至额定电压的 $5\%\sim25\%$ 以下，衔铁就释放，输出信号。

4. 电磁式中间继电器

中间继电器实质上也是一种电压继电器，只是它的触点对数较多，容量较大，动作灵敏，主要起扩展控制范围或传递信号的中间转换作用。

继电器的型号含义和电气符号如图 1-22 所示。

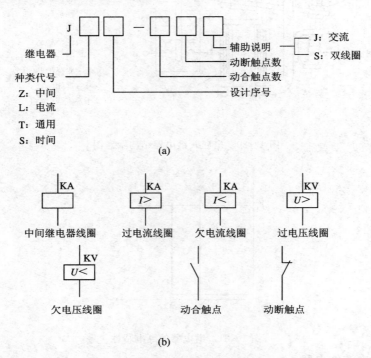

(a)

(b)

图 1-22 电磁式继电器的型号含义和电气符号

（a）型号含义；（b）电气符号

1.6.3 时间继电器

在自动控制系统中，有时需要继电器得到信号后不立即动作，而是要顺延一段时间后再动作，并输出控制信号，以达到按时间顺序进行控制的目的。时间继电器就可以满足这种要求。

时间继电器按工作原理可分为电磁式、空气阻尼式(气囊式)、晶体管式、电动机式等几种；按延时方式可分为通电延时型，断电延时型和通、断电延时型等类型。

1. 空气阻尼式时间继电器

空气阻尼式时间继电器利用空气通过小孔时产生阻尼的原理获得延时。它由电磁系统、延时机构和触头系统组成，其动作原理如图 1-23 所示。其电磁机构为双 E 直动式，触头系统为微动开关，延时机构采用气囊式阻尼器。

空气阻尼式时间继电器既有通电延时型，也有断电延时型。只要改变电磁机构的安装方向，便可实现不同的延时方式：当衔铁位于铁芯和延时机构之间时为通电延时型(如图 1-23(a)所示)；当铁芯位于衔铁和延时机构之间时为断电延时型(如图 1-23(b)所示)。

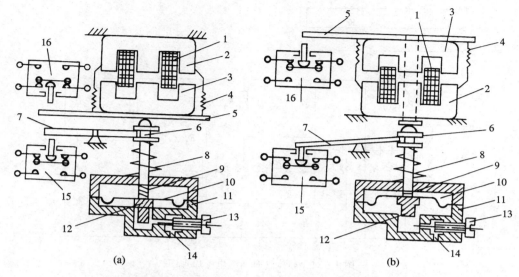

1—线圈；2—铁芯；3—衔铁；4—恢复弹簧；5—推板；6—活塞杆；7—杠杆；
8—塔形弹簧；9—弹簧；10—橡皮膜；11—气室；12—活塞；13—调节螺钉；
14—进气孔；15、16—微动开关

图 1-23　空气阻尼式时间继电器的动作原理
(a) 通电延时型；(b) 断电延时型

图 1-23(a) 为通电延时型时间继电器。当线圈 1 通电后，铁芯 2 将衔铁 3 吸合，活塞杆 6 在塔形弹簧的作用下，带动活塞 12 及橡皮膜 10 向上移动，由于橡皮膜下方气室空气稀薄，形成负压，因此活塞杆 6 不能上移。当空气由进气孔 14 进入时，活塞杆 6 才逐渐上移。移到最上端时，杠杆 7 才使微动开关动作。其延时时间即为自电磁铁吸引线圈通电时刻起到微动开关动作时止的这段时间。通过调节螺钉 13（调节进气口的大小）可以调节延时时间。

当线圈 1 断电时，衔铁 3 在恢复弹簧 4 的作用下将活塞 12 推向最下端。因活塞被往下推时，橡皮膜下方气孔内的空气都通过橡皮膜 10、弹簧 9 和活塞 12 肩部所形成的单向阀，经上气室缝隙而被顺利排掉，因此延时与不延时的微动开关 15 与 16 都迅速复位。

空气阻尼式时间继电器的优点是结构简单、寿命长、价格低廉；缺点是准确度低、延时误差大，在延时精度要求高的场合不宜采用。

2. 晶体管式时间继电器

晶体管式时间继电器常用的有阻容式时间继电器，它利用 RC 电路中电容电压不能跃变，只能按指数规律逐渐变化的原理获得延时。因此，只要改变充电回路的时间常数即可改变延时时间。因为调节电容比调节电阻困难，所以多用调节电阻的方式来改变延时时间。其原理图如图 1-24 所示。

晶体管式时间继电器具有延时范围广、体积小、精度高及寿命长等优点，但抗干扰性能差。

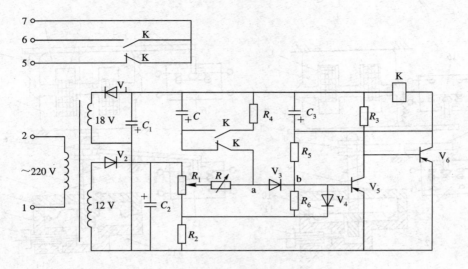

图 1-24　晶体管时间继电器原理图

3. 时间继电器的电气符号

时间继电器的图形符号及文字符号如图 1-25 所示。

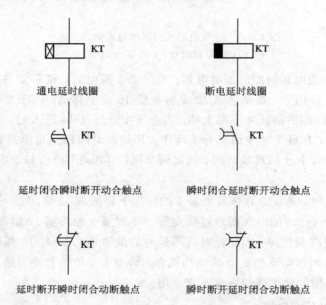

图 1-25　时间继电器的图形符号及文字符号

对于通电延时时间继电器,当线圈得电时,其延时动合触点要延时一段时间才闭合,延时动断触点要延时一段时间才断开;当线圈失电时,其延时常开触点迅速断开,延时常闭触点迅速闭合。

对于断电延时时间继电器,当线圈得电时,其延时动合触点迅速闭合,延时动断触点迅速断开;当线圈失电时,其延时常开触点要延时一段时间再断开,延时常闭触点要延时一段时间再闭合。

1.6.4　热继电器

热继电器是利用电流热效应原理工作的电器，主要用于三相异步电动机的过载、缺相及三相电流不平衡的保护。

1. 热继电器的结构和工作原理

热继电器的形式有多种，其中以双金属片式最多。双金属片式热继电器主要由热元件、双金属片和触头三部分组成，其工作原理示意图如图 1-26 所示。双金属片是热继电器的感测元件，由两种膨胀系数不同的金属片碾压而成。当串联在电动机定子绕组中的热元件有电流流过时，热元件产生的热量使双金属片伸长，由于膨胀系数不同，致使双金属片发生弯曲。电动机正常运行时，双金属片的弯曲程度不足以使热继电器动作。当电动机过载时，流过热元件的电流增大，再加上时间效应，从而使双金属片的弯曲程度加大，最终使双金属片推动导板而使热继电器的触头动作，切断电动机的控制电路。

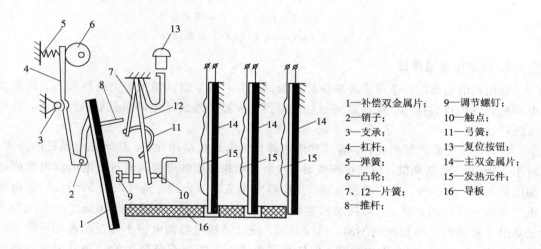

1—补偿双金属片；　9—调节螺钉；
2—销子；　　　　　10—触点；
3—支承；　　　　　11—弓簧；
4—杠杆；　　　　　13—复位按钮；
5—弹簧；　　　　　14—主双金属片；
6—凸轮；　　　　　15—发热元件；
7、12—片簧；　　　16—导板
8—推杆

图 1-26　热继电器的工作原理示意图

热继电器由于存在热惯性，当电路短路时不能立即动作而使电路断开，因此不能用作短路保护。同理，在电动机启动或短时过载时，热继电器也不会马上动作，从而可避免电动机不必要的停车。

2. 热继电器的分类及常见规格

热继电器按热元件数分为两相和三相结构。三相结构中又分为两种：带断相保护装置的和不带断相保护装置的。

（1）JR16 和 JR16D。后者是带断相保护型，目前使用较多。其额定电流主要有三个规格：20 A、60 A 和 150 A，热元件电流值为 0.25 A～160 A。特点是带断相保护和温度补偿，可手动或自动复位，但没有动作灵活性检查装置及动作后指示装置，目前已属淘汰产品。

（2）JR20 型。额定电流有八种，范围为 6.3 A～630 A，热元件电流值为 0.1 A～630 A。它与 JR16 的不同之处是带有动作灵活性检查装置和动作指示装置。但这种型号的热继电器质量不太稳定。

（3）T 系列。它是从德国引进的，可与 B 系列交流接触器配套成 MSB 系列电磁启动器，规格品种较多。

（4）3UA 系列。这是 SIEMENS 公司产品，目前国内可由苏州西门子电器有限公司生产。3UA59 系列是 63A 以下产品，使用较为广泛。

热继电器的型号含义和图形符号如图 1-27 所示。

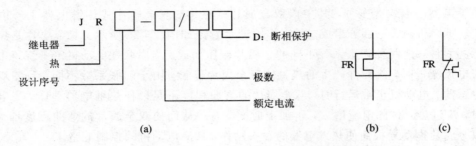

图 1-27　热继电器的型号含义和图形符号
（a）型号含义；（b）热元件；（c）动断触点

3. 热继电器的选择

选用热继电器时，必须了解被保护对象的工作环境、启动情况、负载性质、工作制及电动机允许的过载能力。选择原则是热继电器的安秒特性位于电动机过载特性之下，并尽可能接近。

（1）热继电器的类型选择。若用热继电器作为电动机缺相保护，应考虑电动机的接法。对于 Y 形接法的电动机，当某相断线时，其余未断相绕组的电流与流过热继电器电流的增加比例相同。一般的三相式热继电器，只要整定电流调节合理，是可以对 Y 形接法的电动机实现断相保护的；对于△形接法的电动机，当某相断线时，流过未断相绕组的电流与流过热继电器的电流增加比例不同，也就是说，流过热继电器的电流不能反映断相后绕组的过载电流。因此，一般的热继电器，即使是三相式也不能为△形接法的三相异步电动机的断相运行提供充分保护。此时，应选用三相带断相保护的热继电器。带断相保护的热继电器的型号后面有 D、T 或 3UA 字样。

（2）热元件的额定电流选择。应按照被保护电动机额定电流的 1.1～1.15 倍选取热元件的额定电流。

（3）热元件的整定电流选择。一般将热继电器的整定电流调整为等于电动机的额定电流；对过载能力差的电动机，可将热元件的整定值调整到电动机额定电流的 0.6～0.8 倍；对启动时间较长、拖动冲击性负载或不允许停车的电动机，热元件的整定电流应调整到电动机额定电流的 1.1～1.15 倍。

1.6.5　速度继电器

速度继电器是利用转轴的转速来切换电路的自动电器。它主要用作鼠笼式异步电动机的反接制动控制中，故称为反接制动继电器。

图 1-28 所示为速度继电器的原理示意图。它主要由转子、定子和触头三部分组成。

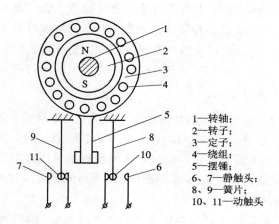

N
S
1
2
3
4
5
6
7
8
9
10
11
1—转轴；
2—转子；
3—定子；
4—绕组；
5—摆锤；
6、7—静触头；
8、9—簧片；
10、11—动触头

图 1-28　速度继电器的原理示意图

转子是一个圆柱形永久磁铁，定子是一个笼型空心圆环，由硅钢片叠成，并装有笼型的绕组。速度继电器与电动机同轴相连，当电动机旋转时，速度继电器的转子随之转动。在空间产生旋转磁场，切割定子绕组，在定子绕组中感应出电流。此电流又在旋转的转子磁场作用下产生转矩，使定子随转子转动方向而旋转，和定子装在一起的摆锤推动动触头动作，使常开触点闭合，常闭触点断开。当电动机速度低于某一值时，动作产生的转矩减小，动触头复位。

常用的速度继电器有 YJ1 和 JFZ0-2 型。

速度继电器的电气符号如图 1-29 所示。

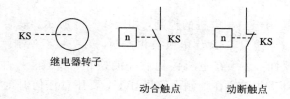

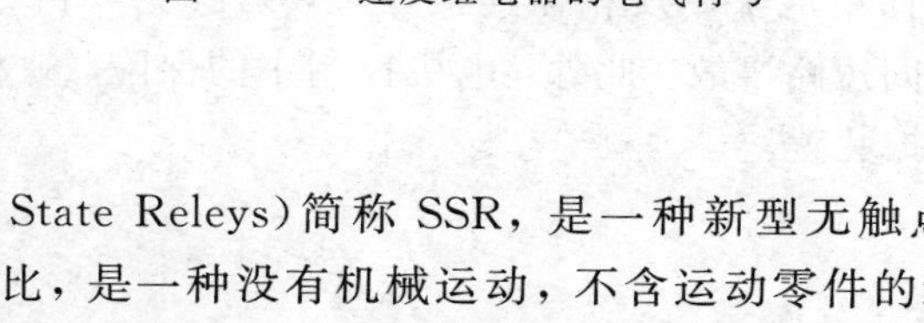

KS
继电器转子
n
KS
动合触点
n
KS
动断触点

图 1-29　速度继电器的电气符号

1.6.6　固态继电器

固态继电器(Solid State Releys)简称 SSR，是一种新型无触点继电器。固态继电器(SSR)与机电继电器相比，是一种没有机械运动，不含运动零件的继电器，但它具有与机电继电器本质上相同的功能。SSR 是一种全部由固态电子元件组成的无触点开关元件，它利用电子元器件的电、磁和光特性来完成输入与输出的可靠隔离，利用大功率三极管、功率场效应管、单向可控硅和双向可控硅等器件的开关特性来达到无触点、无火花地接通和断开被控电路。

1. 固态继电器的组成

固态继电器由三部分组成：输入电路、隔离(耦合)和输出电路。按输入电压的不同类别，输入电路可分为直流输入电路、交流输入电路和交直流输入电路三种。有些输入控制

电路还具有与 TTL/CMOS 兼容，正负逻辑控制和反相等功能。固态继电器的输入与输出电路的隔离和耦合方式有光电耦合和变压器耦合两种。固态继电器的输出电路也可分为直流输出电路、交流输出电路和交直流输出电路等形式。交流输出时，通常使用两个可控硅或一个双向可控硅，直流输出时可使用双极性器件或功率场效应管。

2. 固态继电器的工作原理

交流固态继电器 SSR 是一种无触点通断电子开关，为四端有源器件。其中的两个端子为输入控制端，另外两端为输出受控端，中间采用光电隔离，作为输入、输出之间的电气隔离（浮空）。在输入端加上直流或脉冲信号，输出端就能从关断状态转变成导通状态（无信号时呈阻断状态），从而控制较大负载。整个器件无可动部件及触点，可实现与常用的机械式电磁继电器一样的功能。

SSR 固态继电器按触发形式可分为零压型（Z）和调相型（P）两种。在输入端施加合适的控制信号 VIN 时，P 型 SSR 立即导通。当 VIN 撤销后，负载电流低于双向可控硅的维持电流（交流换向）时，SSR 关断。Z 型 SSR 内部包括过零检测电路，在施加输入信号 VIN 时，只有当负载电源电压达到过零区时，SSR 才能导通，并有可能造成电源半个周期的最大延时。Z 型 SSR 关断条件同 P 型，但由于其负载工作电流近似于正弦波，高次谐波干扰小，因此应用广泛。

由于固态继电器是由固体元件组成的无触点开关元件，因此与电磁继电器相比具有工作可靠、寿命长，对外界干扰小、能与逻辑电路兼容、抗干扰能力强、开关速度快和使用方便等一系列优点，因而具有很宽的应用领域，有逐步取代传统电磁继电器之势，并可进一步扩展到传统电磁继电器无法应用的计算机等领域。

3. 固态继电器的应用

固态继电器可直接用于三相电机的控制，如图 1-30 所示。最简单的方法是采用两只 SSR 作电机通断控制，用四只 SSR 作电机换相控制，第三相不控制。用作电机换相时应注意，由于电机的运动惯性，必须在电机停稳后才能换相，以避免产生类似电机堵转情况，而引起较大的冲击电压和电流。在控制电路设计上，要注意任何时刻都不应产生换相 SSR 同时导通的情况。上下电路时序，应采用先加后断控制电路电源，后加先断电机电源的时序。换相 SSR 之间不能简单地采用反相器连接方式，以避免一相 SSR 未关断，而另一相 SSR 又导通所引起的相间短路事故。此外，电机控制中的保险、缺相和温度继电器，也是保证系统正常工作的保护装置。

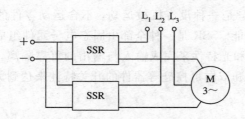

图 1-30 用固态继电器控制三相异步电动机

1.7 主令电器

主令电器主要用于闭合或断开控制电路，以发出命令或信号，达到对电力拖动系统的控制或实现程序控制。常用的主令电器有控制按钮、行程开关、接近开关、万能转换开关等几种。

1.7.1 控制按钮

控制按钮是一种短时接通或断开小电流电路的电器，它不直接控制主电路的通断，而在控制电路中发出"指令"去控制接触器、继电器等电器，再由它们去控制主电路。

控制按钮由按钮帽、复位弹簧、桥式触头和外壳等组成，通常做成复合式，即具有常开触点和常闭触点，其结构示意图见图1-31。

指示灯式按钮内可装入信号灯显示信号；紧急式按钮装有蘑菇形钮帽，以便于紧急操作；旋钮式按钮用于扭动旋钮来进行操作。

常见按钮有 LA 系列和 LAY1 系列。LA 系列按钮的额定电压为交流 500 V、直流440 V，额定电流为5 A；LAY1 系列按钮的额定电压为交流 380 V、直流

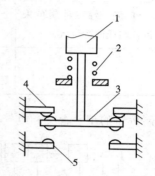

1—按钮帽；2—复位弹簧；3—动触头；
4—常闭触头；5—常开触头

图1-31 控制按钮的结构示意图

220 V，额定电流为5 A。按钮帽有红、绿、黄、白等颜色，一般红色用作停止按钮，绿色用作启动按钮。按钮的选择主要根据所需要的触点数、使用场合及颜色来决定。按钮颜色的含义如表1-4所示。

表1-4 按钮颜色的含义

颜色	颜色含义	典 型 应 用
红	急情出现时动作停止或断开	急停 ① 总停 ② 停止一台或几台电动机 ③ 停止机床的一部分 ④ 停止循环(如果操作者在循环期间按此按钮，机床在有关循环完成后停止) ⑤ 断开开关装置 ⑥ 兼有停止作用的复位
黄	干预	排除反常情况或避免不希望的变化，当循环尚未完成时，把机床部件返回到循环起始点并按压黄色按钮，可以超越预选的其他功能

颜色	颜色含义	典 型 应 用
绿	启动或接通	① 总启动 ② 开动一台或几台电动机 ③ 开动机床的一部分 ④ 开动辅助功能 ⑤ 闭合开关装置 ⑥ 接通控制电路
蓝	红、黄、绿三种颜色未包含的任何特定含义	① 红、黄、绿含义未包括的特殊情况，可以用蓝色 ② 蓝色：复位
黑灰白	—	除专用"停止"功能按钮外，可用于任何功能，如黑色为点动，白色为控制与工作循环无直接关系的辅助功能

控制按钮的型号含义和电气符号如图 1-32 所示。

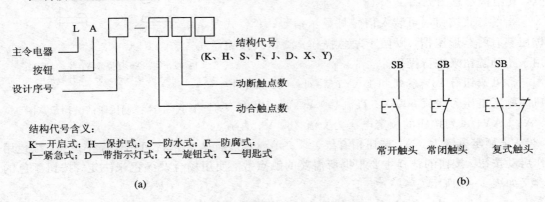

（a）   （b）

图 1-32 控制按钮的型号含义和电气符号

（a）型号含义；（b）电气符号

1.7.2 行程开关

行程开关又称位置开关或限位开关。它的作用与按钮相同，只是其触点的动作不是靠手动操作，而是利用生产机械某些运动部件上的挡铁碰撞其滚轮使触头动作来实现接通或分断电路。

行程开关的结构分为三个部分：操作机构、触头系统和外壳。行程开关的外形如图 1-33 所示。行程开关分为单滚轮、双滚轮及径向传动杆等形式。其中，单滚轮和径向传动杆行程开关可自动复位，双滚轮为碰撞复位。

常见的行程开关有 LX19 系列、LX22 系列、JLXK1 系列和 JLXW5 系列。其额定电压为交流 500 V、380 V，直流 440 V、220 V，额定电流为 20 A、5 A 和 3 A。

在选用行程开关时，主要根据机械位置对开关形式的要求，控制线路对触头数量和触头性质的要求，闭合类型（限位保护或行程控制）和可靠性以及电压、电流等级确定其型号。

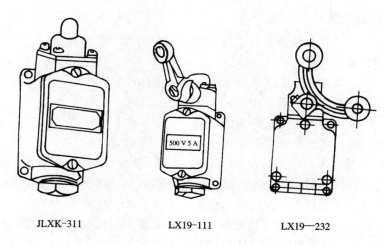

JLXK-311　　　　　LX19-111　　　　　LX19—232

图1-33　行程开关的外形图

行程开关的型号含义和电气符号如图1-34所示。

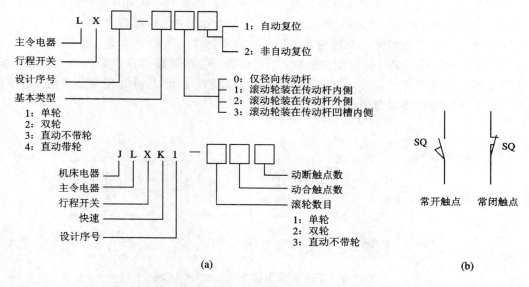

(a)　　　　　　　　　　　　　　(b)

图1-34　行程开关的型号含义和电气符号

(a)型号含义；(b)电气符号

1.7.3　接近开关

接近开关是一种无需与运动部件进行机械接触而可以操作的位置开关，即当物体接近开关的感应面到动作距离时，不需要机械接触及施加任何压力即可使开关动作，从而驱动交流或直流电器，或给计算机装置提供控制指令。接近开关是一种开关型传感器（即无触点开关），它既有行程开关所具备的行程控制及限位保护特性，同时又可用于高速计数、检测金属体的存在、测速、液位控制、检测零件尺寸以及用作无触点式按钮等。

接近开关的动作可靠、性能稳定、频率响应快、使用寿命长、抗干扰能力强，并具有防水、防震、耐腐蚀等特点。

1. 接近开关的分类

目前应用较为广泛的接近开关按工作原理可以分为以下几种类型：

高频振荡型：用以检测各种金属体。

电容型：用以检测各种导电或不导电的液体或固体。

光电型：用以检测所有不透光物质。

超声波型：用以检测不透过超声波的物质。

电磁感应型：用以检测导磁或不导磁金属。

按其外部形状可分为圆柱型、方型、沟型、穿孔（贯通）型和分离型。圆柱型比方型安装方便，但其检测特性相同。沟型的检测部位是在槽内侧，用于检测通过槽内的物体。穿孔型在我国很少生产，而日本则应用较为普遍，可用于水位监测等。

接近开关按供电方式可分为直流型和交流型，按输出形式又可分为直流两线制、直流三线制、直流四线制、交流两线制和交流三线制。

2. 高频振荡型接近开关的工作原理

高频振荡型接近开关的工作原理如图 1－35 所示，它属于一种有开关量输出的位置传感器，由 LC 高频振荡器、整形检波电路和放大处理电路组成。振荡器产生一个交变磁场，当金属物体接近这个磁场并达到感应距离时，在金属物体内将产生涡流。这个涡流反作用于接近开关，使接近开关的振荡能力衰减，以至停振。振荡器振荡及停振的变化被后级放大电路处理并转换成开关信号，进而控制开关的通或断，由此识别出有无金属物体接近。这种接近开关所能检测的物体必须是金属物体。

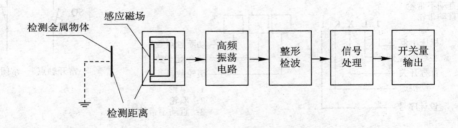

图 1－35　高频振荡型接近开关的工作原理

3. 接近开关的选型

对于不同材质的检测体和不同的检测距离，应选用不同类型的接近开关，以使其在系统中具有高的性能价格比，为此在选型中应遵循以下原则：

（1）当检测体为金属材料时，应选用高频振荡型接近开关，该类型接近开关对铁镍合金、A3 钢类检测体的检测最灵敏，对铝、黄铜和不锈钢类检测体的检测灵敏度较低。

（2）当检测体为非金属材料时，如木材、纸张、塑料、玻璃和水等，应选用电容型接近开关。

（3）金属体和非金属体要进行远距离检测和控制时，应选用光电型接近开关或超声波型接近开关。

（4）当检测体为金属时，若检测灵敏度要求不高，则可选用价格低廉的磁性接近开关或霍尔式接近开关。

接近开关的电气符号如图1-36所示。

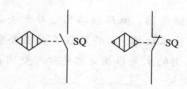

图1-36 接近开关的电气符号

1.7.4 万能转换开关

万能转换开关是一种多挡式、控制多回路的主令电器，一般可作为多种配电装置的远距离控制，也可作为电压表、电流表的换相开关，还可作为小容量电动机的启动、制动、调速及正反向转换的控制。由于其触头挡数多，换接线路多，用途广泛，故有"万能"之称。

万能转换开关主要由操作机构、面板、手柄及数个触点座等部件组成，用螺栓组装成为整体。触点座可有1～10层，每层均可装三对触点，并由其中的凸轮进行控制。由于每层凸轮可做成不同的形状，因此当手柄转到不同位置时，通过凸轮的作用，可使各对触点按需要的规律接通和分断。

常见的万能转换开关的型号为LW5系列和LW6系列。选用万能开关时，可从以下几方面入手：若用于控制电动机，则应预先知道电动机的内部接线方式，根据内部接线方式、接线指示牌以及所需要的转换开关断合次序表，画出电动机的接线图，只要电动机的接线图与转换开关的实际接法相符即可。其次，需要考虑额定电流是否满足要求。若用于控制其他电路，则只需考虑额定电流、额定电压和触头对数。

万能转换开关的原理图和电气符号如图1-37所示。

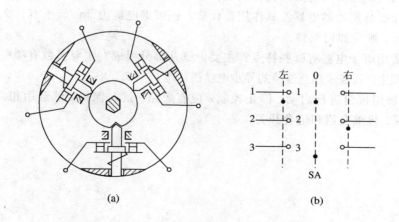

(a)　　　　　　　　　　　　(b)

图1-37 万能转换开关的原理图和电气符号

(a) 原理图；(b) 电气符号

本章主要介绍了接触器、继电器、低压断路器、刀开关、保护及主令电器等常用低压电器。重点介绍了电气元件的基本结构、工作原理及其主要参数、型号与图形符号。

电气元件的技术参数是选用的主要依据，需要时可查阅产品样本和电工手册。

思　考　题

1.1　拆装常用低压电器，掌握其结构和各部件的作用。

1.2　灭弧的基本原理是什么？低压电器常用的灭弧方法有哪几种？

1.3　熔断器有哪些用途？一般应如何选用？在电路中应如何连接？

1.4　刀开关、万能转换开关的作用是什么？它们分别如何选择？

1.5　交流接触器主要由哪些部分组成？在运行中交流接触器有时会产生很大的噪音，试分析产生该故障的原因。

1.6　交流电磁线圈误接入直流电源或直流电磁线圈误接入交流电源，会出现什么情况？为什么？

1.7　交流接触器的主触头、辅助触头和线圈各接在什么电路中？应如何连接？

1.8　什么是继电器？它与接触器的主要区别是什么？在什么情况下可用中间继电器代替接触器启动电动机？

1.9　空气阻尼式时间继电器是利用什么原理达到延时目的的？如何调整延时时间的长短？

1.10　热继电器有何作用？如何选用热继电器？在实际使用中应注意哪些问题？

1.11　两相热继电器和三相热继电器能互相代替使用吗？为什么？

1.12　低压断路器具有哪些脱扣装置？试分别叙述其功能。

1.13　什么是速度继电器？其作用是什么？速度继电器内部的转子有什么特点？若其触头过早动作，则应如何调整？

1.14　常用电子电器有哪些特点？主要由哪几部分组成？主要参数有哪些？

1.15　某生产设备采用△连接的异步电动机，其 $P_N = 5.5$ kW，$U_N = 380$ V，$I_N = 12.5$ A，$I_S = 6.5 I_N$。现用按钮进行启动、停止控制，应有短路、过载保护。试选用相应的接触器、按钮、熔断器、热继电器和组合开关。

第2章 继电器—接触器控制电路的基本环节

机械设备中,原动机拖动生产机械运动的系统叫做拖动系统。常见的拖动系统有电力拖动、气动、液压驱动等方式。电动机作为原动机拖动生产机械运动的方式叫做电力拖动。电气控制是指对拖动系统的控制。常用的电气控制方式主要有继电接触式的控制方式。电气控制线路是由各种接触器、继电器、按钮、行程开关等电器元件组成的控制电路。复杂的电气控制线路由基本控制电路(环节)组合而成。电动机常用的控制电路有启停控制、正反转控制、降压启动控制、调速控制和制动控制等基本控制环节。

本章将介绍电气控制系统图的有关标准,并重点介绍三相异步电动机的启动、运行、制动控制电路及电磁阀液压控制回路,还将简单介绍一些电路的逻辑表达式,为以后学习PLC部分奠定一定的基础。

2.1 电气控制系统图

电气控制系统图包括电气原理图、接线图、电器元件布置图等。

在保证图面布局紧凑、清晰和使用方便的原则下选择图纸幅面尺寸。图纸分为横图和竖图。国家标准 GB 2988.2—86 规定的图纸幅面尺寸及其代号见表 2-1。应优先选用 A4～A0 号幅面尺寸。需要加长的图纸可采用 A4×5～A3×3 的幅面。若上面所列幅面仍不能满足要求,可按照 GB 4457.1—84《机械制图 图纸幅面及格式》的规定加大幅面。

表 2-1 电气图幅面尺寸及其代号

代 号	尺寸/mm	代 号	尺寸/mm
A0	841×1189	A3×3	420×891
A1	594×841	A3×4	420×1189
A3	420×594	A4×3	297×630
A4	297×420	A4×4	297×841
A5	210×297	A4×5	297×1051

为了便于确定各组成部分的位置,可以在各种幅面的图纸上分区,分区的长度一般介于 25～75 mm。每个分区内竖边方向用大写拉丁字母,横边方向用阿拉伯数字分别编号。编号的顺序应从标题栏相对的左上角开始。分区代号用该区域的字母和数字表示,如B3、C5。

2.1.1 电气原理图

电气原理图习惯上称为电路图,它是指用图形符号和项目代号表示电路及各个电器元件连接关系的图。通过原理图，可详细地了解电路、电气设备控制系统的组成和工作原理，并可在测试和寻找故障时提供足够的信息，同时它也是编制接线图的重要依据。

原理图中的所有电器元件不画出实际外形图，而采用国家标准规定的图形符号和文字符号(参见本书附录 A)。原理图注重表示电气电路各电器元件间的连接关系，而不考虑其实际位置，甚至可以将一个元件分成几个部分绘于不同图纸的不同位置，但必须用相同的文字符号标注。

电路图的绘制规则由国家标准 GB 6988.4 给出。图 2-1 给出了某设备电路图绘制的具体实例。

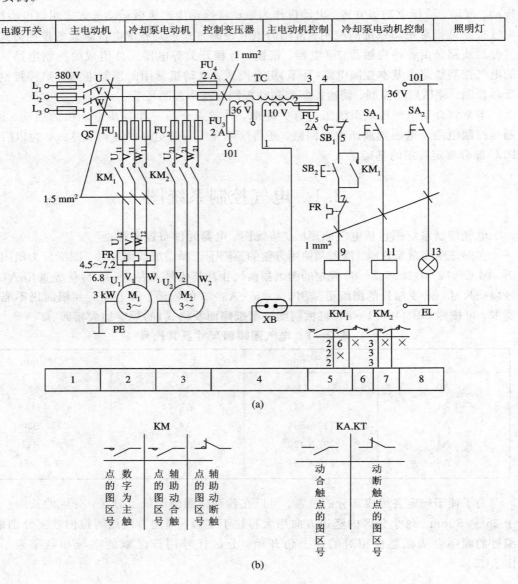

图 2-1　某机床电控系统电路图

(a) 控制电路图；(b) 触点位置表示

一般工厂设备的电路图绘制规则可简述如下：

1. 电路绘制

在电路图中，一般主电路和控制电路分成两部分画出。主电路是设备的驱动电路，它在控制电路的控制下，根据控制要求由电源向用电设备供电。控制电路由接触器和继电器线圈及各种电器的动合、动断触点组合构成。主电路、控制电路和其他辅助的信号照明电路、保护电路一起构成电控系统。

电路图中的电路可水平布置或者垂直布置。水平布置时电源线垂直画，其他电路水平画，控制电路中的耗能元件画在电路的最右端。垂直布置时，电源线水平画，其他电路垂直画，控制电路中的耗能元件画在电路的最下端。

2. 元器件绘制和器件状态

电路图中所有电器元件的可动部分通常表示在电器非激励或不工作的状态和位置，其中常见的器件状态有：

（1）继电器和接触器的线圈处在非激励状态。

（2）断路器和隔离开关在断开位置。

（3）零位操作的手动控制开关在零位状态，不带零位的手动控制开关在图中规定的状态（一般是断开）。

（4）机械操作开关和按钮在非工作状态或不受力状态。

（5）保护类元器件处在设备正常工作状态，特别情况在图样上说明。

3. 图区和触点位置索引

工程图样通常采用分区的方式建立坐标，以便于阅读与查找。电路图常采用在图的下方沿横坐标方向划分的方式，并用数字标明图区，同时在图的上方沿横坐标方向划区，分别标明该区电路的功能，如图 2-1(a)所示。

元件的相关触点位置的索引用图号、页次和区号组合表示如下：

当某图号仅有一页图样时，只写图号和图区的行、列号（无行号时，只写列号）；在只有一个图号多页图样时，则图号可省略；而当元件的相关触点只出现在一张图样上时，只标出图区号（或列号）。

继电器和接触器的触点位置采用附图的方式表示，附图可画在电路图中相应线圈的下方（此时，可只标出触点的位置索引），也可画在电路图上的其他地方。附图上的触点表示方法如图 2-1(b)所示，其中，触点图形符号可省略不画。

4. 电路图中技术数据的标注

电路图中元器件的数据和型号，一般用小号字体标注在电器代号的下面，如图 2-1(a)中热继电器动作电流和整定值的标注。电路图中导线截面积也可如图 2-1(a)那样标注。

2.1.2 电器元件布置图

电器布置图中绘出了机械设备上所有电气设备和电器元件的实际位置，是机械电气控制设备制造、安装和维修时必不可少的技术文件。布置图根据设备的复杂程度可集中绘制在一张图上，控制柜、操作台的电器元件布置图也可以分别绘出。绘制布置图时机械设备轮廓用虚线画出，对于所有可见的和需要表达清楚的电器元件及设备，用粗实线绘出其简单的外形轮廓即可。

2.1.3　电气接线图

电气接线图主要用于安装接线、线路检查、线路维护和故障处理，它表示在设备电控系统各单元和各元器件间的接线关系，并标注出所需数据，如接线端子号、连接导线参数等。实际应用中，接线图通常与电路图和位置图一起使用。图 2-2 是根据图 2-1 所示机床电路图绘制的接线图。图中标明了该机床电气控制系统的电源进线、用电设备和各电器元件之间的接线关系，并用虚线分别框出了电气柜、操作台等接线板上的电气元件，画出了虚线框之间的连接关系，同时还标出了连接导线的根数、截面积和颜色以及导线保护外管的直径和长度。

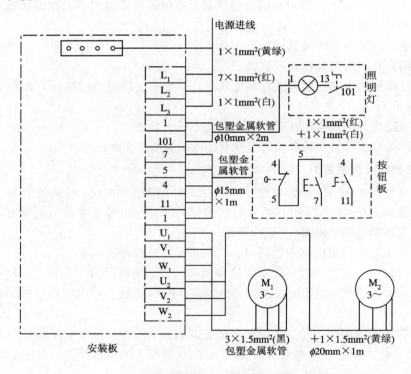

图 2-2　某机床电控系统接线图

2.2　电路的逻辑表示及逻辑运算

逻辑代数又叫布尔代数或开关代数。逻辑代数的变量只有"1"和"0"两种取值，"0"和"1"分别代表两种对立的、非此及彼的概念，如果"1"代表"真"，"0"即为"假"；"1"代表"有"，"0"即为"无"；"1"代表"高"，"0"即为"低"。在机械电器控制线路中的开关触点只有"闭合"和"断开"这两种截然不同的状态；电路中的执行元件如继电器、接触器、电磁阀的线圈也只有"得电"和"失电"两种状态；在数字电路中某点的电平只有"高"和"低"两种状态等。因此，这种对应关系使得逻辑代数在 50 多年前就被用来描述、分析和设计电气控制线路。随着科学技术的发展，逻辑代数已成为分析电路的重要数学工具。

2.2.1　电器元件的逻辑表示

电气控制系统由开关量构成控制时，电路状态与逻辑函数之间存在着对应关系。为将电路状态用逻辑函数式的方式描述出来，通常对电器做如下规定：

用 KM、KA、SQ 等分别表示接触器、继电器、行程开关等电器的动合（常开）触点状态；用 $\overline{KM}$、$\overline{KA}$、$\overline{SQ}$ 等表示动断（常闭）触点状态。

（1）线圈状态：

$KA = 1$：继电器线圈处于通电状态。

$KA = 0$：继电器线圈处于断电状态。

（2）触点处于激励或非工作的原始状态：

KA：继电器处于动合触点状态。

$\overline{KA}$：继电器处于动断触点状态。

SB：按钮处于动合触点状态。

$\overline{SB}$：按钮处于动断触点状态。

（3）触点处于激励或工作状态：

KA：继电器处于动合触点状态。

$\overline{KA}$：继电器处于动断触点状态。

SB：按钮处于动合触点状态。

$\overline{SB}$：按钮处于动断触点状态。

2.2.2　电路状态的逻辑表示

电路中触点的串联关系可用逻辑"与"即逻辑乘（·）的关系表达；触点的并联关系可用逻辑"或"即逻辑加（＋）的关系表达。图 2-3 为一启动控制电路中接触器 KM 线圈的启动控制电路，其逻辑函数式可写为

$$f(\mathrm{KM}) = \overline{\mathrm{SB_1}} \cdot (\mathrm{SB_2} + \mathrm{KM})$$

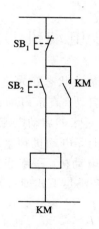

图 2-3　启动控制电路

2.2.3　电路化简的逻辑法

用逻辑函数表达的电路可用逻辑代数的基本定律和运算法则进行化简。图 2-4(a)的逻辑式为

$$f(KM) = KA_1 \cdot KA_2 + \overline{KA_1} \cdot KA_3 + KA_2 \cdot KA_3$$

化简后为

$$
\begin{aligned}
f(KM) &= KA_1 \cdot KA_2 + \overline{KA_1} \cdot KA_3 + KA_2 \cdot KA_3 \\
&= KA_1 \cdot KA_2 + \overline{KA_1} \cdot KA_3 + KA_2 \cdot KA_3 \cdot (KA_1 + \overline{KA_1}) \\
&= KA_1 \cdot KA_2 + \overline{KA_1} \cdot KA_3 + KA_2 \cdot KA_3 \cdot KA_1 + KA_2 \cdot KA_3 \cdot \overline{KA_1} \\
&= KA_1 \cdot KA_2 \cdot (1 + KA_3) + \overline{KA_1} \cdot KA_3 \cdot (1 + KA_2) \\
&= KA_1 \cdot KA_2 + \overline{KA_1} \cdot KA_3
\end{aligned}
$$

因此,图 2-4(a)化简后得到图 2-4(b)所示电路,并且图 2-4(a)电路与图 2-4(b)电路在功能上是等效的。

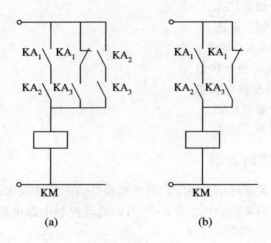

图 2-4　两个相等的函数及其等效电路

2.3　三相异步电动机的启动控制电路

电动机启动是指电动机的转子由静止状态变为正常运转状态的过程。笼型异步电动机有两种启动方式,即直接启动和减压启动。直接启动也叫全压启动。电动机直接启动时启动电流很大,约为额定值的 4~7 倍,过大的启动电流会引起供电线路上很大的压降,影响线路上其他用电设备的正常运行,而且,电动机频繁启动会严重发热,加速线圈老化,缩短电动机的寿命。因而对容量较大的电动机,一般采用减压启动,以减小启动电流。采用何种启动方式,可由经验公式判别,若满足下式即可直接启动:

$$\frac{I_{ST}}{I_N} \leqslant \frac{3}{4} + \frac{S_S}{4P_N} \tag{2-1}$$

式中：I_{ST}——电动机启动电流（单位为 A）；

  I_N——电动机额定电流（单位为 A）；

  S_S——电源容量（单位为 kVA）；

  P_N——电动机额定功率（单位为 kW）。

  有时为了减小和限制启动时对机械设备的冲击，即使允许直接启动，也往往采用减压启动。

2.3.1 全压启动控制电路

  对容量较小，满足上式给出的条件，并且工作要求简单的电动机，如小型台钻、砂轮机、冷却泵的电动机，可用手动开关直接接通电源启动，如图 2-5 所示的控制电路。

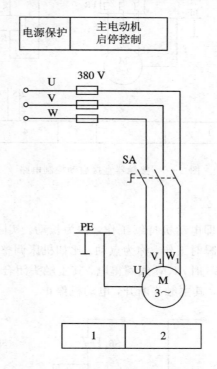

图 2-5 开关直接启动控制电路

  一般中小型机床的主电机都采用接触器直接启动，如图 2-6 所示的控制电路。接触器直接启动电路分成主电路和控制电路两部分。主电路（即动力电路）由接触器的主触点接通与断开，控制电路由触点组合，控制接触器线圈的通、断电，实现对主电路的通、断控制。具体分析如下：合总开关 QS，按下常开按钮 SB₂，使得接触器 KM 线圈得电，其常开主触点闭合，三相电源接通，电动机启动并运行。KM 辅助动合触点闭合，启动按钮被短路，暂时失去控制作用。KM 的线圈通电时其辅助动合触点闭合，而辅助动合触点闭合又维持其线圈通电，这一相互依存的现象称为"自锁"或"自保持"。所以松开可复位的按钮 SB₂ 时，该 KM 线圈不失电，电动机得以持续运行。电动机需停止时，按下常闭按钮 SB₁，KM 线圈失电，其常开主触点和辅助触点均断开，电动机脱离三相电源停止转动。

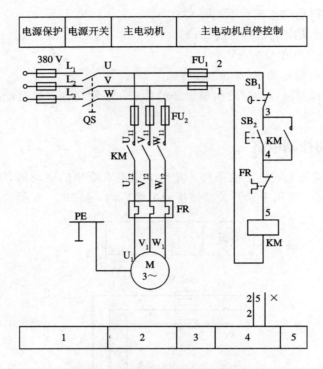

图 2-6 接触器直接启动控制电路

2.3.2 点动控制电路

机械设备长时间运转,即电动机持续工作,称为长动。实际工作中,除要求电动机长期运转外,有时还需短时或瞬时工作,称为点动。比如机床调整时,需主轴稍转一下,如图 2-7(a) 所示。当按下按钮 SB 时,KM 线圈得电,其主触头闭合,电动机转动,松开 SB,按钮复位断开,KM 线圈断电,其主触头断开,电动机停止。

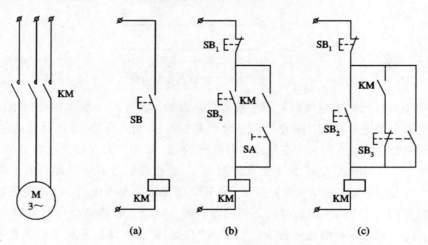

图 2-7 具有点动控制的电路

长动控制电路中的接触器线圈得电后能自锁,而点动控制电路却不能自锁。当机械设备要求电动机既能持续工作，又能方便瞬时工作时，电路必须同时具有长动和点动的控制功能，如图 2-7(b)、(c)所示。

图 2-7(b)中，需电动机点动时，开关 SA 断开，当按下按钮 SB 时，线圈 KM 得电，但由于不能构成自锁，因此能实现点动功能。需电动机长期工作时，开关 SA 合上，当按下按钮 SB 时，线圈 KM 得电，其常开辅助触头闭合，即可形成自锁，实现电动机的长期工作。

图 2-7(c)中，按下按钮 SB_2 时，线圈 KM 得电，其常开辅助触头闭合，即可形成自锁，实现电动机长期工作。当按下按钮 SB_3 时，其常闭触点先断开，常开触点再闭合，线圈 KM 得电，其常开辅助触头闭合，但由于没有形成自锁，因此可实现点动功能。

2.3.3 笼形异步电动机 Y-△ 减压启动控制电路

减压启动是指在启动时，在电源电压不变的情况下，通过某种方法，降低加在电动机定子绕组上的电压，待电动机启动后，再将电压恢复到额定值。因为电动机的启动电流与电压成正比，所以降低启动电压可以减小启动电流。但电动机的转矩与电压的平方成正比，所以启动转矩也大为降低，因而减压启动只适用于对启动转矩要求不高或在空载、轻载下启动的设备。常用的减压启动方式有 Y-△（星形—三角形）降压启动、串电阻降压启动、自耦变压器降压启动和延边三角形降压启动。

电动机启动时接成 Y 连接，绕组电压降为额定电压的 $1/\sqrt{3}$，正常运转时换接成△连接。由电工知识可知：$I_{\triangle L}=3I_{YL}$（分别代表两种接法时的线电流）。接成 Y 连接时，启动电流仅为△连接时的 1/3，相应的启动转矩也是△连接时的 1/3。因此，Y-△启动仅适用于正常运行时按△连接的电动机的空载或轻载启动。

在电动机启动时，定子绕组首先接成星形，至启动即将完成时再换接成三角形。图 2-8 是 Y-△减压启动的控制电路。图中，主电路由三组接触器主触点分别将电动机的定子绕组接成三角形或星形。当 KM_3 线圈得电，主触点闭合时，绕组接成星形；当 KM_2 主触点闭合时，接为三角形。KM_1 用来接通电源。两种接线方式的切换需在极短的时间内完成，在控制电路中采用了时间继电器，可定时自动切换。

控制电路的逻辑表达式为

$$KM_1 = \overline{FR} \cdot \overline{SB_1} \cdot (SB_2 + KM_1)$$

$$KM_2 = \overline{FR} \cdot \overline{SB_1} \cdot (SB_2 + KM_1) \cdot \overline{KM_3} \cdot (KT + KM_3)$$

$$KM_3 = \overline{FR} \cdot \overline{SB_1} \cdot (SB_2 + KM_1) \cdot \overline{KM_2} \cdot \overline{KT}$$

$$KT = \overline{FR} \cdot \overline{SB_1} \cdot (SB_2 + KM_1) \cdot \overline{KM_2}$$

由逻辑函数表达式可看出各个线圈通、断电的控制条件，例如 KM_1 线圈的切断条件有两个，即当电动机超载时热继电器的动断触点断开，切断电路，或者是停车时按下停车按钮 SB_1；接通条件是启动按钮 SB_2 压下，或者自锁触点 KM_1 闭合。

控制电路的逻辑表达式用于分析电路的控制条件，电路的工作过程可通过电器动作顺序表来描述。Y-△减压启动控制电路的工作过程如下：合上开关 QS，为启动做准备；按下启动按钮 SB_2 时，KM_1、KM_3、KT 线圈同时得电，KM_1 辅助触头闭合形成自锁；KM_1、KM_3 主触头闭合，电动机以星形启动，当 KT 延时时间到时，其常闭触头断开，常开触头闭合，KM₃ 线圈断电，KM₂ 线圈得电自锁，KM₃ 主触头断开，KM₂ 主触头闭合，电动机转为三角形正常运行；当电动机正常运行时，KM₂ 常闭辅助触头断开，可让 KT 线圈断电，以节约电能；需电动机停止时，按下 SB₁ 即可。

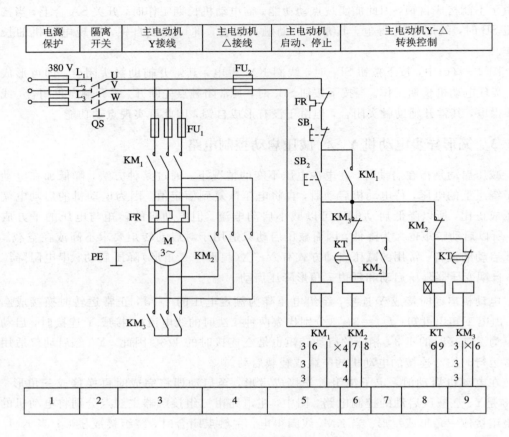

图 2-8 Y-△减压启动电路

电路图中常闭触点 KM₂ 和 KM₃ 构成了互锁，保证电动机绕组只能连接成一种形式，即星形或三角形，以防止同时连接成星形或三角形而造成电源短路，使电路可靠工作。

2.3.4 自耦变压器(补偿器)减压启动控制电路

自耦变压器一次侧电压、电流和二次侧电压、电流的关系为

$$\frac{U_1}{U_2} = \frac{I_2}{I_1} = K \qquad (2-2)$$

式中，K 为自耦变压器的变压比。启动转矩正比于电压的平方，定子每相绕组上的电压降低到直接启动电压的 $1/K$，启动转矩也将降低为直接启动的 $1/K^2$。因此，启动转矩的大小可通过改变变压比 K 得到改变。

补偿器减压启动利用自耦变压器来降低启动时的电压，以达到限制启动电流的目的。启动时，电源电压加在自耦变压器的高压绕组上，电动机的定子绕组与自耦变压器的低压绕组连接，当电动机的转速达到一定值时，将自耦变压器切除，电动机直接与电源相接，

在正常电压下运行。

自耦变压器减压启动分手动控制和自动控制两种。工厂常采用 XJ01 系列自动补偿器实现减压启动的自动控制，其控制电路如图 2 - 9 所示。

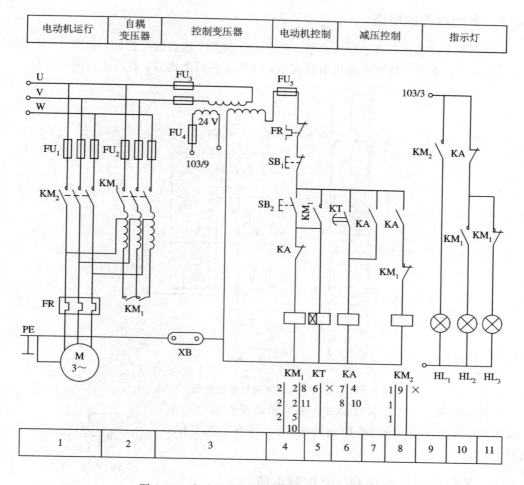

图 2 - 9　自动启动的补偿器减压启动控制电路

控制电路可分为三个部分：主电路、控制电路和指示灯电路。KM_1 为自耦变压器减压启动接触器，KM_2 为全压运行接触器，KA 为中间继电器，KT 为自动切换用时间继电器，HL_1 为正常运行指示灯，HL_2 为减压启动指示灯，HL_3 为电源指示灯。

电动机启动工作过程如下：当电路中变压器得电时，电源指示灯 HL_3 亮；按下启动按钮 SB_2，KM_1 及 KT 线圈得电自锁，电动机经自耦变压器启动，HL_2 亮；KT 延时时间到时，其常开触点闭合，KA 线圈得电自锁，KM_1 线圈失电，KM_2 线圈得电，减压启动结束，电动机进入正常运行，HL_1 灯亮。停止时，按下 SB_1 即可。

补偿器减压启动适用于负载容量较大，正常运行时定子绕组连接成 Y 形而不能采用星形—三角形启动方式的笼形异步电动机。但这种启动方式设备费用大，通常用于启动大型的和特殊用途的电动机。

2.4 三相异步电动机的运行控制电路

2.4.1 多地点控制电路

在大型机床设备中，为了操作方便，常要求能在多个地点进行控制。如图 2-10 所示，把启动按钮并联起来，把停止按钮串联起来，分别装在两个地方，就可实现两地操作。

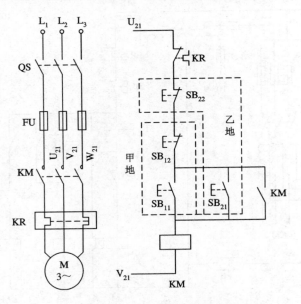

图 2-10 两地控制电路图

在大型机床上，当要求启动时，为了保证操作安全，几个操作者都发出主令信号（按启动按钮）后，设备才能工作，见图 2-11。

2.4.2 多台电动机顺序启、停控制电路

在装有多台电动机的生产机械上，各电动机所起的作用不同，有时需要按一定的顺序启动才能保证操作过程的合理和工作的安全可靠。例如，在铣床上就要求先启动主轴电动机，然后才能启动进给电动机。又如，带有液压系统的机床，一般都要先启动液压泵电动机，然后才能启动其他电动机。这些顺序关系反映在控制电路上，称为顺序控制。

图 2-12 所示是两台电动机 M_1 和 M_2 的顺序控制电路。该电路的特点是，电动机 M_2 的控制电路是接在接触器 KM_1 的常开辅助触点之后。这就保证了只有当 KM_1 接通，M_1 启

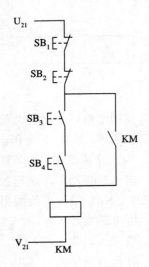

图 2-11 多点控制电路

动后，M_2 才能启动。如果由于某种原因（如过载或失压等）使 KM_1 失电，M_1 停转，那么 M_2 也立即停止，即 M_1 和 M_2 同时停止。

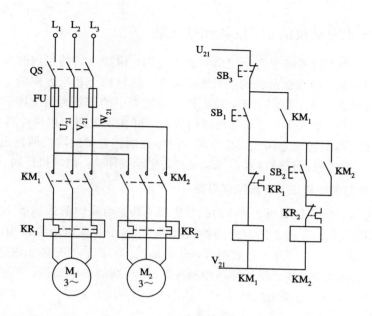

图 2-12 顺序控制电路

图 2-13 所示是其他两种顺序控制电路(主电路未画出)。图 2-13(a)的特点是,将接触器 KM_1 的另一常开触点串联在接触器 KM_2 线圈的控制电路中,同样保持了图 2-12 的顺序控制作用;该电路还可实现 M_2 单独停止。

图 2-13(b)的特点是,由于在 SB_{12} 停止按钮两端并联着一个 KM_2 的常开触点,因此只有先使接触器 KM_2 线圈断电,即电动机 M_2 停止后,才能按下 SB_{12},断开接触器 KM_1 线圈电路,使电动机 M_1 停止。

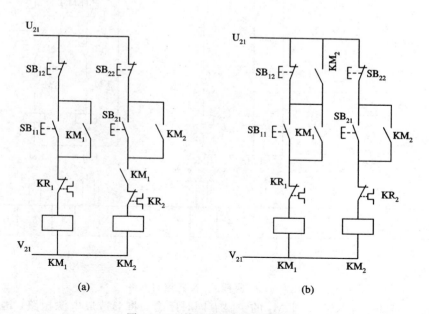

图 2-13 其他两种顺序控制电路

2.4.3 三相异步电动机的正、反转控制电路

生产实践中，很多设备需要两个相反的运行方向，例如主轴的正向和反向转动，机床工作台的前进和后退，起重机吊钩的上升和下降等，这样两个相反方向的运动均可通过电动机的正转和反转来实现。我们知道，只要将三相电源中的任意两相交换就可改变电源相序，而电动机就可改变旋转方向。实际电路构成时，可在主电路中用两个接触器的主触点实现正转相序接线和反转相序接线，在控制电路中控制正转接触器线圈得电，其主触点闭合，电动机正转，或者控制反转接触器线圈通电，主触点闭合，电动机反转。

1. 按钮控制的电动机正、反转控制电路

图 2-14 所示是按钮控制正、反转的控制电路，其主电路中的接触器 KM_1 和 KM_2 构成正、反转的相序接线。在图 2-14(a)的控制电路中，按下正向启动按钮 SB_2，正转控制接触器 KM_1 线圈的得电动作，其主触点闭合，电动机正向转动；按下停止按钮 SB_1，电动机停转；按下反向启动按钮 SB_3，反转控制接触器 KM_2 线圈的得电动作，其主触点闭合，给电动机送入反相序电源，电动机反转。

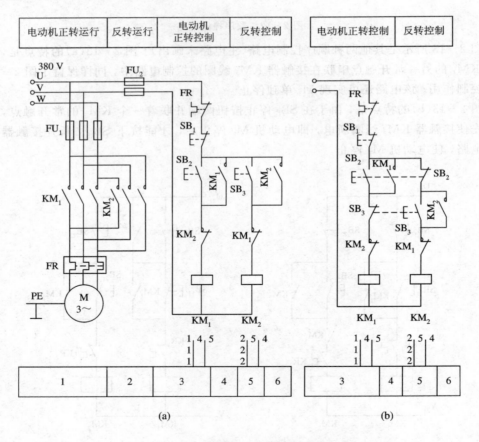

图 2-14 两种正、反转控制电路

由主电路可知，若 KM_1 与 KM_2 的主触点同时闭合，将会造成电源短路，因此任何时候，只能允许一个接触器通电工作。要实现这样的控制要求，通常是在控制电路中将两接

触器的动断触点分别串接在对方的工作线圈电路里，如图 2-14(a)中 KM$_1$ 与 KM$_2$ 的动断触点那样，这样可以构成互相制约关系，以保证电路安全正常的工作。这种互相制约的关系称为"联锁"，也称为"互锁"。

在图 2-14(a)的控制电路中，当变换电动机转向时，必须先按下停止按钮，才能实现反向运行，这样很不方便。图 2-14(b)的控制电路利用复合按钮 SB$_3$、SB$_2$，可直接实现由正转变为反转的控制（反之亦然）。

复合按钮具有联锁功能。当某一线圈工作时，按下其回路中的动断触点，此线圈失电，而后另一线圈得电。

2. 往复自动循环控制电路

机械设备中如机床的工作台、高炉的加料设备等均需在一定的距离内能自动往复不断循环，以实现所要求的运动。图 2-15 所示是机床工作台往返循环的控制电路。它实质上是用行程开关来自动实现电动机正、反转的。组合机床、铣床等的工作台常用这种电路来实现往返循环。图 2-15 中，SQ$_1$、SQ$_2$、SQ$_3$、SQ$_4$ 为行程开关，按要求安装在床身固定的位置上，反映加工终点与原位（即行程）的长短。当撞块压下行程开关时，其常开触点闭合，常闭触点打开。即在一定行程的起点和终点用撞块压下行程开关，以代替人工操作按钮。

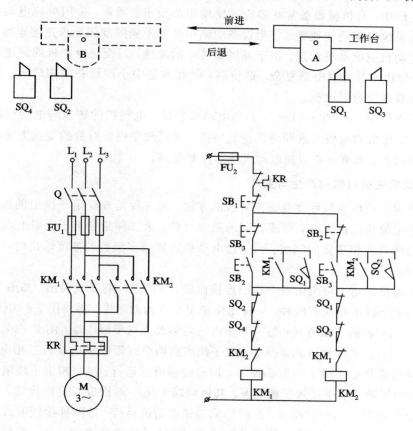

图 2-15　工作台往返循环的控制电路

合上电源开关 QS，按下正向启动按钮 SB$_2$，接触器 KM$_1$ 得电动作并自锁，电动机正转使工作台前进，当运行到 SQ_2 位置时，其常闭触点断开，KM_1 线圈失电，电动机脱离电源，同时，SQ_2 常开触点闭合，使 KM_2 线圈通电，电动机实现反转，工作台后退。当撞块又压下 SQ_1 时，使 KM_2 线圈断电，KM_1 线圈又得电，电动机又正转使工作台前进，这样可一直循环下去。

SB_1 为停止按钮，SB_3 与 SB_2 为不同方向的复合启动按钮。之所以用复合按钮，是为了满足改变工作台方向时，不按停止按钮便可直接操作的要求。限位开关 SQ_3 与 SQ_4 安装在极限位置。若由于某种故障使工作台到达 SQ_1（或 SQ_2）位置时未能切断 KM_2（或 KM_1），则工作台继续移动到极限位置，压下 SQ_3（或 SQ_4），此时可最终把控制电路断开，使电动机停止，避免工作台由于越出允许位置所导致的事故。因此，SQ_3、SQ_4 起极限位置保护作用。

上述这种用行程开关按照机床运动部件的位置或机件的位置变化所进行的控制，称为按行程原则的自动控制，或称行程控制。行程控制是机床和机床自动线应用最为广泛的控制方式之一。

2.4.4 双速异步电动机的控制电路

实际生产中，对机械设备常有多种速度输出的要求。通常，采用单速电动机时，需配有机械变速系统以满足变速要求。当设备的结构尺寸受到限制或要求速度连续可调时，常采用多速电动机或电动机调速。由于晶闸管技术的发展，对交流电动机的调速已得到了广泛的应用，但由于其控制电路复杂、造价高，因此普通中小型设备使用较少。实际中应用较多的还是双速交流电动机。

由电工学可知，$n = 60 f_1 (1-s)/p$ 为电动机转速。电动机的转速与电动机的磁极对数有关，改变电动机的磁极对数即可改变其转速。采用改变磁极对数的变速方法一般可适用笼型异步电动机。本节分析双速电动机及其控制电路。

1. 电动机磁极对数的产生与变化

笼型异步电动机有两种改变磁极对数的方法：第一种是改变定子绕组的连接，即改变定子绕组中电流流动的方向，形成不同的磁极对数；第二种是在定子绕组上设置具有不同磁极对数的两套互相独立的绕组。当一台电动机需要较多级数的速度输出时，也可两种方法同时采用。

双速电动机的定子绕组由两个线圈连接而成，线圈之间有导线引出，如图 2-16 所示。

常见的定子绕组接线有两种：一种是由单星形改为双星形，即将图 2-16(b) 的连接方式换成图 2-16(c) 的连接方式；另一种是由三角形改为双星形，即由图 2-16(a) 的连接方式换成图 2-16(c) 的连接方式。当每相定子绕组的两个线圈串联后接入三相电源时，电流流动方向及电流分布如图 2-16(d) 所示，即形成四极速运行。当每相定子绕组的两个线圈并联时，由中间导线端子接入三相电源，其他两端汇集一点构成双星形连接，电流流动方向及电流分布如图 2-16(e) 所示，此时形成二极速高速运行。这两种接线方式的变换可使磁极数减少一半，使其定子同步转速增加一倍，使转子转速约增加一倍。单星形—双星形的切换适用于拖动恒转矩性质的负载；三角形—双星形的切换适用于拖动恒功率性质的负载。

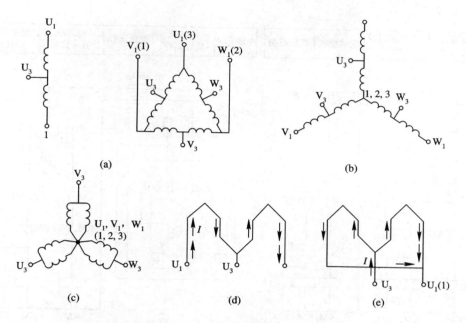

图 2-16　双速电动机的定子绕组接线

(a) 三角形；(b) 星形；(c) 双星形；(d) 四极接线电流图；(e) 二极接线电流图

2. 双速电动机控制电路

图 2-17 是双速电动机三角形—双星形变换控制电路图。图中，主电路接触器 KM_1 的主触点闭合，构成三角形连接；KM_2 和 KM_3 的主触点闭合构成双星形连接。必须指出，当改变定子绕组接线时，必须同时改变定子绕组的相序，即对调任意两相绕组出线端，以保证调速前后电动机的转向不变。控制电路有三种，分别对应图 2-17 的 (a)、(b) 和 (c)。图 2-17(a) 控制电路由复合按钮 SB_2 接通接触器 KM_1 的线圈电路，KM_1 主触点闭合，电动机低速运行。SB_3 接通 KM_2 和 KM_3 的线圈电路，其主触点闭合，电动机高速运行。为防止两种接线方式同时存在，KM_1 和 KM_2 的动断触点在控制电路中构成互锁。具体分析如下：按下低速启动按钮 SB_2，KM_1 线圈得电，其常开辅助触点闭合自锁，常开主触点闭合，电机为三角形接法启动并进入低速运行。需高速运行时，按下 SB_3 按钮，KM_1 线圈失电，常闭辅助触点复位，KM_2 和 KM_3 线圈同时得电并自锁，其主触点闭合，电机转为双星形高速运行。停止时按下常闭按钮 SB_1 即可。图 2-17(b) 控制电路采用选择开关 SA，选择接通 KM_1 的线圈电路或 KM_2、KM_3 的线圈电路，即选择低速运行或者高速运行。图 2-17(a) 和图 2-17(b) 控制电路用于小功率电动机，图 2-17(c) 控制电路用于较大功率电动机，选择开关 SA 用来选择低速运行或高速运行。SA 位于"1"的位置（选择低速运行）时，接通 KM_1 线圈电路，直接启动低速运行；SA 位于"2"的位置（选择高速运行）时，首先接通 KM_1 线圈电路低速启动，然后由时间继电器 KT 切断 KM_1 的线圈电路，同时接通 KM_2 和 KM_3 的线圈电路，电动机的转速自动由低速切换到高速。详细工作过程如下：预先选择开关 SA，低速时置"1"（工作过程略），高速时置"2"，KT 线圈得电，常开瞬动触点合上，KM_1 线圈得电，电机启动并进入低速运行。当 KT 延时时间到时，其常闭延时触点断开，KM_1 线圈失电，KT 常开延时触点合上，KM_2 和 KM_3 线圈得电，电机转为双星形高速运行。

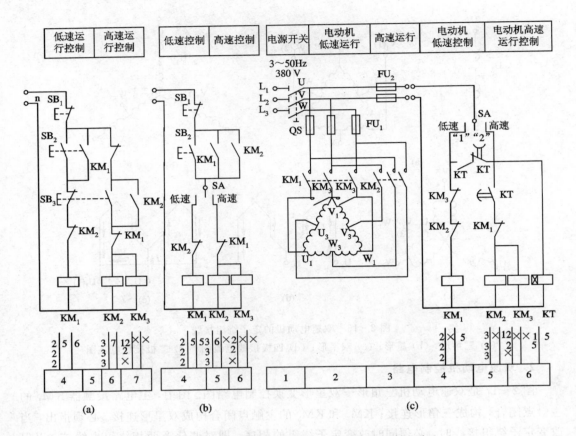

图 2-17　双速电动机三角形—双星形变速控制电路

2.5　三相异步电动机的制动控制电路

许多机床，如万能铣床、卧式镗床、组合机床等都要求迅速停车和准确定位。这就要求对电动机进行立即停车。制动停车的方式有两大类：机械制动和电气制动。机械制动采用机械抱闸或液压装置制动，电气制动实际上是利用电气方法使电动机产生一个与原来转子的转动方向相反的制动转矩来制动。

2.5.1　电磁式机械制动控制电路

在电机被切断电源以后，利用机械装置使电动机迅速停转的方法称为机械制动。应用较普遍的机械制动装置有电磁抱闸和电磁离合器两种。这两种装置的制动原理基本相同，下面以电磁抱闸为例来说明机械制动的原理。

1. 电磁抱闸的结构

电磁抱闸主要包括两部分：制动电磁铁和闸瓦制动器。制动电磁铁由铁芯、衔铁和线圈三部分组成。闸瓦制动器由闸轮、闸瓦、杠杆和弹簧等部分组成。闸轮与电动机装在同一根轴上。

2. 机械制动控制电路

机械制动控制电路有断电制动和通电制动两种。

（1）断电制动控制电路。在电梯、起重机，卷扬机等一类升降机械上，采用的制动闸平时处于"抱住"的制动装置，其控制电路见图2-18。其工作原理为：合上电源开关QS，按下启动按钮SB_1，其接触器KM通电吸合，电磁抱闸线圈YA通电，使抱闸的闸瓦与闸轮分开，电动机启动；当需要制动时，按下停止按钮SB_2，接触器KM断电释放，电动机的电源被切断。同时，电磁抱闸线圈YA也断电，在弹簧的作用下，闸瓦与闸轮紧紧抱住，电动机迅速制动。这种制动方法不会因中途断电或电气故障而造成事故，比较安全可靠。但缺点是电源切断后，电动机轴就被制动刹住不能转动，不便调整，而有些机械（如机床等），有时还要用人工将电动机的转轴转动，这时应采用通电制动控制电路。

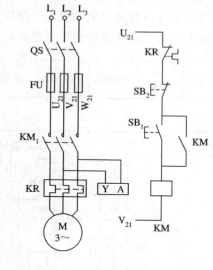

图2-18　电磁抱闸断电制动控制电路

（2）通电制动控制电路。像机床这类经常需要调整加工工件位置的机械设备，一般采用制动闸平时处于"松开"状态的制动装置。图2-19为电磁抱闸通电制动控制电路，该控制电路与断电制动型不同，制动的结构也不同。其工作原理为：在主电路有电流流过时，电磁抱闸没有电压，这时抱闸与闸轮松开；按下停止按钮SB_2时，主电路断电，通过复合按钮SB_2的常开触点闭合，使KM_2线圈通电，电磁抱闸YA的线圈通电，抱闸与闸轮抱紧进行制动；当松开按钮SB_2时，电磁抱闸YA线圈断电，抱闸又松开。这种制动方法在电动机不转动的常态下，电磁抱闸线圈无电流，抱闸与闸轮也处于松开状态。这样，如用于机床，在电动机未通电时，可以用手扳动主轴以调整和对刀。

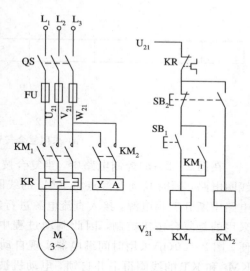

图2-19　电磁抱闸通电制动控制电路

2.5.2　电气制动控制电路

1. 能耗制动控制电路

能耗制动是指在三相电动机停车切断三相电源后，将一直流电源接入定子绕组，产生一个静止磁场，此时电动机的转子由于惯性继续沿原来的方向转动，惯性转动的转子在静止的磁场中切割磁力线，产生一个与惯性转动方向相反的电磁转矩，对转子起制动作用，制动结束后切除直流电源。图2-20是实现上述控制过程的控制电路。图中，接触器KM_1的主触点闭合后接通三相电源。由变压器和整流元件构成的整流装置提供直流电源，KM_2接通时将直流电源接入电动机定子绕组。图2-20(a)与图2-20(b)分别是用复合按钮和用时间继电器实现能耗制动的控制电路。

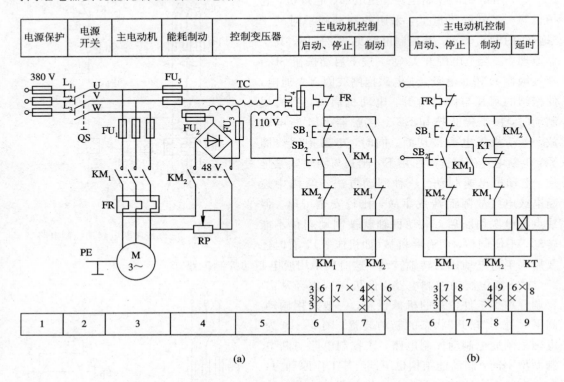

电源保护	电源开关	主电动机	能耗制动	控制变压器	主电动机控制		主电动机控制		
					启动、停止	制动	启动、停止	制动	延时

(a)   (b)

图2-20 能耗制动控制电路

(a) 采用复合按钮；(b) 采用时间继电器

在图2-20(a)控制电路中，当复合按钮SB_1按下时，其动断触点切断接触器KM_1的线圈电路，同时其动合触点将KM_2的线圈电路接通，接触器KM_1和KM_2的主触点在主电路中断开三相电源，接入直流电源进行制动，松开SB_1，KM_2线圈断电，制动停止。由于采用的是复合按钮控制，因此制动过程中按钮必须始终处于压下状态，这样操作很不方便。图2-20(b)采用时间继电器实现自动控制，当复合按钮SB_1压下时，KM_1线圈失电，KM_2和KT的线圈得电并自锁，电动机被制动，松开SB_1复位，制动结束后，由时间继电器KT的延时动断触点断开KM_2线圈电路。

能耗制动的制动转矩大小与静止磁场的强弱及电动机的转速n有关。在同样的转速下，直流电流大，磁场强，制动作用就强。一般接入的直流电流为电动机空载电流的3～5倍，过大会烧坏电动机的定子绕组。该电路采用在直流电源回路中串接可调电阻的方法，来调节制动电流的大小。

能耗制动时制动转矩随电动机惯性转速的下降而减小，因而制动平稳。这种制动方法将转子惯性转动的机械能转换成电能，又消耗在转子的制动上，所以称为能耗制动。

2. 反接制动控制电路

反接制动实质上是通过改变异步电动机定子绕组中三相电源相序，产生一个与转子惯性转动方向相反的反向转矩来进行制动的。当进行反接制动时，首先将三相电源相序切换，然后在电动机转速接近零时，将电源及时切除。当三相电源不能及时切除时，电动机将会反向升速，发生事故。其控制电路采用速度继电器来判断电动机的零速点，并及时切断三相电源。速度继电器的转子与电动机的轴相连，当电动机正常转动时，速度继电器的动合触点闭合；当电动机停车转速接近零时，动合触点打开，切断接触器的线圈电路。

图 2-21 为反接制动控制电路。图中主电路由接触器 KM_1 和 KM_2 两组主触点构成不同相序的接线，因电动机反接制动电流很大，所以在制动电路中串接有电阻，以限制制动电流。当电动机正常运转时，KM_1 通电吸合，KS 的一对常开触点闭合，为反接制动做好准备。停车并制动时，按下控制电路中的复合按钮 SB_1，KM_1 线圈失电，KM_2 线圈由于 KS 的动合触点在转子惯性转动下仍然闭合而通电并自锁，电动机实现反接制动。当电动机转速下降到接近 120 r/min 时，KS 的动合触点断开，使 KM_2 的线圈失电，制动结束。

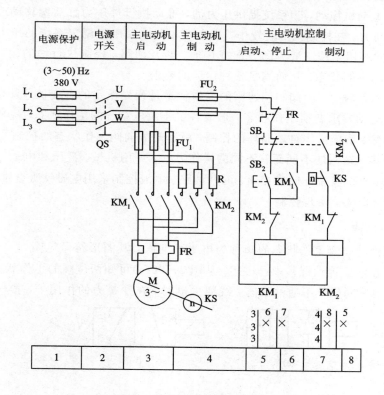

图 2-21　反接制动控制电路

反接制动的制动转矩是反向转矩，因此其制动力矩大，制动效果显著，但在制动时有冲击，制动不平稳，且能量消耗大。

要注意的是，能耗制动与反接制动相比，其制动平稳、准确、能量消耗少，但制动力矩较弱，特别在低速时制动效果差，并且还需提供直流电源。在实际使用中，应根据设备的工作要求选用合适的制动方法。

2.6 电液控制电路

液压传动系统相对电动机容易提供较大的驱动力，并且运动传递平稳、均匀、可靠、控制方便。当液压系统和电气控制系统组合构成电液控制系统时，很容易实现自动化。因此，电液控制被广泛应用在各种自动化设备上。电液控制通过电气控制系统控制液压传动系统，按给定的工作运动要求完成动作。

1. 液压系统组成

液压传动系统主要由四个部分组成：

（1）动力装置（液压泵及驱动电动机）；

（2）执行机构（液压缸或液压马达）；

（3）控制调节装置（压力阀、调速阀、换向阀等）；

（4）辅助装置（油箱、油管等）。

液压泵由电动机拖动，为系统提供压力油，推动执行件压力缸活塞移动或者使液压马达转动，输出动力。在控制调节装置中，压力阀和调速阀用于调定系统的压力和执行件的运动速度。方向阀用于控制液流的方向或接通、断开油路，控制执行件的运动方向，构成液压系统工作的不同状态，从而满足各种运动的要求。

液压系统工作时，压力阀和调速阀的工作状态是预先设定的不变值，只有方向阀可根据工作循环的运动要求变换工作状态，形成各工步液压系统的工作状态，完成不同的运动输出。因此对液压系统工作自动循环的控制，就是对方向阀工作状态的控制。

换向阀因其阀结构的不同而有不同的操作方式，可用机械、液压和电动方式改变阀的工作状态，从而改变液流方向或接通、断开油路。电液控制采用电磁铁吸合推动阀心移动，来改变阀的工作状态，实现控制。

2. 电磁换向阀

由电磁铁推动改变工作状态的阀称为电磁换向阀，其图形符号见图 2-22。电磁换向阀的工作原理在液压传动课程中已讲述。从图 2-22(a)可知两位阀的工作状态，当电磁阀线圈通电时，换向阀位于不通油状态，线圈失电时，在弹簧力的作用下，换向阀复位于通

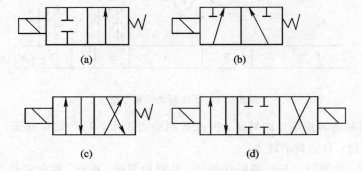

(a)　　　　　　　　　　　　(b)

(c)　　　　　　　　　　　　(d)

图 2-22　电磁换向阀的图形符号
(a)二位二通阀；(b)二位三通阀；(c)二位四通阀；(d)三位四通阀

油状态，电磁阀线圈的通、断电控制了油路的切换。图 2 - 22(d)为三位阀，阀上装有两个线圈，分别控制阀的两种通油状态，当两电磁阀线圈都不通电时，换向阀处于中间位的通油状态。需要注意的是，两个电磁阀线圈不能同时得电，以免阀的状态不确定。

电磁换向阀有两种，即交流电磁换向阀和直流电磁换向阀（这是由电磁阀线圈所用的电源种类确定的），实际使用中要根据控制系统和设备需要而定。电液控制系统中，控制电路根据液压系统的工作要求，控制电磁换向阀线圈的通、断电，以实现所需运动输出。

3. 液压系统工作自动循环控制电路举例

液压动力滑台工作自动循环控制是一种典型的电液控制。下面将其作为例子，分析液压系统工作自动循环的控制电路。

液压动力滑台是机床加工工件时完成进给运动的动力部件，它由液压系统驱动，可自动完成加工的自动循环。滑台工作循环的工步顺序内容，各工步之间的转换主令，如同电动机驱动工作循环控制一样，由设备的工作循环图给出。电液控制系统的分析通常分为三步：工作循环图分析，以确定工步顺序及每步的工作内容，明确各工步的转换主令；液压系统分析，分析液压系统的工作原理，确定每工步中应通电的电磁阀线圈，并将分析结果和工作循环图给出的条件通过动作表的形式列出，动作表上列有每个工步的内容、转换主令和电磁阀线圈通电转台。控制电路分析，是根据动作表给出的条件和要求，逐步分析电路如何在转换主令的控制下完成电磁阀线圈的通、断电控制。液压动力滑台一次工作进给的控制电路见图 2 - 23。

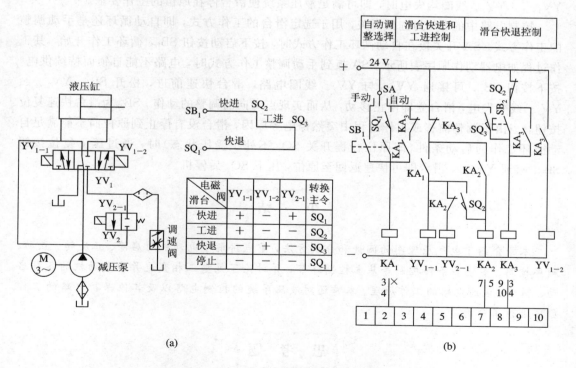

图 2 - 23　液压动力滑台一次工作进给的控制电路

（a）液压原理图及动作表；（b）电气控制原理图

液压动力滑台的自动工作循环共有四个工步：滑台快进、工进、快退及原位停止，分别由行程开关 SQ_2、SQ_3、SQ_1 及 SB_1 控制循环的启动和工步的切换。对应于这四个工步，液压系统有四个工作状态，满足液压缸活塞的四个不同运动要求，其工作原理如下：

动力滑台快进，要求电磁换向阀 YV_1 在左位，压力油经换向阀进入液压缸左腔，推动活塞右移，此时电磁换向阀 YV_2 也要求位于左位，使得油缸右腔回油返回液压缸左腔，增大液压缸左腔的进油量，活塞快速向前移动。为实现上述油路工作状态，电磁阀线圈 YV_{1-1} 必须通电，使阀切换到左位，YV_{2-1} 通电，使 YV_2 切换到左位。动力滑台前移到工进起点时，压下行程开关 SQ_2，动力滑台进入工步。动力滑台工进时，活塞运动方向不变，但移动速度变慢，此时控制活塞运动方向的阀 YV_1 仍在左位，但控制液压缸右腔的回油经调速阀回油箱，调速阀节流控制回油的流量，从而限定活塞以给定的工进速度继续向右移动，保持 YV_{1-1} 通电，使阀 YV_1 仍在左位，但是 YV_{2-1} 断电，使阀在弹簧力的复位作用下切换到右位，满足工进油路的工作状态。工进结束后，动力滑台在终点位压动终点限位开关 SQ_3，转入快退工步。滑台快退时，活塞的运动方向与快进、工进时相反，此时液压缸右腔进油，左腔回油，阀 YV_1 必须切换到右位，改变油的通路。阀 YV_1 切换以后，压力油经阀 YV_1 进入液压缸的右腔，左腔回油经 YV_1 直接回油箱，通过切断 YV_{1-1} 的线圈电路使其失电，同时接通 YV_{1-2} 的线圈电路使其通电吸合，阀 YV_1 切换到右位，满足快退时液压系统油路的工作状态。动力滑台快速退回到原位以后，压动原位行程开关 SQ_1，即进入停止状态。此时要求阀 YV_1 位于中间位的油路状态，YV_2 处于右位，当电磁阀 YV_{1-1}、YV_{1-2}、YV_{2-1} 线圈均失电时，即可满足液压系统使滑台停在原位的工作要求。

控制电路中的 SA 为选择开关，用于选定滑台的工作方式，即自动循环还是手动调整的工作方式。SA 开关扳在自动循环工作方式时，按下启动按钮 SB_1，循环工作开始，其工作过程如电器动作顺序表所示。SA 扳到手动调整工作方式时，电路不能自锁而持续供电，按下按钮 SB_1，可接通 YV_{1-1} 与 YV_{2-1} 线圈电路，滑台快速前进，松开 SB_1，YV_{1-1}、YV_{1-2} 线圈失电，滑台立即停止移动，从而实现点动向前调整的动作。SB_2 为滑台快速复位按钮，当由于调整前移或工作过程中突然停电等原因，滑台没有停止到原位而不能满足自动循环工作的启动条件（即原位行程开关 SQ_3 不处于受压状态）时，通过压下复位按钮 SB_2，接通 YV_{1-2}，滑台即可快速返回至原位，压下 SQ_2 后停机。

小　结

本章介绍了电气原理图的阅读和分析方法，重点讲解了电动机的启停、正反转、点动、顺序控制、多地多条件控制等基本控制环节，并讨论了笼型三相交流异步电动机的各种启动、制动、调速电路的工作原理。本章还对液压系统的控制电路以及其他保护电路的工作原理进行了分析。

思　考　题

2.1　电路图中 QS、FU、KM、KT、SQ、SB 分别是什么电器元件的文字符号？

2.2　如何决定笼型异步电动机是否可采用直接启动法？

2.3 笼型异步电动机的减压启动方法有哪几种？

2.4 笼型异步电动机是如何改变转动方向的？

2.5 制动分为哪几类？

2.6 什么叫能耗制动？什么叫反接制动？它们各有什么特点及适用什么样的场合？

2.7 什么是互锁（联锁）？什么是自锁？试举例说明各自的作用。

2.8 长动与点动的区别是什么？

2.9 图2-24中的一些电路是否有错误？工作时现象是怎样的？如有错误，应如何改正？

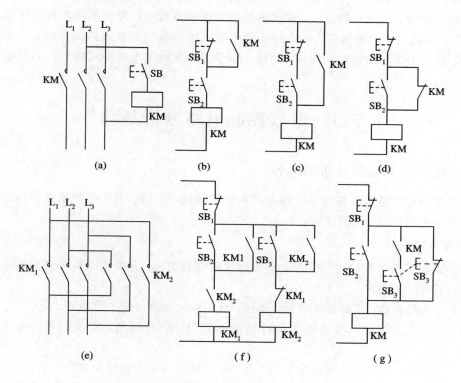

图2-24 题2.9图

2.10 动合触点串联或并联，在电路中起什么样的控制作用？动断触点串联或并联，在电路中起什么样的控制作用？

2.11 如何分析电液控制电路？

2.12 设计一个控制电路，要求第一台电动机启动10 s以后，第二台电动机自动启动，运行5 s以后，第一台电动机停止转动，同时第三台电动机启动，运转15 s以后，电动机全部停止。

2.13 设计一个控制电路，控制一台电动机，要求：（1）可正、反转；（2）可正向点动，两处启停控制；（3）可反接制动；（4）有短路和过载保护。

2.14 对于图2-15所示的由行程开关控制的正、反转电路，若在现场调试试车时将电动机的接线相序接错，将会造成什么样的后果？为什么？

第 3 章　典型机床电气控制电路

　　金属切削机床素有工作母机之称。本章通过典型机床电气控制线路的实例分析,进一步阐述电气控制系统的分析方法,使读者掌握阅读和分析电气控制系统各种图样资料的方法,培养读图能力,并掌握有代表性的几种典型机床的电气控制线路的原理,了解电气部分在整个设备中所处的地位和作用,为进一步学习和掌握继电接触式电气控制系统的设计方法打下一定的基础。

3.1　电气控制电路分析基础

3.1.1　电气控制电路分析的内容

　　电气控制电路是电气控制系统各种技术资料的核心文件。电气控制电路分析的具体内容和要求主要包括以下几个方面。

1. 设备说明书

　　设备说明书由机械(包括液压部分)与电气两部分组成。在分析时首先要阅读这两部分说明书,了解以下内容:

　　(1) 设备的构造,主要技术指标,机械、液压和气动部分的工作原理。

　　(2) 电气传动方式,电动机和执行电器的数目、型号规格、安装位置、用途及控制要求。

　　(3) 设备的使用方法,各操作手柄、开关、旋钮和指示装置的布置以及作用。

　　(4) 与机械和液压部分直接关联的电器(如行程开关、电磁阀、电磁离合器和压力继电器等)的位置、工作状态以及作用。

2. 电气控制原理图

　　电气控制原理图是控制电路分析的中心内容。原理图主要由主电路、控制电路和辅助电路等部分组成。在分析电气控制原理图时,必须与阅读其他技术资料结合起来。例如,各种电动机和电磁阀等的控制方式、位置及作用,各种与机械有关的位置开关和主令电器的状态等,只有通过阅读说明书才能了解。

3. 电气设备总装接线图

　　阅读并分析总装接线图,可以了解系统的组成分布状况、各部分的连接方式、主要电气部件的布置和安装要求、导线和穿线管的型号规格等。电气设备总装接线图是安装设备时不可缺少的资料。

3.1.2 电气控制原理图的阅读和分析方法

分析电气控制电路工作原理的常用方法有查线读图法和逻辑代数法。

1. 查线读图法

查线读图法以分析各个执行元件、控制元件和附加元件的作用、功能为基础,根据生产机械的生产工艺过程,分析被控对象的动作情况和电气线路的控制原理。

(1)了解生产工艺与执行电器的关系。在分析电气线路前,应充分了解机械设备的动作及工艺加工过程,明确各个动作之间的关系以及动作与执行电器间的关系,为分析线路提供线索,并奠定基础。

(2)分析主电路。线路的分析一般从电动机主电路入手,根据主电路控制元件的触点,电阻和其他检测、保护器件,大致判定电动机的控制和保护功能。

(3)控制电路的分析方法。根据主电路控制元件主触点和其他电器的文字符号,在控制电路中找出相应控制环节以及环节间的相互关系。对控制电路由上往下、由左往右阅读,然后设想按动某操作按钮,查对线路,观察哪些元件将受控动作,并逐一查看动作元件的触点又是如何控制其他元件动作的,进而查看被驱动的被控对象如何动作。跟踪机械动作,当信号检测元件状态变化时,查对线路并观察执行元件的动作变化。读图过程中要注意器件间相互联系和制约的关系,直至将线路看懂为止。

电气控制电路都是由一些基本控制环节组成的。对于较复杂电路,通常根据控制功能,将控制电路分解成与主电路对应的几个基本环节,一个一个环节地去分析,然后把各个环节串起来。采用这种化整为零的分析方法,就不难看懂较复杂电路的全图了。

查线读图法具有直观性强、容易掌握等优点,因而得到了广泛的应用,但在分析复杂线路原理时叙述较冗长,容易出错,其具体分析方法参见后面章节。

2. 逻辑代数法

逻辑代数法是通过电路逻辑表达式的运算来分析控制电路的工作原理的,因为任何一条电气控制线路的支路都可以用逻辑表达式来描述。逻辑代数法的优点是逻辑关系简洁明了,有助于计算机辅助分析;主要缺点是复杂电路逻辑关系表达式很繁琐,并且电路分析不如查线读图法直观。

3.2 CA6140卧式车床电气控制电路

在金属切削机床中,车床所占的比例最大,而且应用也最广泛。它能够车削外圆、内圆、端面、螺纹和螺杆,能够车削定型表面,并可用钻头、铰刀等刀具进行钻孔、镗孔、倒角、割槽及切断等加工工作。

3.2.1 结构、运动形式和控制要求

1. 主要结构

图3-1为CA6140卧式车床外形结构示意图,它主要由床身、主轴变速箱、挂轮箱、尾座、进给箱、溜板箱、刀架和溜板、丝杆、光杆等组成。

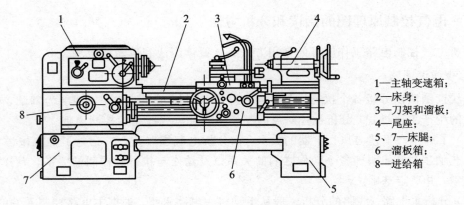

图 3-1 CA6140 型普通车床外形结构示意图

1—主轴变速箱；
2—床身；
3—刀架和溜板；
4—尾座；
5、7—床腿；
6—溜板箱；
8—进给箱

2. 运动形式

为了加工各种旋转表面，车床必须进行切削运动和辅助运动。切削运动包括主运动和进给运动，而除此之外的其他运动皆为辅助运动。

主运动：指工件的旋转运动，由主轴通过卡盘或顶尖带着工件旋转，主轴的旋转是由主轴申动机经传动机构拖动的。

进给运动：指刀架的纵向或横向直线运动。

辅助运动：指刀架的快速移动、尾座的移动以及工件的夹紧与放松等。

3. 控制要求

（1）主轴电动机：车削加工时，根据被加工工件的材料性质、加工方式等条件，要求主轴能在一定范围内变速。在进行螺纹加工时，工件的选择速度与刀架的进给速度之间有严格的比例关系，因此，主运动与进给运动采用一台电动机来驱动，一般选用笼型异步电动机。刀架的进给运动是由主轴箱输出轴依次经挂轮箱、进给箱、光杆传入溜板箱而获得的。

另外，为了加工螺纹等工件，还要求主轴能够正转和反转。

正、反转运行：车削螺纹时，为了避免乱扣，加工完毕后要求反转退刀，要求主轴能够正、反向运行。对于小型车床，主轴正、反向运行由主轴电动机正、反转来实现；当主轴电动机容量较大时，主轴的正、反向运行则靠摩擦离合器来实现，电动机只作单向旋转。

Y/△ 启动、停止：一般中小型车床的主轴电动机均采用直接启动；当电动机容量较大时，通常采用 Y/△ 减压启动。为实现快速停车，一般采用机械或电气制动。

（2）冷却：车削加工时，刀具的温度往往很高，为此，要配备冷却泵电动机，驱动冷却泵输出液。

（3）点动控制：为实现溜板箱的快速移动，应由单独的快速移动电动机来拖动，即采用点动控制。

（4）保护和照明指示：电路应具有必要的短路、过载、欠电压和零电压等保护环节，并有安全可靠的局部照明和信号指示。

3.2.2 主电路分析

CA6140 卧式车床电气控制系统原理图如图 3-2 所示。

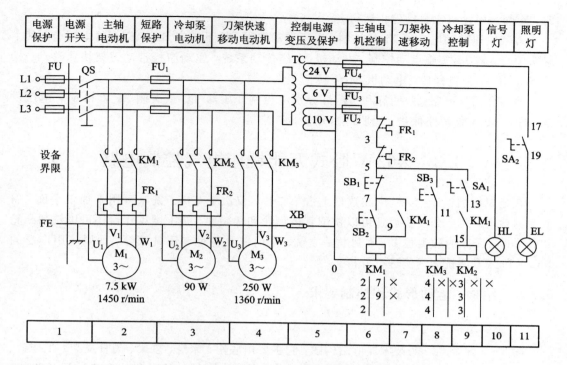

图 3-2 CA6140 卧式车床电气控制系统原理图

图 3-2 中，M_1 为主轴电动机，主轴采用机械变速，正、反向运行采用机械换向机构。

M_2 为冷却泵电动机，加工时提供冷却液，以防止刀具和工件的温升过高。

M_3 为刀架快速移动电动机，可根据使用需要，随时手动控制启动或停止。

电动机 M_1、M_2、M_3 容量都小于 10 kW，均采用全压直接启动，皆为接触器控制的单向运行控制电路。三相交流电源通过转换开关 QS 引入，接触器 KM_1、KM_2、KM_3 的主触头分别控制 M_1、M_2、M_3 的启动和停止。KM_1 由按钮 SB_1、SB_2 控制，KM_3 由 SB_3 进行点动控制，KM_2 由开关 SA_1 控制。主轴正、反向运行由摩擦离合器实现。

M_1、M_2 为连续运行电动机，分别由热继电器 FR_1、FR_2 作过载保护；M_3 为点动短时工作电动机，故不设过载保护。熔断器 $FU_1 \sim FU_4$ 分别对主电路、控制电路和辅助电路实行短路保护。

3.2.3 控制电路分析

控制电路由控制变压器 TC 二次侧输出的 110 V 电压供电。

主轴电动机 M_1 的控制：采用具有过载保护全压启动控制的典型环节。按下启动按钮 SB_2，接触器 KM_1 线圈得电吸合，其常开辅助触头(7-9)闭合自锁，KM_1 的主触头闭合，主轴电动机 M_1 启动；同时其常开辅助触头(13-15)闭合，作为 KM_2 得电的先决条件。按下停止按钮 SB_1，接触器 KM_1 失电释放，电动机停转。

冷却泵电动机 M_2 的控制：采用 M_1、M_2 顺序联锁控制的典型环节。当主轴电动机启动后，KM_1 的主触头闭合，主轴电动机 M_1 启动，同时其常开辅助触头(13-15)闭合，合上开关 SA_1，使接触器 KM_2 线圈得电吸合，冷却泵电动机 M_2 才能启动；当主轴电动机停下运行时，冷却泵电动机也自动停止运行。

刀架快速移动电动机 M_3 的控制：采用点动控制。按下按钮 SB_3，KM_3 得电吸合，其主触头闭合，对 M_3 实施点动控制。电动机 M_3 经传动系统，驱动溜板带动刀架快速移动；松开 SB_3，KM_3 失电释放，电动机 M_3 停转。

照明和信号电路：照明灯和指示灯分别由控制变压器 TC 二次侧 24 V 和 6 V 电压供电，FU_3、FU_4 作短路保护；照明灯由开关 SA_2 控制。

3.3 X62W 卧式万能铣床电气控制电路

在金属切削机床中，铣床在数量上占第二位，仅次于车床。铣床可用来加工平面、斜面和沟槽等，装上分度头后还可以铣削直齿齿轮和螺旋面，装上圆工作台还可以铣削凸轮和弧形槽。铣床的种类很多，有卧铣、立铣、龙门铣及各种专用铣床等。现以应用广泛的 X62W 卧式万能铣床为例进行分析。

3.3.1 结构、运动形式和控制要求

1. 主要结构

图 3-3 为卧式万能铣床外形结构图，它主要由底座、床身、悬梁、刀杆支架、工作台、溜板和升降台等部分组成。床身固定在底座上，内装有主轴的传动机构和变速操作机构。床身顶部有水平导轨，悬梁可沿导轨水平移动。刀杆支架装在悬梁上，可在悬梁上水平移动。升降台可沿床身前面的垂直导轨上下移动。溜板在升降台的水平导轨上可作平行于主轴轴线方向的横向移动。工作台安装在溜板的水平导轨上，可沿导轨作垂直于主轴轴线的纵向移动。

此外，溜板可绕垂直轴线左右旋转 $45°$，所以工作台还能在倾斜方向进给，以加工螺旋槽。

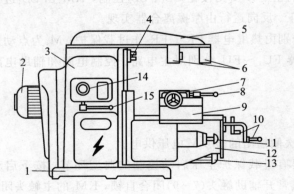

1—底座；2—主轴电动机；
3—床身；4—主轴；5—悬梁；
6—刀杆支架；7—工作台；
8—工作台左右进给操作手柄；
9—溜板；
10—工作台前后进给操作手柄；
11—进给变速手柄及变速盘；
12—升降台；
13—进给电动机；
14—主轴变速盘；
15—主轴变速手柄

图 3-3 卧式万能铣床外形结构示意图

2. 运动形式

卧式铣床有 3 种运动形式：

（1）主运动：指主轴带动铣刀的旋转运动。

（2）进给运动：铣床的进给运动是指工作台带动工件在上、下、左、右、前、后 6 个方向上的直线运动或圆形工作台的旋转运动。

（3）辅助运动：铣床的辅助运动是指工作台带动工件在上、下、左、右、前、后 6 个方向上的快速移动。

3. 控制要求

由于铣床的主运动和进给运动之间没有严格的速度比例关系，因此铣床采用单独拖动的方式，即主轴的旋转和工作台的进给分别由两台笼型异步电动机拖动。进给电动机与进给箱均安装在升降台上，这样快速移动也由进给电动机快速传动链来获得。

（1）主轴电动机：为了满足铣削过程中顺铣和逆铣的加工方式，要求主轴电动机能实现正、反旋转；由于在加工过程中不需改变主轴电动机旋转方向，只需在加工前预先设置主轴电动机的旋转方向，故采用倒顺开关实现主轴电动机的正反转。

由于铣刀是一种多刃刀具，其铣削过程是断续的，为了减小负载波动对加工质量的影响，主轴上装有飞轮，其转动惯性较大，要求主轴电动机能实现制动停车，以提高工作效率。

（2）进给运动：采用一台进给电动机拖动 3 根进给丝杆实现工作台在 6 个方向上的进给运动，每根丝杆代表纵向、横向和垂直不同的方向；纵向、横向和垂直 6 个方向的选择由机械手柄操纵，每根丝杆的正反向旋转由电动机的正反转实现，要求进给电动机能正反转，还需要有快速移动和限位控制。

为了保证机床、刀具的安全，在铣削加工时，只允许工件同一时刻做某一方向的进给运动。另外，在用圆工作台进行加工时，要求工作台不能移动，因此，各方向的进给运动之间应有联锁保护。

（3）变速冲动控制：为保证主轴和进给变速时变速箱内齿轮易于啮合，减小齿轮端面冲击，要求有变速冲动，即变速时电动机能点动一下。

（4）顺序控制和多地点控制：根据工艺要求，主轴转速和工作台进给应有先后顺序控制的联锁关系，即进给运动要在铣刀旋转之后才能进行。铣刀停止旋转，进给运动应该同时停止或提前停止，否则易造成工件和铣刀相碰事故。

为了操作者在铣床的正面、侧面方便地进行操作，对主轴电动机的启动、停止以及工作台进给运动的选向和快速移动，设置了多地点控制方案。

（5）冷却：冷却泵电动机提供铣削用的冷却液。

3.3.2 主电路分析

图 3-4 是 X62W 卧式万能铣床的电气控制系统原理图。

主轴电动机 M_1 由接触器 KM_1 控制其启动和停止。铣床的加工方式（顺铣和逆铣）在开始工作前即已选定，在加工过程中是不改变的，因此 M_1 的正反转的转向由转换开关 SA_5 预先确定。转换开关 SA_5 有"正转"、"停止"、"反转" 3 个位置，各触头的通断情况见表 3-1。

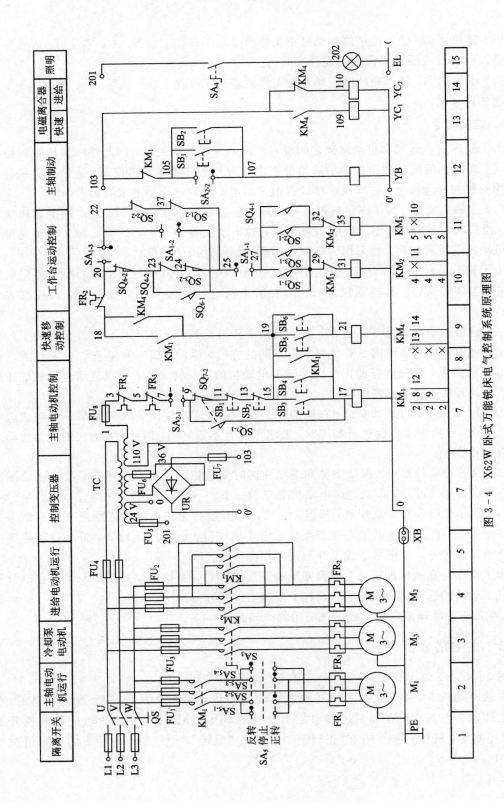

图 3-4 X62W 卧式万能铣床电气控制系统原理图

表 3 - 1　转换开关 SA_5 触头通断情况

触　头	所在图区	操作手柄位置		
		正转	停止	反转
SA_{5-1}	2	−	−	+
SA_{5-2}	2	+	−	−
SA_{5-3}	2	+	−	−
SA_{5-4}	2	−	−	+

进给电动机 M_2 在工作过程中频繁变换转动方向，因此采用接触器 KM_2、KM_3 组成正、反转控制电路。

冷却泵电动机 M_3 根据加工需要提供冷却液，采用转换开关 SA_3 直接接通或断开电动机电源。

热继电器 FR_1、FR_2、FR_3 分别作 M_1、M_2、M_3 的过载保护。

3.3.3　控制电路分析

1. 主轴电动机的控制

1）启动与停车制动

主轴电动机 M_1 正常运转时，主轴上刀制动开关 SA_2 的触头 SA_{2-1} 闭合而 SA_{2-2} 断开，主轴瞬时点动开关 SQ_7 的常闭触头 SQ_{7-2} 闭合而 SQ_{7-1} 断开。

主轴电动机空载直接启动，启动前，由组合开关 SA_5 选定电动机的转向；控制电路中选择开关 SA_2 选定主轴电动机为正常工作方式，即触头 SA_{2-1} 闭合而 SA_{2-2} 断开，在非变速状态下，SQ_7 不受压，即 SQ_{7-1} 断开而 SQ_{7-2} 闭合。然后按下启动按钮 SB_3 或 SB_4，使接触器 KM_1 得电吸合并自锁，其主触点闭合，主轴电动机按给定方向启动旋转，KM_1 的辅助常闭触头 KM_1(103 - 105)断开，确保 YB 不能得电，其常开触头 KM_1(18 - 19)闭合，接通控制电路电源。按下停止按钮 SB_1 或 SB_2，主轴电动机停转。SB_3 与 SB_4、SB_1 与 SB_2 分别位于两个操作板上(一个在工作台上，一个在床身)，从而实现主轴电动机的两地操作控制。为使主轴能迅速停车，控制电路采用电磁制动器 YB 进行主轴的停车制动。按下停车按钮 SB_1 或 SB_2，其常闭触点 SB_1(11 - 13)或 SB_2(13 - 15)断开，使接触器 KM_1 失电释放，电动机 M_1 定子绕组脱离电源，同时其常开触点 SB_1(105 - 107)或 SB_2(105 - 107)闭合，接通电磁制动器 YB 的线圈电路，对主轴实施停车制动。

需要指出的是，停止按钮 SB_1 或 SB_2 要按到底，否则电磁制动器 YB 不能得电，主轴电动机 M_1 只能实现自然停车。

2）换刀制动

转换开关 SA_2 为主轴上刀制动开关，其触头工作状态见表 3 - 2。

表 3 - 2　主轴上刀制动开关 SA_2 触头工作状态

触　头	接线端标号	所在图区	操作手柄位置	
			主轴正常工作	主轴上刀制动
SA_{2-1}	7 - 9	7	+	−
SA_{2-2}	105 - 107	12	−	+

由表 3-2 可知，主轴上刀制动时，SA_2 的 SA_{2-2} 闭合而 SA_{2-1} 断开。

当进行换刀和上刀操作时，为了上刀方便并防止主轴意外转动造成事故，主轴也需处在失电停车和制动的状态下。此时工作状态选择开关 SA_2 由正常工作状态位置扳到上刀制动状态位置，即触点 SA_{2-1} 断开，切断接触器 KM_1 线圈电路，使主轴电动机不能启动，触点 SA_{2-2} 闭合，接通电磁制动器 YB 的线圈电路，使主轴处于制动状态不能转动，保证上刀换刀工作的顺利进行。

当换刀结束后，将工作状态选择开关 SA_2 由上刀制动状态扳回到正常工作位置，这时触头 SA_{2-1} 闭合，触头 SA_{2-2} 断开，为启动主轴电动机 M_1 作准备。

3）主轴变速冲动的控制

所谓主轴变速冲动，是指为了便于齿轮间的啮合，在主轴变速时主轴电动机的轻微转动。

行程开关 SQ_7 为主轴变速瞬时点动开关，其触头工作状态见表 3-3。

表 3-3　主轴变速瞬时点动行程开关 SQ_7 触头工作状态

触　头	接线端标号	所在图区	操作手柄位置	
			主轴正常工作	变速瞬时点动
SQ_{7-1}	9-17	7	—	+
SQ_{7-2}	9-11	7	+	—

变速时，变速手柄被拉出，然后转动变速手轮进行转速选择，转速选定后将变速手柄复位。由于变速是通过机械变速机构实现的，变速手轮选定应进入啮合的齿轮后，齿轮啮合到位即可输出选定转速。但是当齿轮没有进入正常啮合状态时，需要主轴有瞬时点动的功能，以调整齿轮位置，使齿轮进入正常啮合。主轴变速冲动是利用变速操纵手柄与行程开关 SQ_7，通过机械上的联动机构进行点动控制的。主轴变速冲动既可以在停车时变速，也可以在主轴电动机 M_1 运行时变速，只不过在变速完成后，需要重新启动电动机。

具体操作过程为，首先将主轴变速手柄向下压并向外拉出，通过机械联动机构，压动行程开关 SQ_7，其常开触头 SQ_{7-1} 闭合，使接触器 KM_1 得电吸合，主轴电动机 M_1 转动；SQ_7 的常闭触头 SQ_{7-2} 断开，切断 KM_1 的自锁，使电路随时可被切断。变速手柄复位后，松开行程开关 SQ_7，其常开触头 SQ_{7-1} 断开，使 KM_1 失电，电动机停转，完成一次瞬时点动。

当主轴电动机 M_1 转动时，可以不按停止按钮 SB_1 或 SB_2 直接进行变速操作。由于变速手柄向前拉时，压合行程开关 SQ_7，SQ_{7-2} 首先断开，使接触器 KM_1 失电释放，并切除 KM_1 的自锁，然后 SQ_{7-1} 闭合，接触器 KM_1 得电吸合，主轴电动机 M_1 瞬时点动。当变速手柄拉到前面后，行程开关 SQ_7 复位，M_1 失电释放，主轴变速冲动结束。然后重新按启动按钮 SB_3 或 SB_4，使 KM_1 得电吸合并自锁，电动机 M_1 继续转动。

2. 工作台进给电动机 M_2 的控制

根据联锁要求，工作台的进给运动需在主轴电动机 M_1 启动之后进行。当接触器 KM_1 得电吸合后，其辅助常开触头(18-19)闭合，工作台进给控制电路接通。工作台的上、下、左、右、前和后 6 个方向的进给运动均由进给电动机 M_2 的正反转拖动实现，M_2 的正反转由正、反转接触器 KM_2、KM_3 控制，而正、反转接触器则是由两个操纵机构控制的，其中一个为纵向机械操纵手柄，另一个为十字形(垂直与横向)机械操纵手柄。在操纵机械手柄的同时，完成机械挂挡(分别接通三根线杆)和压下相应的行程开关 $SQ_1 \sim SQ_4$，从而接通正、反转接触器 KM_2 或 KM_3，启动进给电动机 M_2，拖动工作台按预定方向运动。这两个机械操纵手柄各有两套，分别安装在工作台的前面和侧面，实现两地控制。

图中转换开关 SA_1 为工作台选择开关，其触头工作状态见表 3-4。

表 3-4　主工作台状态选择开关 SA_1 触头工作状态

触　头	接线端标号	所在图区	操作手柄位置	
			接通圆工作台工作	断开圆工作台
SA_{1-1}	25-27	10	−	+
SA_{1-2}	22-29	11	+	−
SA_{1-3}	20-22	11	−	+

1) 水平工作台左右(纵向)进给运动的控制

矩形工作台纵向进给运动由操作手柄与行程开关 SQ_1、SQ_2 组合控制。SQ_1、SQ_2 分别为工作台向右、向左进给行程开关。纵向操作手柄各位置对应的行程开关 SQ_1、SQ_2 的工作状态见表 3-5。

表 3-5　工作台纵向操作手柄与离合器、纵向进给行程开关 SQ_1、SQ_2 的工作状态

触　头	左、右(纵向)手柄操作位		
	右	中(停止)	左
纵向离合器 YC_1	挂上	脱开	挂上
SQ_{1-1}	+	−	−
SQ_{1-2}	−	+	+
SQ_{2-1}	−	−	+
SQ_{2-2}	+	+	−

纵向操作手柄有左、右两个工作位和一个中间不工作位。手柄扳到工作位时(左或右)，带动机械离合器，接通纵向进给运动的机械传动链，同时压下行程开关 SQ_1 或 SQ_2，其常开触头 SQ_{1-1}(27-29)或 SQ_{2-1}(27-32)闭合，使接触器 KM_2 或 KM_3 得电吸合，其主触头闭合，进给电动机正转或反转，驱动工作台向右或向左移动进给，行程开关的常闭触头 SQ_{1-2}(37-25)、SQ_{2-2}(22-37)在运动联锁控制电路部分具有联锁控制功能。

工作台纵向进给过程的电器动作顺序表示如下：

2) 水平工作台横向和垂直进给运动控制

水平工作台横向和垂直进给运动的选择和联锁通过十字复式手柄和行程开关 SQ_3、

SQ$_4$组合控制。SQ$_3$、SQ$_4$分别为工作台横向、垂直行程开关。横向、垂直操作手柄各位置对应的行程开关 SQ$_3$、SQ$_4$ 的工作状态见表3－6。

表3－6　工作台横向和垂直操作手柄与离合器、进给行程开关 SQ$_3$、SQ$_4$ 的工作状态

离合器和限位开关	垂直和横向操作手柄操作位				
	向上	向下	中(停止)	向后	向前
垂直离合器	脱开	挂上	脱开	脱开	挂上
横向离合器	挂上	脱开	脱开	挂上	脱开
SQ$_{3-1}$	－	＋	－	－	＋
SQ$_{3-2}$	＋	－	＋	＋	－
SQ$_{4-1}$	＋	－	＋	＋	－
SQ$_{4-2}$	－	＋	＋	－	＋

十字复式操作手柄有上、下、前、后4个工作位置和1个中间不工作位置。扳动手柄到选定运动方向的工作位，即可接通该运动方向的机械传动链，同时压动行程开关 SQ$_3$ 或 SQ$_4$，行程开关的常开触头闭合，使控制进给电动机转动的接触器 KM$_2$ 或 KM$_3$ 得电吸合，电动机 M$_2$ 转动，工作台在相应的方向上移动。行程开关的常闭触头如纵向行程开关一样，在联锁电路中，构成运动的联锁控制。

启动条件：左、右(纵向)操作手柄居中(SQ$_1$、SQ$_2$ 不受压)，控制圆工作台选择开关 SA$_2$ 置于"断开"位置；SQ$_6$ 置于正常工作位置(不受压)，主电动机 M$_1$ 已启动(接触器 KM$_1$ 得电吸合)。

工作台横向与垂直方向进给过程的电器动作顺序表示如下：

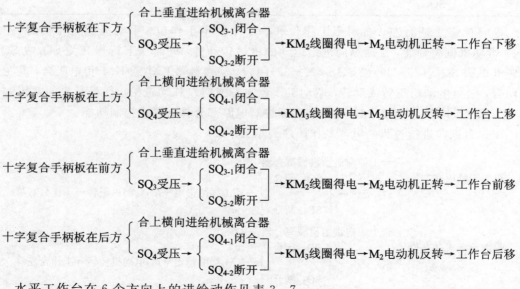

水平工作台在6个方向上的进给动作见表3－7。

表 3-7　工作台运动及操纵手柄位置表

手柄位置		工作台运动方向	离合器接通的丝杆	行程开关	动作的接触器	运转的电动机	工作台运行方向
纵向手柄	向左	向左	纵向丝杆	SQ_2	KM_3	反	向左
	向右	向右	纵向丝杆	SQ_1	KM_2	正	向右
	中间	停止	—	—	—	—	—
十字形手柄	向上	向上（或快速向上）	横向丝杆	SQ_4	KM_3	反	向上
	向下	向下（或快速向下）	垂直丝杆	SQ_3	KM_2	正	向下
	向前	向前（或快速向前）	垂直丝杆	SQ_3	KM_2	正	向前
	向后	向后（或快速向后）	横向丝杆	SQ_4	KM_3	反	向后
	中间	垂直（横向）进给停止	—	—	—	—	—

3）水平工作台进给运动的联锁控制

由于操作手柄在工作时只存在一种运动选择，因此，只要铣床直线进给运动之间的联锁满足两操作手柄之间的联锁即可。联锁控制电路由两条电路并联组成，纵向操作手柄的行程开关 SQ_1、SQ_2 的常闭触头 SQ_{1-2} 或 SQ_{2-2} 串联在一条支路上，十字复合手柄控制的行程开关 SQ_3、SQ_4 常闭触头 SQ_{3-2}、SQ_{4-2} 串联在另一条支路上。扳动任一操作手柄，只能切断其中一条支路，另一条支路仍能正常得电，使接触器 KM_2 或 KM_3 不失电；若同时扳动两个操作手柄，则两条支路均被切断，接触器 KM_2 或 KM_3 都失电，工作台立即停止移动，从而防止机床设备事故。

4）水平工作台快速移动的控制

在慢速移动过程中：按下快速移动点动按钮 SB_5 或 SB_6（两地控制），使接触器 KM_4 得电吸合，其常闭触头（103-110）断开，使正常进给电磁离合器 YC_2 线圈失电，水平工作台便在原来的移动方向上作快速移动。当松开快速移动点动按钮 SB_5 或 SB_6 时，接触器 KM_4 失电释放，恢复水平工作台的工作进给。

在主轴电动机停转情况下：先将主轴转换开关 SA_5 扳在"停止"位置上，然后按下主轴电动机 M_1 启动按钮 SB_3 或 SB_4，使接触器 KM_1 得电吸合并自锁（主轴电动机不转），然后再扳动相应进给方向上的操纵手柄，进给电动机 M_2 启动旋转，最后按下快速移动点动按钮 SB_5 或 SB_6，工作台便可以在主轴电动机不转的情况下进行快速移动。

5）工作台进给变速冲动控制

与主轴变速类似，为了使齿轮变速时易于啮合，控制电路中也设置了瞬时冲动控制环节。变速应在工作台停止移动时进行，操作过程是：变速时，先将变速手柄拉出，使齿轮脱离啮合，转动变速盘至所选择的进给速度挡，然后用力将变速手柄向外拉到极限位置，再将变速手柄复位。变速手柄在复位过程中压动瞬时点动行程开关 SQ_6，使其常开触头 SQ_{6-1} 闭合，致使接触器 KM_2 短时得电吸合，进给电动机 M_2 短时转动，SQ_6 的常闭触头 SQ_{6-2} 断开，切断 KM_2 的自锁。由于行程开关 SQ_6 短时受压，因此进给电动机 M_2 只是瞬时转动一下，从而拖动进给变速机构瞬动，变速冲动过程到此结束。

3. 圆工作台控制

1）接通

在使用圆工作台时，要将圆工作台转换开关置于"接通"位置，而且必须将左右操作手柄和十字操作手柄置于中间停止位置。按下启动按钮 SB_3 或 SB_4，接触器 KM_1 得电吸合并自锁，主轴电动机 M_1 启动旋转，KM_1 的辅助常开触头（18−19）闭合，接通控制电路电源，并使 KM_2 得电吸合，其通路为 $SQ_{6-2} \rightarrow SQ_{4-2} \rightarrow SQ_{3-2} \rightarrow SQ_{1-2} \rightarrow SQ_{2-2} \rightarrow SA_{1-2} \rightarrow KM_3$（29−31）$\rightarrow KM_2$ 线圈得电，KM_2 主触头闭合，使进给电动机 M_2 正转，并经传动机构带动圆工作台作单向回转运动。由于接触器 KM_3 无法得电，因此圆工作台不能实现正、反向回转。

2）停止

若要圆工作台停止工作，则只需按下主轴停止按钮 SB_1 或 SB_2 即可。

3）圆工作台和矩形工作台进给运动间的联锁

圆工作台工作时，不允许机床工作台在 6 个进给方向上有任何移动。工作台转换开关 SA_1 扳到接通"圆工作台"位置时，SA_{1-1}、SA_{1-3} 切断了机床工作的进给控制回路，使机床工作台不能作任何方向的进给运动。圆工作台的控制电路中还串联了 SQ_{1-2}、SQ_{2-2}、SQ_{3-2}、SQ_{4-2} 常闭触头，因此扳动任一方向进给手柄，都将使圆工作台停止转动，实现了圆工作台和机床工作台进给运动间的联锁控制。

4. 冷却泵电动机的控制

冷却泵电动机 M_3 的起停由转换开关 SA_3 直接控制，无失压保护功能，不影响安全操作。

3.4　T68 卧式镗床电气控制电路

镗床主要用于加工精确的孔和各孔间相互位置要求较高的零件。T68 卧式镗床是镗床中使用较广的一种，主要用于钻孔、镗孔、铰孔及加工端平面等。使用附件后，还可车削螺纹。

3.4.1　结构、运动形式和控制要求

1. 主要结构

图 3−5 为 T68 卧式镗床外形结构示意图，它主要由床身、前立柱、镗头架、工作台、后立柱、尾座、上溜板、下溜板等部分组成。

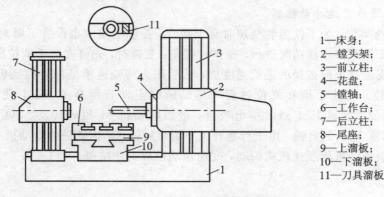

1—床身；
2—镗头架；
3—前立柱；
4—花盘；
5—镗轴；
6—工作台；
7—后立柱；
8—尾座；
9—上溜板；
10—下溜板；
11—刀具溜板

图 3−5　T68 卧式镗床结构示意图

镗床的床身是一个整体的铸件，在它一端固定有前立柱，在前立柱的垂直导轨上装有镗头架，镗头架可沿垂直导轨上下移动。镗头架里集中装有主轴、变速器、进给箱和操纵机构等部件。切削刀具一般装在镗轴前端的锥形孔里，或装在花盘的刀具溜板上。在切削过程中，镗轴一面旋转，一面沿轴向作进给运动，而花盘只能旋转，装在它上面的刀具溜板可作垂直于主轴轴线方向的径向进给运动。镗轴和花盘轴分别通过各自的传动链传动，因此可独立运动。

在床身的另一端装有后立柱，后立柱可沿床身导轨在镗轴轴线方向调整位置。在后立柱导轨装有尾座，用来支撑镗杆的末端，尾座与镗头架同时升降，保证两者的轴心在同一水平线上。

工作台安置在床身中部的导轨上，可以借助上、下溜板作横向、纵向水平移动，工作台相对于上溜板可作回转运动。

2. 运动形式

（1）主运动：指镗轴和花盘的旋转运动。

（2）进给运动：指镗轴的轴向移动、花盘上刀具溜板的径向移动、工作台的横向移动、工作台的纵向移动和镗头架的垂直进给。

（3）辅助运动：指工作台的旋转、尾座随同镗头架的升降和后立柱的水平移动。镗床的加工实例示意图如图 3-6 所示。

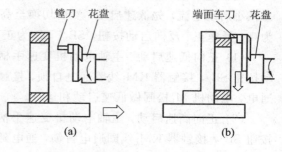

图 3-6 镗床的加工实例示意图
（a）镗大孔；（b）车端面

3. 控制要求

主运动和进给运动用同一台电机拖动。机床采用机电联合调速，即用变速箱进行机械调速，用交流双速电机完成电气调速。主轴电机可以正、反转、点动，双速调速和制动。

为了缩短调整工件和刀具间相对位置的时间，机床各部分还可以用快速移动电动机进行拖动。

根据镗床的工作特点，对电气控制电路的要求如下：

（1）机床的主轴运动和进给运动用同一台双速电机 M_1 来拖动。机械齿轮变速和电动机变极调速相结合，既可获得较宽广的调速范围，又能简化机械传动机构。

（2）为避免机床和刀具的损坏，主轴刀具做旋转运动时，镗杆带动刀具作主轴进给运动或工作台带工件作进给运动，两者只允许选择其一，要求主轴进给和工作台进给必须互锁。

（3）主轴及进给变速可在启动前预选，也可在工作过程中进行变速。为保证变速后齿轮的良好啮合，主轴变速和进给变速时主轴电动机应有变速冲动。

（4）采用快速移动电机 M_2 拖动各进给部分快速移动。

3.4.2 主电路分析

T68 型卧式镗床电气控制电路如图 3-7 所示。

接触器 KM_1 和 KM_2 的主触点控制主轴电动机 M_1 的正、反转，接触器 KM_3 的主触点在低速时将定子绕组接成三角形，接触器 KM_4、KM_5 的主触点在高速时将定子绕组接成双星形。在三角形和双星形接法的电动工作状态，主轴断电制动型电磁铁 YB 线圈通电，松开抱闸，电动机运转；停转时，电动机 M_1 断电，电磁铁 YB 线圈断电，电动机抱闸制动，迅速停车。主电路的热继电器 FR_1 用作电动机 M_1 的过载保护。

接触器 KM_6 和 KM_7 的主触点控制快速移动电机 M_2 的正、反转。由于 M_2 只作点动操作，运行时间较短，因此电路不需要设置过载保护。

3.4.3 控制电路分析

1. 主轴电动机的启动

主轴电动机的启动方法有正、反向的高、低速启动和正、反向点动控制。高速启动时，为减小启动电流，先低速启动，然后切换至高速启动和运行。电路中，控制按钮 SB_2、SB_5 为高、低速正、反向启动按钮，SB_3、SB_4 为正、反向点动控制按钮。

(1) 正向低速启动。主轴电动机变速手柄在低速位置，位置开关 SQ_1 为原态。按动启动按钮 SB_2，接触器 KM_1 线圈通电自锁，接触器 KM_3 线圈通电，断电制动电磁铁 YB 线圈通电，电动机 M_1 松闸做低速启动和运行。

(2) 正向高速启动。主轴电动机变速手柄在高速位置，压下位置开关 SQ_1。按动启动按钮 SB_2，接触器 KM_1 线圈通电自锁，通电延时型时间继电器 KT 线圈通电，接触器 KM_3 线圈通电，断电制动电磁铁 YB 线圈通电，电动机 M_1 松闸做低速启动；时间继电器 KT 线圈通电的同时开始延时，延时时间到后，接触器 KM_3 线圈断电，接触器 KM_4 和 KM_5 线圈通电(电磁铁 YB 维持通电)，电动机 M_1 高速启动并运行。

(3) 正向点动。按下正向点动按钮 SB_3，接触器 KM_1 线圈通电(无自锁)，位置开关 SQ_1 为原态，接触器 KM_3 线圈通电，制动电磁铁 YB 线圈通电，电动机 M_1 松闸做低速点动。松开按钮 SB_3，接触器 KM_1、KM_3、YB 线圈失电，主轴电动机 M_1 松闸制动，停止工作。

主轴电动机反向高、低速启动和点动的控制按钮分别为 SB_5 和 SB_4，控制过程的分析方法与正向类似，读者可自行分析。

2. 主轴电动机的制动

主轴电动机转动过程中，按下停止按钮 SB_1，接触器 KM_1 或 KM_2 线圈断电，KM_3 或 KM_4 和 KM_5 线圈断电，电磁铁 YB 线圈断电，主轴电动机 M_1 抱闸制动，迅速停车。

3. 主轴进给和工作台进给的互锁

主轴进给手柄扳到进给位置，压下限位开关 SQ_3，工作台进给手柄扳到进给位置时压下限位开关 SQ_4，若两个手柄均扳在进给位置，则 SQ_3、SQ_4 的常闭触点都断开，切断控制电路，实现两者间的互锁。

4. 主轴变速或进给变速

镗床主轴变速或进给变速时，主轴电动机可获得自动低速正向启动，以利于齿轮啮合。该机床的主轴变速和进给变速是在主轴电动机运转中进行的。

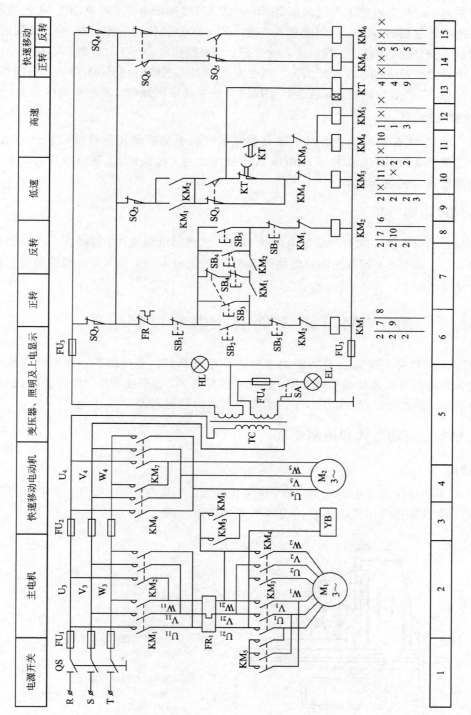

图 3-7　T68 型卧式镗床电气控制原理图

拉出主轴变速操作盘或进给变速手柄，限位开关 SQ_2 受压断开，接触器 KM_3 或 KM_4、KM_5 线圈断电，时间继电器 KT 线圈断电，电磁铁 YB 线圈断电，主轴电动机 M_1 抱闸制动并停转。选择好主轴转速后，推回变速操作盘，则 SQ_2 复位闭合，接触器 KM_3 线圈通电，主轴电动机 M_1 自动低速启动。若齿轮未啮合好，变速操作盘推不上，此时只要拉出主轴变速操作盘或进给变速手柄，位置开关 SQ_2 就会受压断开，主轴电动机 M_1 停转，来回推拉，可以使电动机 M_1 产生变速冲动，直至变速操作盘或手柄推回原位，齿轮正确啮合为止。

5. 快速移动

快速电动机 M_2 拖动镗床各部件的快速移动，快速手柄扳到正向或反向快速位置时，压动限位开关 SQ_6 或 SQ_5，接触器 KM_6 或 KM_7 线圈通电，电动机 M_2 正向或反向转动，运动部件按照所选方向快速移动。

3.4.4 辅助电路分析

控制变压器 TC 将 380 V 的交流电降到 36 V，供照明电路使用。熔断器 FU_4 是照明电路的短路保护。开关 SA 控制照明灯电路的通断。EL 是电源指示信号灯，当控制变压器有电时，信号灯亮。

3.5 M7120 平面磨床电气控制电路

磨床是用砂轮对工件的表面磨削加工的一种精密机床。通过磨削，使工件表面的形状、精度和光洁度等都达到预期的要求。磨床的种类很多，有平面磨床、外圆磨床、内圆磨床、无心磨床、螺纹磨床等，其中以平面磨床应用最为普遍。

3.5.1 结构、运动形式和控制要求

1. 结构

M7120 平面磨床是卧轴矩形工作台，主要由床身、工作台、电磁吸盘、砂轮箱（又称磨头）、滑座、立柱等部分组成，图 3-8 是其外形构造示意图。

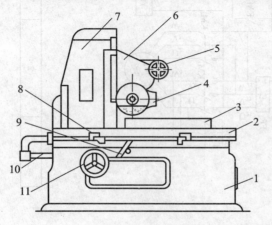

1—床身；
2—工作台；
3—电磁吸盘；
4—砂轮箱；
5—砂轮横向移动手轮；
6—滑座；
7—立柱；
8—工作台换向撞块；
9—工作台往复运动换向手柄；
10—活塞杆；
11—砂轮箱垂直进刀手轮

图 3-8 M7120 平面磨床外形构造示意图

砂轮箱内由一电动机拖动砂轮作旋转运动,砂轮的旋转一般不需要调速,所以可以用一台三相异步电动机来拖动。考虑到砂轮磨钝后要用较高转速将砂轮工作表面削去一层磨料,使砂轮表面上露出新的锋利磨粒,以恢复砂轮的切削力,所以磨床砂轮均采用双速电动机拖动。

2. 运动形式

平面磨床的运行示意图如图 3-9 所示。

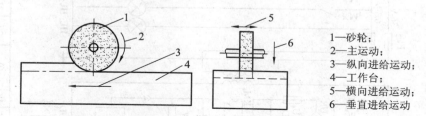

1—砂轮;
2—主运动;
3—纵向进给运动;
4—工作台;
5—横向进给运动;
6—垂直进给运动

图 3-9 平面磨床运行图

(1) 主运动:指砂轮的旋转运动,磨削时砂轮外圆线速度范围大致在(30~50)m/s。

(2) 进给运动:有垂直进给、横向进给和纵向进给。垂直进给是滑座在立柱上的上下运动;横向进给是砂轮箱在滑座上的水平运动;纵向进给是工作台沿床身的往复运动。工作台每完成一次往复运动时,砂轮箱便作一次间断性的横向进给,当加工完整个平面后,砂轮箱作一次间断性的垂直进给。

(3) 辅助运动:指砂轮箱在滑座水平导轨上作快速横向移动、滑座沿立柱上的垂直导轨作快速垂直移动以及工作台往复运动速度的调整等。

3. 控制要求

根据磨床的运动特点及工艺要求,对电力拖动及控制有如下要求:

(1) 砂轮的旋转运动一般不要求调速,由一台三相交流异步电动机拖动即可。且砂轮电动机、液压泵电动机和冷却泵电动机都只要求单方向旋转。

(2) 砂轮升降电动机要求能正、反转。

(3) 冷却泵电动机应在砂轮电动机启动后才运转,若加工中不需要冷却液,则可单独关断冷却泵电动机。

在正常加工中,若电磁吸盘吸力不足或消失时,砂轮电动机与液压泵电动机应立即停止工作,以防止工件被砂轮切向力打飞而发生人身和设备事故。不加工时,即电磁吸盘不工作的情况下,允许砂轮电动机与液压泵电动机启动,机床作调整运动。

(4) 电磁吸盘应有去磁控制。

(5) 保护环节应包括短路保护、电动机过载保护、零压保护、电磁吸盘欠压保护等。

(6) 必要的指示信号及照明灯。

3.5.2 主电路分析

图 3-10 是 M7120 平面磨床的电气控制系统原理图。

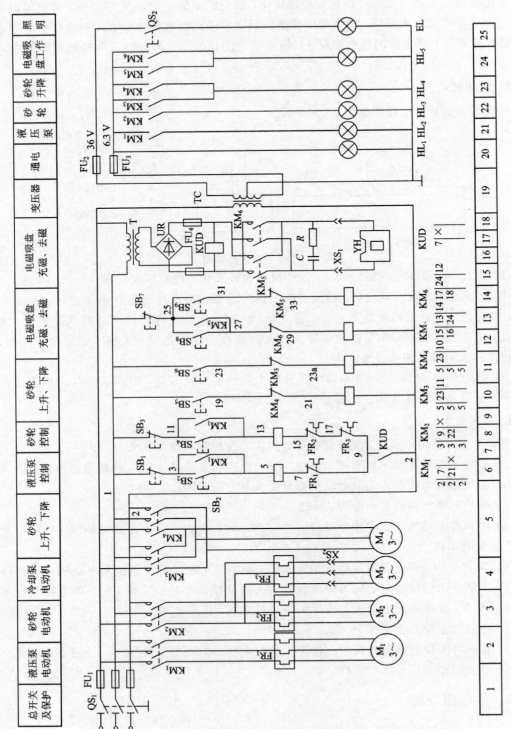

图 3－10　M7120 平面磨床的电气控制系统原理图

主电路有 4 台电动机，其中 M_1 是液压泵电动机，M_2 是砂轮电动机，M_3 是冷却泵电动机，M_4 是砂轮升降电动机。

电源由总开关 QS_1 引入，熔断器 FU_1 为整个电气线路的短路保护。热继电器 FR_1、FR_2、FR_3 分别为 M_1、M_2、M_3 的过载保护。由于冷却泵电动机和床身是分开的，故冷却泵电动机 M_3 用插头插座 XS_2 和电源接通。冷却泵电动机和砂轮电动机同时工作，同时停止，均用接触器 KM_2 的主触点来控制。砂轮升降电动机由接触器 KM_3 的主触点控制使其正转（砂轮上升），由 KM_4 的主触点控制其反转（砂轮下降）。

3.5.3　控制电路分析

控制电路采用交流 380 V 供电，在欠电压继电器 KUD 通电后，其动合触点闭合，使液压泵电动机及砂轮电动机的控制回路具备通电的前提条件。

1. 液压泵电动机的控制

按下按钮 SB_2，KM_1 接触器线圈通电，其主触点闭合，使 M_1 启动，同时 KM_1 的辅助触点（3－5）闭合，实现自锁。SB_1 是停止按钮。

2. 砂轮电动机的控制

SB_4 为启动按钮，按下 SB_4，接触器 KM_2 线圈得电，其主触点闭合，使 M_2 启动，若冷却电动机已经与插座连接，则 M_3 同时启动。SB_3 是其停止按钮。热继电器 FR_2 和 FR_3 的动断触头（15－17）、（17－9）均串接于 KM_2 的线圈控制回路，不论电动机 M_2 和 M_3 中的哪一个过负荷，都会使 KM_2 线圈断电，M_2 和 M_3 同时停转。

3. 砂轮升降电动机的控制

砂轮升降电动机 M_4 由接触器 KM_3 控制其正转（上升），KM_4 控制其反转（下降）。由于砂轮上升（下降）控制电路内没有自锁点，当砂轮上升（或下降）到预定位置时，松开按钮 SB_5（下降时松开 SB_6）即停止。

在 KM_3 控制电路中串接有 KM_4 的辅助触点（19－21），在 KM_4 的控制电路中串接有 KM_3 的辅助触点（23－23a），以实现互锁，保证 KM_3 和 KM_4 不能同时通电，避免造成电源短路。

4. 电磁吸盘电路及控制

电磁吸盘是固定加工工件的一种工具，它利用电磁吸盘线圈通电时产生磁场的特性吸牢铁磁材料的工件。它与机械夹紧装置相比，具有夹紧迅速，工作效率高，在磨削过程工件发热能自由伸缩等优点。

电磁吸盘线圈采用直流供电，以避免交流供电时工件振动及铁芯发热的缺点。整流装置由整流变压器 T 和桥式整流器 UR 组成，输出 110 V 直流电压，熔断器 FU_4 为其短路保护。

电磁吸盘的充磁由接触器 KM_5 控制，SB_8 为充磁按钮，SB_7 为充磁停止按钮，KM_5 线圈通电后，其辅助动合触点（25－27）闭合，实现自锁。

当工件加工完毕后，先按下 SB_7 停止充磁，由于吸盘和工件在停止充磁后仍有剩磁，故还需对吸盘及工件去磁。去磁操作由 KM_6 控制，对吸盘线圈通以反方向电流，为防止反向磁化，去磁控制采用点动。

电磁吸盘线圈两端并接有电阻 R 和电容 C，形成过电压吸收回路，用以消除线圈两端产生的感应电压的影响。

当电源电压过低时，吸盘吸力不足，会导致加工过程中工件飞离吸盘的事故，所以与吸盘线圈并接有欠电压继电器 KUD，电源电压过低时，串接在 KM_1、KM_2 线圈控制电路中的动合触点断开，切断 KM_1、KM_2 线圈电路，使砂轮电机 M_2 和液压泵电动机停止工作，确保安全生产。

3.6 桥式起重机电气控制系统

起重机是用来起吊和放下重物，并能使重物短距离水平移动的机械设备，是现代化生产不可缺少的工具之一。起重机的种类很多，有门式起重机、塔式起重机、桥式起重机等，其中以桥式起重机(俗称行车)应用最为广泛。

3.6.1 结构、运动形式和控制要求

1. 结构及运动形式

桥式起重机一般由桥架、小车及大车移动机构和装在小车上的提升机构等组成。其结构示意图如图 3-11 所示。

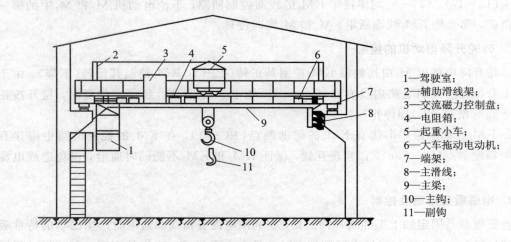

1—驾驶室；
2—辅助滑线架；
3—交流磁力控制盘；
4—电阻箱；
5—起重小车；
6—大车拖动电动机；
7—端架；
8—主滑线；
9—主梁；
10—主钩；
11—副钩

图 3-11 桥式起重机的主要结构

1) 桥架

桥架是起重机的基体，由主梁、端梁、走道等部分组成。主梁横跨在车间中间，其两端有端梁，组成箱式桥架，两侧设有走道。一侧安装大车移行机械传动装置，使桥架可在沿车间长度铺设的轨道上作纵向运动。另一侧安装小车所有电气设备，主梁上铺有小车移动轨道，使小车可以横向移动。

2) 大车

大车移行机构由大车电动机、制动器、传动机构、车轮等组成。大车的拖动可以由一台电动机经减速装置拖动两个主动轮同时移动，也可以用两台电动机经减速装置分别拖动

两个主动轮同时移动。

3）小车

小车俗称跑车，由小车架、提升机构、小车移动机构和限位开关等组成。15 t 以上的桥式起重机有两套提升机构，即主提升机构（主钩）和副提升机构（副钩）。

2. 控制要求

桥式起重机由交流电网供电。由于必须经常移动，小型起重机（10 t 以下）常采用软电缆供电，大车在导轨上移动以及小车在大车的导轨上移动时，供电电缆随之伸展或叠卷；中、大型起重机（20 t 以上）采用滑线和电刷供电，车间电源连接到 3 根主滑线上，通过电刷将电源引入起重机电气设备。滑线通常用圆钢、角钢、V 形钢或钢轨制成。

起重机的工作条件十分恶劣，常用于有粉尘、高温、高湿度的环境下，负载性质属于短时重复工作制，经常处于频繁带载启动、制动、正反转状态，要承受较大的过载和机械冲击。为提高起重机的生产效率和可靠性，对电力拖动提出如下要求：

（1）由于电动机频繁启动，且经常是有载启动，启动转矩要大，启动电流要小，通常采用绕线式异步电动机拖动，转子回路串电阻启动。

（2）提升机构要具有一定的调速范围，空载、轻载要快，重载要慢；在起吊和重物快要下降到地面时要有适当的低速区。起重机属恒转矩负载，采用恒转矩调速方法，普通起重机的调速范围为 3，要求较高时可达 5～10。

（3）提升的第一挡作为预备挡，用以消除传动间隙、张紧钢丝绳，以避免过大的机械冲击。

（4）当负载下放时，根据负载大小，电动机可自动转换到电动状态、倒拉反接状态或再生制动状态。

（5）由于起重机为短时重复工作制，允许电动机短时过载运行。

（6）采用电气和电磁机械双重制动。

（7）应具有必要的零位、短路、过载和终端保护。

3.6.2　主电路分析

图 3-12 是 20 t/5 t 中级通用吊钩式桥式起重机的电气控制系统原理图。

QS_1 为三相电源开关，大车、小车、主钩、副钩电源用接触器 KM 控制，主钩控制电源用 QS_2 控制。

（1）提升机构：桥式起重机有两个提升机构，主钩额定起重量为 20 t，副钩额定起重量为 5 t，分别用 M_5 和 M_1 拖动，用电磁制动器 YA_5 和 YA_1 制动；主钩电动机容量较大，用主令控制器 SA_2 控制接触器，再由接触器控制电动机 M_5。副钩用凸轮控制器 QM_1 控制。

（2）大车采用 M_3 和 M_4 分别拖动，共用一台凸轮控制器 QM_3 控制，采用电磁制动器 YA_3 和 YA_4 制动。

（3）小车由 M_2 拖动。小车移行机构用一台凸轮控制器 QM_2 控制，采用电磁制动器 YA_2 制动。

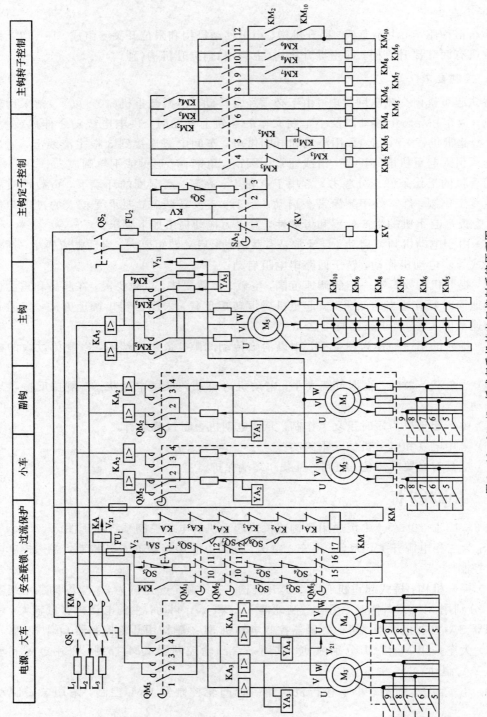

图 3-12 20 t/5 t 桥式起重机的电气控制系统原理图

3.6.3　控制电路分析

1. 大车、小车和副钩控制电路

大车、小车、副钩所用凸轮控制器控制线路基本相同，下面以小车移动机构控制电路为例进行分析。小车移动机构控制电路主要由凸轮控制器 QM_2、制动电磁铁 YA_2、保护用继电器 KA_2、电动机 M_2、转子电阻器 R_2 组成。表 3-8 是大车、小车、副钩凸轮控制器触点闭合表。

表 3-8　大车、小车、副钩凸轮控制器触点闭合表

状态 触点 ＼ 位置	向后					0	向前				
	5	4	3	2	1		1	2	3	4	5
QM_2（小车控制）											
1							＋	＋	＋	＋	＋
2	＋	＋	＋	＋	＋						
3							＋	＋	＋	＋	＋
4	＋	＋	＋	＋	＋						
5	＋	＋	＋	＋				＋	＋	＋	＋
6	＋	＋	＋						＋	＋	＋
7	＋	＋								＋	＋
8	＋										＋
9	＋										＋
10						＋	＋	＋	＋	＋	＋
11	＋	＋	＋	＋	＋	＋					
12						＋					

状态 触点 ＼ 位置	向上					0	向下				
	5	4	3	2	1		1	2	3	4	5
QM_1（副钩控制）											
1							＋	＋	＋	＋	＋
2	＋	＋	＋	＋	＋						
3							＋	＋	＋	＋	＋
4	＋	＋	＋	＋	＋						
5	＋	＋	＋	＋				＋	＋	＋	＋
6	＋	＋	＋						＋	＋	＋
7	＋	＋								＋	＋
8	＋										＋
9	＋										＋
10						＋	＋	＋	＋	＋	＋
11	＋	＋	＋	＋	＋	＋					
12						＋					

位置 状态 触点	向右					0	向左				
	5	4	3	2	1		1	2	3	4	5
QM₃（大车控制）											
1							+	+	+	+	+
2	+	+	+	+	+						
3							+	+	+	+	+
4	+	+	+	+	+						
5	+	+	+						+	+	+
6	+	+								+	+
7	+	+								+	+
8											+
9											+
10								+	+	+	+
11	+	+	+						+	+	+
12										+	+
13	+										+
14	+										+
15							+	+	+	+	+
16	+	+	+	+	+						
17						+					

    小车移动机构控制用的凸轮控制器除 0 位置外，向前（正转）和向后（反转）各有 5 挡工作位置、12 对触点。从表 3-8 可以看出，在 0 位置时，有 9 对动合触点，3 对动断触点，其中 4 对动合触点（1～4）用于控制电动机的正反转，另外 5 对动合触点用于短接转子电阻，控制电机的转速。3 对动断触点用于保护电路中。

    电源经开关 QS_1 和接触器 KM 的 3 个动合主触点引入，其中一相经电流继电器 KA 直接接到电动机定子端 V，另外两相则经电流继电器 KA_2 和凸轮控制器 QM_2 的 1～4 触点接到电动机定子端 U、W。在定子出线端并联有三相交流制动电磁铁 YA_2，当定子加上电压启动时，YA_2 通电，将制动器松开。

    凸轮控制器的触点 5～9 与转子回路电阻相连，转子串接电阻采用不对称接法，在凸轮控制器的左右 5 挡操纵位置，可逐级切除电阻，从而得到不同转速。在位置 1 时，转子电阻全部接入，电机转速最低；在位置 5 时，电阻被全部切除，电机转速最高。

2. 主钩升降机构控制电路

1）主钩升降运动的特点及电动机运行的状态

主钩升降有以下几种情况：

（1）当主钩向上提升重物时，由摩擦产生的阻力矩与重物产生的位能力矩相加成为负载力矩，电动机工作在正向电动状态，转速方向为正（向上提升），电动机电磁力矩方向和转速方向相同，负载力矩方向和转速方向相反，属于恒转矩负载。改变串接在转子电路中的电阻，可以分级调节电动机的转速。

（2）当下放较轻货物时，位能力矩小于摩擦力矩，欲使轻物下放，电动机需接反向相序电源，使电动机工作在反向电动状态。此时，转速方向为负（下放），电动机电磁力矩方向与转速方向相同，负载力矩等于摩擦阻力矩与位能力矩之差，方向和转速相反。电动机转子绕组串接电阻越大，对应稳定转速越低。

（3）当下放较重货物时，位能负载力矩大于摩擦阻力矩，为控制下放速度不致过快，电动机应接正相序电源，此时转速方向为负，电动机电磁转矩和转速方向相反，成为制动转矩，电动机工作于反接制动状态。此时串接于电动机转子回路的电阻越大，稳定转速越高。在反接制动下放重物过程中，电动机从轴上输入机械功率，同时从电源吸收电磁功率，这两部分功率主要消耗在转子电路所串电阻上。

（4）当下放较重货物时，如电动机接反向相序电源，在下放转速低于同步转速时，电动机的电磁转矩与转速方向相同，电动机在电磁转矩及位能力矩共同作用下，加速下放重物，直至转速高于同步转速，电磁转矩变为制动转矩，才能达到稳定下放转速，此时电动机工作于回馈制动状态。在回馈制动下放重物时，串接于转子电路的电阻越大，稳定转速越高。此时电动机从转轴上输入的机械功率，大部分变为电能回馈给电源。

2）主钩控制电路分析

电源经开关 QS_1、接触器 KM 的 3 个动合主触点和电流继电器 KA_5、KA 引入后，由接触器 KM_2 和 KM_3 控制电动机的正反转，KM_4 控制三相交流电磁铁 YA_5 的通断。表 3-9 是主钩主令控制器触点闭合表。

表 3-9　主钩主令控制器触点闭合表

触点 \ 位置	下降 强力			下降 制动			0	上升					
状态	5	4	3	2	1	J	0	1	2	3	4	5	6
1							+						
2	+	+	+										
3					+	+		+	+	+	+	+	+
4	+	+	+										
5					+	+		+	+	+	+	+	+
6	+	+	+					+	+				
7	+	+	+			+		+					
8		+	+			+		+					
9	+	+								+			+
10	+										+		+
11	+											+	+
12	+												+

合上电源开关 QS_1、QS_2，主令控制器置于"0"位置，触点 1 闭合，电压继电器 KV 通

过电流继电器 KA_5 的动断触点通电吸合并自锁,为电动机启动作好准备。

当主令控制器手柄置上升"1"挡位置时,根据触点状态表知,触点 3、5、6、7 闭合。触点 3 闭合将提升限位开关 SQ_9 动断触点串入电路,起限位保护作用。触点 5 闭合使提升接触器 KM_3 通电吸合并自锁,主钩提升电动机 M_5 定子加正相序电压,KM_3 的辅助动合触点闭合,为切除各级转子串接电阻的接触器 $KM_5 \sim KM_{10}$ 及控制制动电磁铁的接触器 KM_4 作好电源准备。触点 6 闭合,接触器 KM_4 通电,使制动电磁铁 YA_5 随之通电,松开电磁抱闸,提升电动机 M_5 可自由转动。触点 7 闭合使接触器 KM_5 通电吸合,转子电阻被切除一级,电动机 M_5 低速启动。

主令控制器 SA_2 置"2"挡位置时,较"1"挡增加触点 8 闭合,接触器 KM_6 通电,电动机 M_5 转子电阻又被切除一级,电动机转速增加。主令控制器置于 3、4、5 挡时,接触器 KM_7、KM_8、KM_9、KM_{10} 相继通电吸合,电动机转子电阻各段相继被切除,电动机转速逐级增加,至 6 挡时,电动机达到最高转速,转子电阻只剩一段常串电阻。

主钩下降时,主令控制器 SA_2 下降控制挡位也有 6 挡,其中前 3 挡(J、1、2)因触点 3、5 闭合使接触器 KM_3 通电吸合,电动机仍加正相序电压,与提升时相同,而在后 3 挡(3、4、5),主令控制器触点 2、4 闭合,接触器 KM_2 通电吸合,电动机加反相序电压,与提升时相反。

主令控制器置于下降"J"挡时,触点 3、5、7、8 闭合,此时虽然触点 1 断开,但由于电压继电器 KV 已通电自锁,故 KV 通电状态不受影响。触点 3 闭合,提升限位开关 SQ_9 的动断触点仍串入电路作提升上限保护。触点 5 闭合,使 KM_3 通电吸合并自锁,电动机定子绕组加正相序电压,KM_3 辅助触点闭合,为后面的操作接通电源。触点 7、8 闭合,KM_5、KM_6 通电吸合,转子电阻被切除两级。由于 KM_4 尚未吸合,电磁抱闸未松开,电机尚不能转动,其作用是使齿轮等传动部件铰合好,以免重物下降时产生冲击。所以"J"挡是下降的准备挡,在此停留时间不能太长,以免烧坏电气设备。

主令控制器置于下降"1"挡时,触点 3、5、6、7 闭合。其中触点 6、7 闭合,使 KM_4、KM_5 通电吸合,YA_5 通电,电磁抱闸松开,转子电阻被切除一级。此时,若重物较重,负载力矩大于电动机电磁力矩,则电动机在负载力矩倒拉下,低速放下重物,电动机工作于反接制动状态;若重物较轻,负载力矩小于电动机电磁力矩,则电动机工作于正向电动状态,重物不但不下放,反而被提升,此时应迅速将主令控制器转换到下一个挡位。

主令控制器置于下降"2"挡时,触点 3、5、6 闭合,电动机仍加正相序电压,产生正向电动力矩,转子电阻全部加入,所以负载力矩大于电磁力矩,重物下降的速度较"1"挡高些。若负载力矩小于电磁力矩,则重物仍将被提升,此时应迅速转换到下一个挡位。

主令控制器置于下降"3"挡时,触点 2、4、6、7、8 闭合。触点 2 闭合为下面的控制接通电源。触点 4、6 闭合,KM_2、KM_4 通电吸合,电磁抱闸松开,电动机加反相序电压,产生反向电磁力矩。KM_2 辅助触点闭合为下面的操作接通电源。触点 7、8 闭合将转子电阻切除两级,电动机处于反向电动状态,重物下降。负载越重,下降速度越快。

主令控制器置于下降"4"、"5"挡位置时,电动机工作状态与下降"3"挡时相同,转子电阻被逐级切除,仅剩一段常串电阻,轻载下降速度较"3"挡高,重载下降速度较"3"挡低。

3)保护与联锁

略(请读者自行分析)

　　本章在前面讲述的常用电器和电气控制基本环节的基础上，应用电气原理图的查线分析法对典型的机床设备(车、铣、磨、镗床)和起重设备的电气控制电路进行了分析。通过典型电路的分析，可使学生掌握电气控制电路的分析方法，为设备故障的判断、维修打下一定的基础。

思　考　题

　　3.1　试分析 M7120 平面磨床的控制电路，并解释：

　　(1) 对小工件不用夹具夹紧而用电磁吸盘吸住，有哪些好处？

　　(2) 欠电压继电器 KUD 起什么作用？

　　(3) 与电磁吸盘线圈并联的电阻 R 和 C 起什么作用？

　　3.2　试分析 T68 卧式镗床的控制电路，并解释：

　　(1) 它有哪些主运动？有哪些进给运动？由哪个电动机拖动？各行程开关起什么作用？

　　(2) 双速电动机高速时如何接？低速时如何接？

　　3.3　T68 卧式镗床能低速启动，但不能高速启动，故障的原因是什么？

　　3.4　分析 CA6140 普通车床控制电路，说明：

　　(1) 为什么主轴电动机不设短路保护熔断器？

　　(2) 照明灯由 24 V 安全电压供电，为什么它一端还要接地？

　　3.5　X62W 万能铣床电气控制电路中设置主轴及进给冲动控制环节的作用是什么？请简述主轴变速冲动控制的工作原理。

　　3.6　请叙述 X62W 万能铣床工作台向左移动的电路工作原理。

　　3.7　请叙述 X62W 万能铣床控制线路中圆工作台控制过程及连锁保护的工作原理。

　　3.8　在 20 t/5 t 桥式起重机控制电路中，为什么不采用熔断器和热继电器作短路和过载保护，而要采用过电流继电器？

　　3.9　根据起重机主钩下降过程中各挡位的工作特点，说明操作时应注意哪些事项。

　　3.10　根据表 3-8 分析 20 t/5 t 桥式起重机的大车控制电路，说明如何改变运动方向，如何调整，并分析有关的保护。

第4章 可编程控制器简介

可编程控制器是在继电器控制和计算机技术的基础上，逐渐发展成的以微处理器为核心，集微电子技术、自动化技术、计算机技术、通信技术为一体，以工业自动化控制为目标的新型控制装置，目前已在工业、交通运输、农业、商业等领域得到了广泛应用，成为各行业的通用控制核心产品。本章先简单介绍了 PLC 的产生与发展、特点与分类，然后以 S7-200 系列 PLC 为例，介绍了 PLC 的组成和工作原理，内部元器件，输入、输出及扩展以及编程语言。

4.1 概　　述

4.1.1 可编程控制器的产生与发展

研究自动控制装置的目的，是为了最大限度地满足人们对机械设备的要求。曾一度在控制领域占主导地位的继电器控制系统，存在着控制能力弱，可靠性低的缺点，而且设备的固定接线控制装置不利于产品的更新换代。20 世纪 60 年代末期，在技术改造浪潮的冲击下，为使汽车结构及外形不断改进，品种不断增加，需要经常变更生产工艺。人们希望在控制成本的前提下，尽可能缩短产品的更新换代周期，以满足生产的需求，使企业在激烈的市场竞争中取胜。为此，美国通用汽车公司(GM)1968 年提出了汽车装配生产线改造项目——控制器的十项指标，即新一代控制器应具备的十项指标：

(1) 编程简单，可在现场修改和调试程序；

(2) 维护方便，采用插入式模块结构；

(3) 可靠性高于继电器控制系统；

(4) 体积小于继电器控制柜；

(5) 能与管理中心计算机系统进行通信；

(6) 成本可与继电器控制系统相竞争；

(7) 输入量是 115 V 交流电压(美国电网电压是 110 V)；

(8) 输出量为 115 V 交流电压，输出电流在 2 A 以上，能直接驱动电磁阀；

(9) 系统扩展时，原系统只需作很小改动；

(10) 用户程序存储器容量至少 4 K 字节。

1969 年，美国数字设备公司(DEC)首先研制出第一台符合要求的控制器，即可编程逻辑控制器，并在美国 GE 公司的汽车自动装配线上试用成功。此后，这项研究迅速得到发展，从美国、日本、欧洲普及到全世界。我国从 1974 年开始了研制工作，并于 1977 年应用于工业。目前，世界上已有数百家厂商生产 PLC，型号多达数百种。

早期的可编程控制器是为了取代继电器控制线路，采用存储器程序指令完成顺序控制而设计的。它仅有逻辑运算、定时、计数等功能，用于开关量控制，实际上只能进行逻辑运算，所以被称为可编程逻辑控制器，简称 PLC(Programmable Logic Controller)。进入 20 世纪 80 年代后，以 16 位和少数 32 位微处理器构成的控制器取得了飞速进展，使得可编程逻辑控制器在概念、设计、性能上都有了新的突破。采用微处理器之后，控制器的功能不再局限于当初的逻辑运算，而是增加了数值运算、模拟量处理、通讯等功能，成为真正意义上的可编程控制器(Programmable Controller)，简称为 PC。但为了与个人计算机 PC(Personal Computer)相区别，常将可编程控制器仍简称为 PLC。

随着可编程控制器的不断发展，其定义也在不断变化。国际电工委员会(IEC)曾于 1982 年 11 月颁布了可编程逻辑控制器标准草案第一稿，1985 年 1 月发表了第二稿，1987 年 2 月又颁布了第三稿。1987 年颁布的可编程逻辑控制器的定义如下：

"可编程逻辑控制器是专为在工业环境下应用而设计的一种数字运算操作的电子装置，是带有存储器、可以编制程序的控制器。它能够存储和执行命令，进行逻辑运算、顺序控制、定时、计数和算术运算等操作，并通过数字式和模拟式的输入/输出，控制各种类型的机械或生产过程。可编程控制器及其有关的外围设备，都应按易于工业控制系统形成一个整体、易于扩展其功能的原则设计。"

事实上，由于可编程控制技术的迅猛发展，许多新产品的功能已超出上述定义。

4.1.2 可编程控制器的特点和分类

1. 可编程控制器的特点

（1）可靠性高。可靠性指的是可编程控制器的平均无故障工作时间。可靠性既反映了用户的要求，又是可编程控制器生产厂家着力追求的技术指标。目前，各生产厂家的 PLC 平均无故障安全运行时间都远大于国际电工委员会(IEC)规定的 10 万小时的标准。

可编程控制器在设计、制作，元器件的选取上，采用了精选、高度集成化和冗余量大等一系列措施，延长了元器件的使用工作寿命，提高了系统的可靠性。在抗干扰性上，采取了软、硬件多重抗干扰措施，使其能安全地工作在恶劣的工业环境中。国际大公司制造工艺的先进性，也进一步提高了可编程控制器的可靠性。

（2）控制功能强。可编程控制器不但具有对开关量和模拟量的控制能力，还具有数值运算、PID 调节、数据通信、中断处理的功能。PLC 除具有扩展灵活的特点外，还具有功能的可组合性，如运动控制模块可以对伺服电机和步进电机速度与位置进行控制，实现对数控机床和工业机器人的控制。

（3）组成灵活。可编程控制器品种很多。小型 PLC 为整体结构，并可外接 I/O 扩展机箱构成 PLC 控制系统。中大型 PLC 采用分体模块式结构，设有各种专用功能模块（开关量、模拟量输入/输出模块，位控模块，伺服、步进驱动模块等）供选用和组合，可由各种模块组成大小和要求不同的控制系统。PLC 外部控制电路虽然仍为硬接线系统，但当受控对象的控制要求改变时，还是可以在线使用编程器修改用户程序来满足新的控制要求，这就极大限度地缩短了工艺更新所需要的时间。

（4）操作方便。PLC 提供了多种面向用户的语言，如常用的梯形图 LAD（Ladder Diagram），指令语句表 STL（Statement List），控制系统流程图 CSF（Control System

Flowchart)等。PLC 的最大优点之一就是采用了易学易懂的梯形图语言。该语言以计算机软件技术构成人们惯用的继电器模型，直观易懂，极易被现场电气工程技术人员掌握，为可编程控制器的推广应用创造了有利条件。

现在的 PLC 编程器大都采用个人计算机或手持式编程器两种形式。手持式编程器有键盘、显示功能，通过电缆线与 PLC 相连，具有体积小，重量轻，便于携带，易于现场调试等优点。用户也可以用个人计算机对 PLC 进行编程及系统仿真调试，监控系统运行情况。目前，国内各厂家都编辑出版了适用于个人计算机使用的编程软件，编程软件的汉化界面，非常有利于 PLC 的学习和推广应用。同时，直观的梯形图显示，使程序输入及运行的动态监视更方便、更直观。PC 机程序的键盘输入和打印、存储设备，更是极大地丰富了PLC 编程器的硬件资源。

2. 可编程控制器的分类

目前，可编程控制器产品的种类很多，型号和规格也不统一，通常只能按照其用途、功能、结构、点数等进行大致分类。

(1) 按点数和功能分类。可编程控制器对外部设备的控制，外部信号的输入及 PLC 运算结果的输出都要通过 PLC 输入/输出端子来进行接线，输入/输出端子的数目之和被称作 PLC 的输入/输出点数，简称 I/O 点数。

为满足不同控制系统处理信息量的要求，PLC 具有不同的 I/O 点数、用户程序存储量和功能。由 I/O 点数的多少可将 PLC 分成小型(含微型)、中型和大型机(或称作高、中、低档机)。

小型(微型)PLC 的 I/O 点数小于 256 点，以开关量控制为主，具有体积小、价格低的优点，适用于小型设备的控制。

中型 PLC 的 I/O 点数在 256～1024 之间，功能比较丰富，兼有开关量和模拟量的控制功能，适用于较复杂系统的逻辑控制和闭环过程控制。

大型 PLC 的 I/O 点数在 1024 点以上，用于大规模过程控制、集散式控制和工厂自动化网络。

各厂家的可编程控制器产品自我定义的大型、中型、小型机各有不同。如有的厂家建议小型 PLC 为 512 点以下，中型 PLC 为 512～2048 点，大型 PLC 为 2048 点以上。

(2) 按结构形式分类。根据结构形式的不同，可编程控制器可分为整体式结构和模块式结构两大类。

小型 PLC 一般采用整体式结构(即将所有电路集于一个箱内)为基本单元，该基本单元可以通过并行接口电路连接 I/O 扩展单元。

中型以上 PLC 多采用模块式结构，不同功能的模块可以组成不同用途的 PLC，适用于不同要求的控制系统。

(3) 按用途分类。根据可编程控制器的用途，PLC 可分为通用型和专用型两大类。

通用型 PLC 作为标准装置，可供各类工业控制系统选用。

专用型 PLC 是专门为某类控制系统设计的，由于其具有专用性，因此其结构设计更为合理，控制性能更完善。

随着可编程控制器的应用与普及，专为家庭自动化设计的超小型 PLC 也正在形成家用微型系列。

3. PLC 的应用与发展

自从可编程控制器在汽车装配生产线的首次成功应用以来，PLC 在多品种、小批量、高质量的生产设备中得到了广泛的推广应用。PLC 控制已成为工业控制的重要手段之一，与 CAD/CAM、机器人技术一起成为实现现代自动化生产的三大支柱技术。

我国使用较多的 PLC 产品有德国西门子（SIEMENS）的 S7 系列，日本立石公司（OMRON）的 C 系列，三菱公司的 FX 系列，美国 GE 公司的 GE 系列等。各大公司生产的可编程控制器都已形成由小型到大型的系列产品，而且随着技术的不断进步，产品的更新换代很快，周期一般不到 5 年。

通过技术引进与合资生产，我国的 PLC 产品有了一定的发展，生产厂家已达 30 多家，为可编程控制器国产化奠定了基础。

从可编程控制器的发展来看，有小型化和大型化两个趋势。

小型 PLC 有两个发展方向，即小（微）型化和专业化。随着数字电路集成度的提高，元器件体积的减小及质量的提高，可编程控制器的结构更加紧凑，设计制造水平在不断进步。微型化的 PLC 不仅体积小，而且功能也大有提高。过去一些大中型 PLC 才有的功能，如模拟量的处理、通讯、PID 调节运算等，均可以被移植到小型机上。同时，PLC 的价格的不断下降，将使它真正成为继电器控制系统的替代产品。

大型化指的是大中型 PLC 向着大容量、智能化和网络化方向发展，使之能与计算机组成集成控制系统，对大规模、复杂系统进行综合性的自动控制。

4.2　S7-200 系列 PLC 的组成和工作原理

S7-200 可编程控制系统由主机（基本单元）、I/O 扩展单元、功能单元（模块）和外部设备等组成。S7-200 PLC 主机（基本单元）的结构形式为整体式结构。下面以 S7-200 系列的 CPU 22X 小型可编程控制器为例，介绍 S7-200 系列 PLC 的构成。

4.2.1　CPU 226 型 PLC 的组成

S7-200 系列 PLC 有 CPU 21X 和 CPU 22X 两代产品，其中，CPU 22X 型 PLC 有 CPU 221、CPU 222、CPU 224 和 CPU 226 四种基本型号。本节以 CPU 226 型 PLC 为重点，来分析一下小型 PLC 的结构特点。

1. CPU 226 型 PLC 的结构分析

小型 PLC 系统由主机（主机箱）、I/O 扩展单元、文本/图形显示器、编程器等组成。CPU 226 主机的结构外形如图 4-1 所示。

CPU 226 主机箱体的外部设有 RS 485 通讯接口，用以连接编程器（手持式或 PC 机）、文本/图形显示器、PLC 网络等外部设备；还设有工作方式开关、模拟电位器、I/O 扩展接口、工作状态指示和用户程序存储卡、I/O 接线端子排及发光指示等。

（1）基本 I/O。CPU 22X 型 PLC 具有两种不同的电源供电电压，输出电路分为继电器输出和晶体管 DC 输出两大类。CPU 22X 系列 PLC 可提供四个不同型号的 10 种基本单元 CPU 供用户选用，其类型及参数如表 4-1 所示。

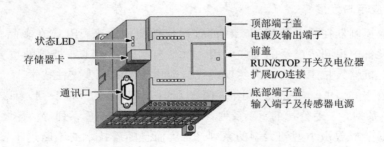

状态LED

存储器卡

通讯口

顶部端子盖
电源及输出端子

前盖
RUN/STOP 开关及电位器
扩展I/O连接

底部端子盖
输入端子及传感器电源

图 4-1　CPU 226 主机的结构外形

表 4-1　CPU 22X 系列 PLC 的类型及参数

	类型	电源电压	输入电压	输出电压	输出电流
CPU 221	DC 输入 DC 输出	24 V DC	24 V DC	24 V DC	0.75 A，晶体管
	DC 输入 继电器输出	85－264 V AC	24 V DC	24 V DC 24－230 V AC	2 A，继电器
CPU 222 CPU 224 CPU 226 CPU 226XM	DC 输入 DC 输出	24 V DC	24 V DC	24 V DC	0.75 A，晶体管
	DC 输入 继电器输出	85－264 V AC	24 V DC	24 V DC 24－230 V AC	2 A，继电器

　　CPU 221 集成了 6 输入/4 输出共 10 个数字量 I/O 点，无 I/O 扩展能力，有 6 K 字节的程序和数据存储空间。

　　CPU 222 集成了 8 输入/6 输出共 14 个数字量 I/O 点，可连接两个扩展模块，最大可扩展至 78 路数字量 I/O 或 10 路模拟 I/O 点，有 6 K 字节的程序和数据存储空间。

　　CPU 224 集成了 14 输入/10 输出共 24 个数字量 I/O 点，可连接 7 个扩展模块，最大可扩展至 168 路数字量 I/O 或 35 路模拟 I/O 点，有 13 K 字节的程序和数据存储空间。

　　CPU 226 集成了 24 输入/16 输出共 40 个数字量 I/O 点，可连接 7 个扩展模块，最大可扩展至 248 路数字量 I/O 或 35 路模拟 I/O 点，有 13 K 字节的程序和数据存储空间。

　　CPU 226XM 除程序和数据存储空间为 26 K 字节外，其他的与 CPU 226 相同。

　　CPU 22X 系列 PLC 的特点是：CPU 22X 主机的输入点为 24 V DC 双向光耦输入电路，输出有继电器和 DC(MOS 型)两种类型(CPU 21X 系列 PLC 的输入点为 24 V DC 单向光耦输入电路，输出有继电器和 DC、AC 三种类型)；具有 30 kHz 高速计数器，20 kHz 高速脉冲输出，RS 485 通讯/编程口，PPI、MPI 通讯协议和自由口通讯能力。CPU 222 及以上 CPU 还具有 PID 控制和扩展的功能，内部资源及指令系统更加丰富，功能更强大。

　　CPU 226 主机共有 I0.0～I2.7 共 24 个输入点和 Q0.0～Q1.7 共 16 个输出点。CPU 226 的输入电路采用了双向光电耦合器，24 V DC 的极性可任意选择，系统设置 1M 为 I0.0～I1.4 输入端子的公共端，2M 为 I1.5～I2.7 字节输入端子的公共端。在晶体管输出电路中采用了 MOSFET 功率驱动器件，并将数字量输出分为两组，每组有一个独立公共端，共有 1L、2L 两个公共端，可接入不同的负载电源。CPU 226 的外部电路原理如图 4-2 所示。

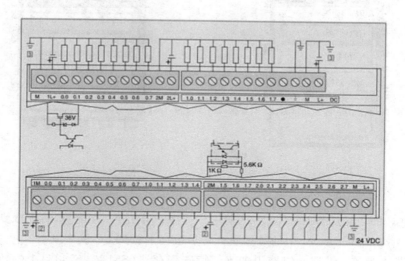

图 4-2　CPU 226 的外部电路原理图

S7-200 系列 PLC 的 I/O 接线端子排分为固定式和可拆卸式两种结构。可拆卸式端子排能在不改变外部电路硬件接线的前提下方便地拆装，为 PLC 的维护提供了便利。

（2）主机 I/O 及扩展。CPU 22X 系列 PLC 主机的 I/O 点数及可扩展的模块数目见表 4-2。

表 4-2　CPU 22X 系列 PLC 主机的 I/O 点数及可扩展的模块数

型　　号	主机输入点数	主机输出点数	可扩展模块
CPU 221	6	4	无
CPU 222	8	6	2
CPU 224	14	10	7
CPU 226	24	16	7

（3）高速反应性。CPU 226 PLC 有六个高速计数脉冲输入端（I0.0～I0.5），最快的响应速度为 30 kHz，用于捕捉比 CPU 扫描周期更快的脉冲信号。

CPU 226 PLC 有两个高速脉冲输出端（Q0.0、Q0.1），输出的脉冲频率可达 20 kHz。用于 PTO（高速脉冲束）和 PWM（宽度可变脉冲输出）高速脉冲输出。

中断信号允许以极快的速度对过程信号的上升沿做出响应。

（4）存储系统。S7-200 CPU 的存储系统由 RAM 和 EEPROM 这两种存储器构成，用以存储用户程序、CPU 组态（配置）及程序数据等，如图 4-3 所示。

当执行程序下载操作时，用户程序、CPU 组态（配置）、程序数据等由编程器送入 RAM 存储器区，并自动拷贝到 EEPROM 区，永久保存。

系统掉电时，会自动将 RAM 中 M 存储器的内容保存到 EEPROM 存储器。

上电恢复时，用户程序及 CPU 组态（配置）将自动从 EEPROM 的永久保存区装载到 RAM 中。如果 V 和 M 存储区内容丢失，则 EEPROM 永久保存区的数据会复制到 RAM

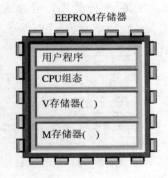

图 4 – 3   S7-200 CPU 的存储区域

中去。

执行 PLC 的上载操作时，RAM 区的用户程序、CPU 组态（配置）将上载到个人计算机（PC）中，RAM 和 EEPROM 中的数据块合并后也会上载到 PC 机中。

（5）模拟电位器。模拟电位器用来改变特殊寄存器（SM32、SM33）中的数值，以改变程序运行时的参数，如定时、计数器的预置值，过程量的控制参数等。

（6）存储卡。该卡位可以选择安装扩展卡。扩展卡有 EEPROM 存储卡、电池和时钟卡等模块。EEPROM 存储模块用于用户程序的拷贝复制。电池模块用于长时间保存数据。使用 CPU 224 内部的存储电容来存储数据，数据的存储时间为 190 小时，而使用电池模块存储数据，数据存储时间可达 200 天。

2. CPU 22X 的主要技术指标

CPU 的技术性能指标是选用 PLC 的依据，S7-200 CPU 的主要技术指标见表 4 – 3。

表 4 – 3   CPU 22X 的主要技术指标

特　　性	CPU 221	CPU 222	CPU 224	CPU 226
外形尺寸	90×80×62	90×80×62	120.5×80×62	190×80×62
存　　储　　器				
程序	2048 字	1024 字	4096 字	4096 字
用户数据	1024 字	1024 字	2560 字	2560 字
用户存储器类型	EEPROM	EEPROM	EEPROM	EEPROM
数据后备（超级电容）典型值	50 小时	50 小时	190 小时	190 小时
输入/输出				
本机 I/O	6 入/4 出	8 入/6 出	14 入/10 出	24 入/16 出
扩展模块数量	无	2 个模块	7 个模块	7 个模块
数字量 I/O 映像区大小	256	256	256	256
模拟量 I/O 映像区大小	无	16 入/16 出	32 入/32 出	32 入/32 出

特　　性	CPU 221	CPU 222	CPU 224	CPU 226
指　　令				
33 MHz 下布尔指令执行速度	0.37 μs/指令	0.37 μs/指令	0.37 μs/指令	0.37 μs/指令
I/O 映像寄存器	128I 和 128Q	128I 和 128Q	128I 和 128Q	128I 和 128Q
内部继电器	256	256	256	256
计数器/定时器	256/256	256/256	256/256	256/256
字入/字出	无	16/16	32/32	32/32
顺序控制继电器	256	256	256	256
For/NEXT 循环	有	有	有	有
增数运算	有	有	有	有
实数运算	有	有	有	有
附　加　功　能				
内置高速计数器	4H/W (20 kHz)	4H/W (20 kHz)	6H/W (20 kHz)	6H/W (20 kHz)
模拟量调节电位器	1	1	2	2
脉冲输出	2(20 kHz, DC)	2(20 kHz, DC)	2(20 kHz, DC)	2(20 kHz, DC)
通讯中断	1 发送器 2 接收器	1 发送器 2 接收器	1 发送器 2 接收器	2 发送器 4 接收器
定时中断	2(1 ms～255 ms)	2(1 ms～255 ms)	2(1 ms～255 ms)	2(1 ms～255 ms)
硬件输入中断	4	4	4	4
实时时钟	有(时钟卡)	有(时钟卡)	有(内置)	有(内置)
口令保护	有	有	有	有
通　　讯				
通讯口数量	1 (RS 485)	1 (RS 485)	1 (RS 485)	1 (RS 485)
支持协议 0 号口 1 号口	PPI, DP/T, 自由口 N/A	PPI, DP/T, 自由口 N/A	PPI, DP/T, 自由口 N/A	PPI, DP/T, 自由口 PPI, DP/T, 自由口
PROFIBUS 点到点	NETR/NETW	NETR/NETW	NETR/NETW	NETR/NETW

4.2.2　工作原理

1. 扫描周期

S7-200 CPU 连续执行用户任务的循环序列称为扫描。可编程控制器的一个机器扫描周期是指用户程序运行一次所经过的时间，它分为读输入(输入采样)、执行程序、处理通讯请求、执行 CPU 自诊断及写输出(输出刷新)等五个阶段。PLC 运行状态按输入采样、程序执行、输出刷新等步骤，周而复始地循环扫描工作，如图4-4所示。

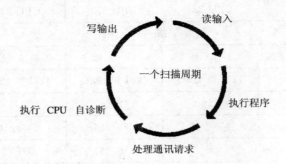

图4-4　S7-200 CPU的扫描周期

（1）读输入阶段，对数字量和模拟量的输入信息进行处理。

① 对数字量输入信息的处理：每次扫描周期开始，先读数字输入点的当前值，然后将该值写到输入映像寄存器区域。在之后的用户程序执行过程中，CPU将访问输入映像寄存器区域，而并非读取输入端口状态，因此输入信号的变化不会影响输入映像寄存器的状态。通常要求输入信号有足够的脉冲宽度，才能被响应。

② 对模拟量输入信息的处理：在处理模拟量的输入信息时，用户可以对每个模拟通道选择数字滤波器，即对模拟通道设置数字滤波功能。对变化缓慢的输入信号，可以选择数字滤波，而对高速变化信号不能选择数字滤波。

如果选择了数字滤波器，则可以选用低成本的模拟量输入模块。CPU在每个扫描周期将自动刷新模拟输入，执行滤波功能，并存储滤波值（平均值）。当访问模拟输入时，读取该滤波值。

对于高速模拟信号，不能采用数字滤波器，只能选用智能模拟量输入模块。CPU在扫描过程中不能自动刷新模拟量输入值，当访问模拟量时，CPU每次直接从物理模块读取模拟量。

（2）执行程序。在用户程序执行阶段，PLC按照梯形图的顺序，自左而右、自上而下地逐行扫描。在这一阶段，CPU从用户程序第一条指令开始执行，直到最后一条指令结束，程序运行结果放入输出映像寄存器区域。在此阶段，允许对数字量立即I/O指令和不设置数字滤波的模拟量I/O指令进行处理。在扫描周期的各部分，均可对中断事件进行响应。

（3）处理通讯请求。在扫描周期的信息处理阶段，CPU处理从通讯端口接收到的信息。

（4）执行CPU自诊断测试。在此阶段，CPU检查其硬件、用户程序存储器和所有的I/O模块状态。

（5）写输出。每个扫描周期的结尾，CPU把存在输出映像寄存器中的数据输出给数字量输出端点（写入输出锁存器中），更新输出状态。当CPU操作模式从RUN切换到STOP时，数字量输出可设置为输出表中定义的值或保持当前值；模拟量输出保持最后写的值；缺省设置时，默认是关闭数字量输出（参见系统块设置）。

按照扫描周期的主要工作任务，也可以把扫描周期简化为读输入、执行用户程序和写输出三个阶段。

2. CPU 的工作方式

（1）S7-200 CPU 有两种工作方式：

① STOP（停止）。CPU 在停止工作方式时不执行程序，此时可以向 CPU 装载程序或进行系统设置。

② RUN（运行）。CPU 在 RUN 工作方式下运行用户程序。

CPU 前面板上用两个发光二极管显示当前的工作方式。在程序编辑、上/下载等处理过程中，必须把 CPU 置于 STOP 方式。

（2）改变工作方式的方法：

① 使用 PLC 上的方式开关来改变工作方式。

② 使用 STEP7 - Micro/WIN32 编程软件设置工作方式。

③ 在程序中插入一个 STOP 指令，CPU 可由 RUN 方式进入 STOP 工作方式。

（3）使用工作方式开关改变工作状态。用位于 CPU 模块的出/入口下面的工作方式开关选择 CPU 工作方式。工作方式开关有三个挡位：STOP、TERM（Terminal）、RUN。

① 把方式开关切到 STOP 位，可以停止程序运行。

② 把方式开关切到 RUN 位，可以启动程序的执行。

③ 把方式开关切到 TERM（暂态）或 RUN 位，允许 STEP7 - Micro/WIN32 软件设置 CPU 的工作状态。

如果工作方式开关设为 STOP 或 TERM，则电源上电时，CPU 自动进入 STOP 工作状态；如果设置为 RUN，则电源上电时，CPU 自动进入 RUN 工作状态。

（4）使用编程软件改变工作方式，详见附录 C。

4.3　S7-200 系列 PLC 内部元器件

PLC 是以微处理器为核心的电子设备。PLC 的指令都是针对元器件状态而言的，使用时可以将它看成是由继电器、定时器、计数器等元件构成的组合体。PLC 内部设计了编程使用的各种元器件。PLC 与继电器控制的根本区别在于：PLC 采用的是软器件，以程序实现各器件之间的连接。本节从元器件的寻址方式、存储空间、功能等角度，叙述各种元器件的使用方法。

4.3.1　数据存储类型及寻址方式

PLC 内部元器件的功能是相互独立的，在数据存储区为每一种元器件都分配有一个存储区域。每一种元器件用一组字母表示器件类型，字母加数字表示数据的存储地址。例如，I 表示输入映像寄存器（又称输入继电器）；Q 表示输出映像寄存器（又称输出继电器）；M 表示内部标志位存储器；SM 表示特殊标志位存储器；S 表示顺序控制存储器（又称状态元件）；V 表示变量存储器；L 表示局部存储器；T 表示定时器；C 表示计数器；AI 表示模拟量输入映像寄存器；AQ 表示模拟量输出映像寄存器；AC 表示累加器；HC 表示高速计数器等。掌握这些内部器件的定义、范围、功能和使用方法是 PLC 程序设计的基础。

1. 数据存储器的分配

S7-200 按元器件的种类将数据存储器分成若干个存储区域，每个区域的存储单元按字节编址，每个字节由八位组成。可以进行位操作的存储单元，每一位都可以看成是有 0、1 状态的逻辑器件。

2. 数值表示方法

（1）数据类型及范围。S7-200 系列在存储单元所存放的数据类型有布尔型（BOOL）、整数型（INT）和实数型（REAL）三种。表 4-4 给出了不同长度数值所能表示的整数范围。

表 4-4　数据大小范围及相关整数范围

数据大小	无符号整数		符号整数	
	十进制	十六进制	十进制	十六进制
B（字节）8 位值	0～255	0～FF	−128～127	80～7F
W（字）16 位值	0～65 535	0～FFFF	−32 768～32 767	8000～7FFF
D（双字）32 位值	0～4 294 967 295	0～FFFFFFFF	−2 147 483 648～2 147 843 647	80000000～7FFFFFFF

布尔型数据指字节型无符号整数。常用的整型数据包括单字长（16 位）和双字长（32 位）符号整数两类。实数（浮点数）采用 32 位单精度数表示，数据范围是：

正数：$+1.175\,495E−38～+3.402\,823E+38$；

负数：$−1.175\,495E−38～−3.042\,823E−38$。

（2）常数。在 S7-200 的许多指令中使用了常数，常数值的长度可以是字节、字或双字。CPU 以二进制方式存储常数，可以采用十进制、十六进制、ASCII 码或浮点数形式书写常数。下面是用上述常用格式书写常数的例子：

十进制常数：30047；

十六进制常数：16♯4E5；

ASCII 码常数："show"；

实数或浮点格式：$+1.175\,495E−38$（正数），$−1.175\,495E−38$（负数）；

二进制格式：2♯1010_0101。

3. S7-200 寻址方式

S7-200 将信息存于不同的存储单元，每个单元都有一个惟一的地址，系统允许用户以字节、字、双字为单位存、取信息。提供参与操作的数据地址的方法，称为寻址方式。S7-200 数据的寻址方式有立即数寻址、直接寻址和间接寻址三大类；有位、字节、字和双字四种寻址格式。用立即数寻址的数据在指令中以常数形式出现。下面对直接寻址和间接寻址方式加以说明。

（1）直接寻址方式。直接寻址方式是指在指令中直接使用存储器或寄存器的元件名称和地址编号，直接查找数据。数据直接寻址指的是，在指令中明确指出了存取数据的存储器地址，允许用户程序直接存取信息。数据直接地址表示方法如图 4-5 所示。

数据的直接地址包括内存区域标志符，数据大小及该字节的地址或字、双字的起始地址，以及位分隔符和位。其中有些参数可以省略，详见图中说明。

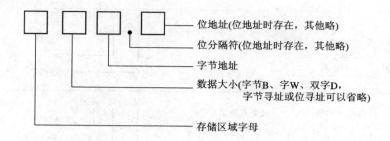

位地址(位地址时存在，其他略)

位分隔符(位地址时存在，其他略)

字节地址

数据大小(字节B、字W、双字D，
字节寻址或位寻址可以省略)

存储区域字母

图 4-5　数据直接地址表示方法

位寻址举例如图 4-6 所示。图中，I7.4 表示数据地址为输入映像寄存器的第 7 字节第 4 位的位地址。可以根据 I7.4 地址对该位进行读/写操作。

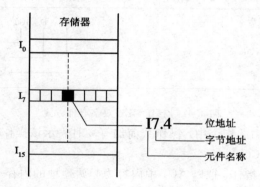

图 4-6　位寻址

可以进行位操作的元器件有：输入映像寄存器(I)、输出映像寄存器(Q)、内部标志位(M)、特殊标志位(SM)、局部变量存储器(L)、变量存储器(V)及状态元件(S)等。

直接访问字节(8 bit)、字(16 bit)、双字(32 bit)数据时，必须指明数据存储区域、数据长度及起始地址。当数据长度为字或双字时，最高有效字节为起始地址字节。对变量存储器 V 的数据操作见图 4-7。

可按字节(Byte)操作的元器件有 I、Q、M、SM、S、V、L、AC、常数。

可按字(Word)操作的元器件有 I、Q、M、SM、S、T、C、V、L、AC、常数。

可按双字(Double Word)操作的元器件有 I、Q、M、SM、S、V、L、AC、HC、常数。

（2）间接寻址方式。间接寻址是指使用地址指针来存取存储器中的数据。使用前，首先将数据所在单元的内存地址放入地址指针寄存器中，然后根据此地址存取数据。S7-200 CPU 中允许使用指针进行间接寻址的存储区域有 I、Q、V、M、S、T、C。

建立内存地址的指针为双字长度(32 位)，故可以使用 V、L、AC 作为地址指针。必须采用双字传送指令(MOVD)将内存的某个地址移入到指针当中，以生成地址指针。指令中的操作数(内存地址)必须使用"&"符号表示内存某一位置的地址(长度为 32 位)。例如：

MOVD &VB200，AC1

是将 VB200 在存储器中的 32 位物理地址值送给 AC1。VB200 是直接地址编号，& 为地址符号。将本指令中 &VB200 改为 &VW200 或 VD200，指令的功能不变。

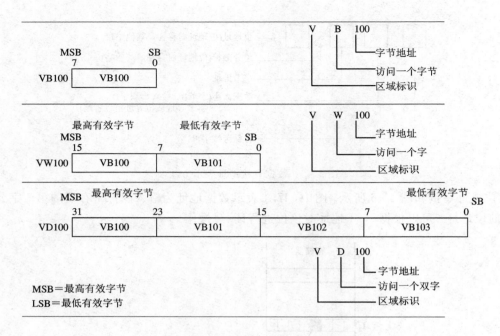

图 4-7 字节、字、双字寻址方式

在使用指针存取数据的指令中,操作数前加有 * 时表示该操作数为地址指针。例如:

MOVW * AC1,AC0

是将 AC1 作为内存地址指针,把以 AC1 中内容为起始地址的内存单元的 16 位数据送到累加器 AC0 中,其操作过程见图 4-8。

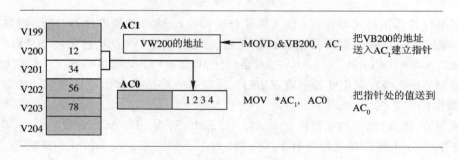

图 4-8 使用指针间接寻址

4.3.2 S7-200 数据存储区及元件功能

1. 输入/输出映像寄存器

输入/输出映像寄存器都是以字节为单位的寄存器,可以按位操作,它们的每一位对应一个数字量输入/输出接点。不同型号主机的输入/输出映像寄存器区域的大小和 I/O 点数可参考主机技术性能指标。扩展后的实际 I/O 点数不能超过 I/O 映像寄存器区域的大小,I/O 映像寄存器区域未用的部分可当作内部标志位 M 或数据存储器(以字节为单位)使用。

(1)输入映像寄存器(又称输入继电器)的工作原理分析:

在输入映像寄存器(输入继电器)的电路示意图 4-9 中，输入继电器线圈只能由外部信号驱动，不能用程序指令驱动。常开触点和常闭触点供用户编程使用。外部信号传感器(如按钮、行程开关、现场设备、热电偶等)用来检测外部信号的变化，它们与 PLC 或输入模块的输入端相连。

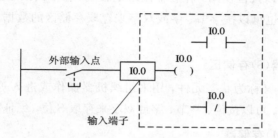

图 4-9　输入映像寄存器(输入继电器)的电路示意图

(2) 输出映像寄存器(又称输出继电器)工作原理分析：

在输出映像寄存器(输出继电器)等效电路图 4-10 中，输出继电器用来将 PLC 的输出信号传递给负载，只能用程序指令驱动。

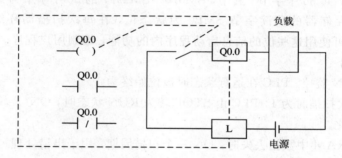

图 4-10　输出映像寄存器(输出继电器)等效电路

程序控制能量流从输出继电器 Q0.0 线圈左端流入时，Q0.0 线圈通电(存储器置为1)，带动输出触点动作，使负载工作。

负载又称执行器(如接触器、电磁阀、LED 显示器等)，它们被连接到 PLC 输出模块的输出接线端子上，由 PLC 控制其启动和关闭。

I/O 映像寄存器可以按位、字节、字或双字等方式编址。例如：I0.1、Q0.1(位寻址)，IB1、QB5(字节寻址)。

S7-200 CPU 输入映像寄存器区域有 I0～I15 共 16 个字节存储单元，能存储 128 点信息。CPU 224 主机有 I0.0～I0.7、I1.0～I1.5 共 14 个数字量输入接点，其余输入映像寄存器可用于扩展或其他。

输出映像寄存器区域共有 Q0～Q15 共 16 个字节存储单元，能存储 128 点信息。CPU 224 主机有 Q0.0～Q0.7、Q1.0、Q1.1 共 10 个数字量输出端点，其余输出映像寄存器可用于扩展或其他。

2. 变量存储器(V)

变量存储器(V)用以存储运算的中间结果，也可以用来保存工序或与任务相关的其他数据，如模拟量控制、数据运算、设置参数等。变量存储器可按位使用，也可按字节、字或双字使用。变量存储器有较大的存储空间，如 CPU 224 有 VB0.0～VB5119.7 的 5 K 存储字节，CPU 214 有 VB0.0～VB2047.7 的 2 K 存储字节。

3. 内部标志位（M）存储区

内部标志位（M）可以按位使用，作为控制继电器（又称中间继电器），用来存储中间操作数或其他控制信息；也可以按字节、字或双字来存取存储区的数据，编址范围是 M0.0～M31.7。

4. 顺序控制继电器（S）存储区

顺序控制继电器 S 又称为状态元件，用来组织机器操作或进入等效程序段工步，以实现顺序控制和步进控制。可以按位、字节、字或双字来存取 S 位，编址范围是 S0.0～S31.7。

5. 特殊标志位（SM）存储器

SM 存储器提供了 CPU 与用户程序之间信息传递的方法，用户可以使用这些特殊标志位提供的信息，控制 S7-200 CPU 的一些特殊功能。特殊标志位可以分为只读区和读/写区两大部分。CPU 224 的 SM 编址范围为 SM0.0～SM179.7 共 180 个字节，CPU 214 为 SM0.0～SM85.7 共 86 个字节。其中，SM0.0～SM29.7 的 30 个字节为只读型区域。

例如，特殊存储器的只读字节 SMB0 为状态位，在每次扫描循环结尾时由 S7-200 CPU 更新，用户可使用这些位的信息启动程序内的功能，编制用户程序。SMB0 字节的特殊标志位定义如下：

SM0.0：RUN 监控。PLC 在运行状态时该位始终为 1。

SM0.1：首次扫描时为 1，PLC 由 STOP 转为 RUN 状态时，ON（1 态）一个扫描周期。用于程序的初始化。

SM0.2：当 RAM 中数据丢失时，ON 一个扫描周期。用于出错处理。

SM0.3：PLC 上电进入 RUN 方式，ON 一个扫描周期。可用在启动操作之前给设备提供一个预热时间。

SM0.4：分脉冲，该位输出一个占空比为 50% 的分时钟脉冲。可用作时间基准或简易延时。

SM0.5：秒脉冲，该位输出一个占空比为 50% 的秒时钟脉冲。可用作时间基准或简易延时。

SM0.6：扫描时钟，一个扫描周期为 ON（高电平），下一个为 OFF（低电平），循环交替。

SM0.7：工作方式开关位置指示，0 为 TERM 位置，1 为 RUN 位置。为 1 时，使自由端口通讯方式有效。

指令状态位 SMB1 提供不同指令的错误指示，例如表及数学操作。其部分位的定义如下：

SM1.0：零标志，运算结果为 0 时，该位置 1；

SM1.1：溢出标志，运算结果溢出或查出非法数值时，该位置 1；

SM1.2：负数标志，数学运算结果为负时，该位为 1；

特殊标志位 SM 的全部定义及功能详见附录 C。

6. 局部存储器(L)

局部存储器(L)和变量存储器(V)很相似，主要区别在于局部存储器(L)是局部有效的，变量存储器(V)则是全局有效的。全局有效是指同一个存储器可以被任何程序(如主程序、中断程序或子程序)存取，局部有效是指存储区和特定的程序相关联。

S7-200 有 64 个字节的局部存储器，编址范围为 LB0.0～LB63.7。其中的 60 个字节可以用作暂时存储器或者给子程序传递参数，最后 4 个字节为系统保留字节。S7-200 PLC 根据需要分配局部存储器。当主程序执行时，64 个字节的局部存储器分配给主程序；当中断或调用子程序时，将局部存储器重新分配给相应程序。局部存储器在分配时，PLC 不进行初始化，初始值是任意的。

可以用直接寻址方式按字节、字或双字来访问局部存储器，也可以把局部存储器作为间接寻址的指针，但不能作为间接寻址的存储区域。

7. 定时器

PLC 中的定时器相当于时间继电器，用于延时控制。S7-200 CPU 中的定时器是对内部时钟的时间增量计时的设备。

定时器用符号 T 和地址编号表示，编址范围为 T0～T255(22X)，T0～T127(21X)。定时器的主要参数有定时器预置值，当前计时值和状态位。

(1) 时间预置值。时间预置值为 16 位符号整数，由程序指令给定，详见第 5 章指令系统之内容。

(2) 当前计时值。在 S7-200 定时器中有一个 16 位的当前值寄存器，用以存放当前计时值(16 位符号整数)。当定时器输入条件满足时，当前值从零开始增加，每隔 1 个时间基准增 1。时间基准又称定时精度。S7-200 共有 3 个时基等级：1 ms、10 ms、100 ms。定时器按地址编号的不同，分属各个时基等级。

(3) 状态位。每个定时器除有预置值和当前值外，还有 1 位状态位。定时器的当前值增加到大于等于预置值后，状态位为 1，梯形图中代表状态位读操作的常开触点闭合。

定时器的编址(如 T3)可以用来访问定时器的状态位，也可用来访问当前值。存取定时器数据的实例见图 4-11。

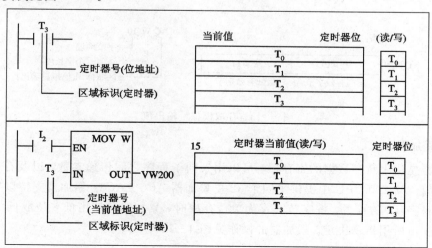

图 4-11　存取定时器数据

8. 计数器

计数器主要用来累计输入脉冲个数。其结构与定时器相似，其设定值（预置值）在程序中被赋予，有一个 16 位的当前值寄存器和一位状态位。当前值寄存器用以累计脉冲个数；当计数器当前值大于或等于预置值时，状态位置 1。

S7-200 CPU 提供有三种类型的计数器：一种为增计数，一种为减计数，第三种为增/减计数。计数器用符号 C 和地址编号表示，编址范围为 C0～C255（22X），C0～C127（21X）。

计数器数据存取操作与定时器的类似，可参考图 4-11 理解。

9. 模拟量输入/输出映像寄存器（AI/AQ）

S7-200 的模拟量输入电路将外部输入的模拟量（如温度、电压）等转换成 1 个字长（16 位）的数字量，存入模拟量输入映像寄存器区域，可以用区域标志符（AI）、数据长度（W）及字节的起始地址来存取这些值。因为模拟量为 1 个字长，所以起始地址定义为偶数字节地址，如 AIW0，AIW2，…，AIW62，共有 32 个模拟量输入点。模拟量输入值为只读数据。存取模拟量输入值的实例如图 4-12 所示。

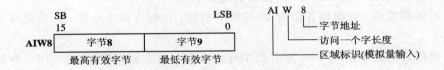

图 4-12　存取模拟量输入值

S7-200 模拟量输出电路将模拟量输出映像寄存器区域的 1 个字长（16 位）数字值转换为模拟电流或电压输出。可以用标识符（AQ）、数据长度（W）及起始字节地址来设置。因为模拟量输出数据长度为 16 位，所以起始地址也采用偶数字节地址，如 AQW0，AQW2，…，AQW62，共有 32 个模拟量输出点。用户程序只能给输出映像寄存器区域置数，而不能读取。存取模拟量输出值的实例如图 4-13 所示。

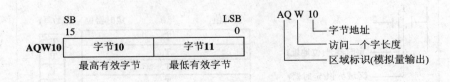

图 4-13　存取模拟量输出值

10. 累加器（AC）

累加器是用来暂存数据的寄存器，可以用来同子程序之间传递参数，以及存储计算结果的中间值。S7-200 CPU 中提供了四个 32 位累加器 AC0～AC3。累加器支持以字节（B）、字（W）和双字（D）的存取。按字节或字为单位存取时，累加器只使用低 8 位或低 16 位，数据存储长度由所用指令决定。累加器的操作见图 4-14。

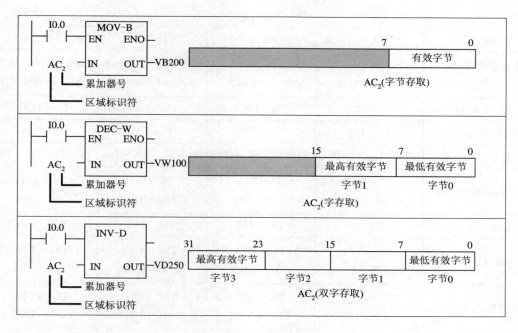

图 4 – 14 累加器

11. 高速计数器(HC)

CPU 22X PLC 提供了 6 个高速计数器(每个计数器的最高频率为 30 kHz),用来累计比 CPU 扫描速率更快的事件。高速计数器的当前值为双字长的符号整数,且为只读值。高速计数器的地址由符号 HC 和编号组成,如 HC0,HC1,…,HC5。

4.3.3 S7-200 PLC 的有效编程范围

可编程控制器的硬件结构是软件编程的基础,S7-200 PLC 各编程元器件及操作数的有效编程范围分别如表 4 – 5 和表 4 – 6 所示。

表 4 – 5　S7-200 CPU 编程元器件的有效范围和特性一览表

描　　述	CPU 221	CPU 222	CPU 224	CPU 226
用户程序大小	2 K	2 K	4 K	4 K
用户数据大小	1 K 字	1 K 字	2.5 K 字	2.5 K 字
输入映像寄存器	I0.0~I15.7	I0.0~I15.7	I0.0~I15.7	I0.0~I15.7
输出映像寄存器	Q0.0~Q15.7	Q0.0~Q15.7	Q0.0~Q15.7	Q0.0~Q15.7
模拟量输入(只读)	—	AIW0~AIW30	AIW0~AIW62	AIW0~AIW62
模拟量输出(只写)	—	AQW0~AQW30	AQW0~AQW62	AQW0~AQW62
变量存储器(V)	VB0.0~VB2047.7	VB0.0~VB2047.7	VB0.0~VB5119.7	VB0.0~VB5119.7
局部存储器(L)	LB0.0~LB63.7	LB0.0~LB63.7	LB0.0~LB63.7	LB0.0~LB63.7
位存储器(M)	M0.0~M31.7	M0.0~M31.7	M0.0~M31.7	M0.0~M31.7

描　述	CPU 221	CPU 222	CPU 224	CPU 226
特殊存储器(SM)只读	SM0.0～SM179.7 SM0.0～SM29.7	SM0.0～SM179.7 SM0.0～SM29.7	SM0.0～SM179.7 SM0.0～SM29.7	SM0.0～SM179.7 SM0.0～SM29.7
定时器范围	T0～T255	T0～T255	T0～T255	T0～T255
记忆延迟 1 ms	T0, T64	T0, T64	T0, T64	T0, T64
记忆延迟 10 ms	T1～T4, T65～T68	T1～T4, T65～T68	T1～T4, T65～T68	T1～T4, T65～T68
记忆延迟 100 ms	T5～T31 T69～T95	T5～T31 T69～T95	T5～T31 T69～T95	T5～T31 T69～T95
接通延迟 1 ms	T32, T96	T32, T96	T32, T96	T32, T96
接通延迟 10 ms	T33～T36 T97～T100	T33～T36 T97～T100	T33～T36 T97～T100	T33～T36 T97～T100
接通延迟 100 ms	T37～T63 T101～T255	T37～T63 T101～T255	T37～T63 T101～T255	T37～T63 T101～T255
计数器	C0～C255	C0～C255	C0～C255	C0～C255
高速计数器	HC0, HC3, HC4, HC5	HC0, HC3, HC4, HC5	HC0～HC5	HC0～HC5
顺序控制继电器	S0.0～S31.7	S0.0～S31.7	S0.0～S31.7	S0.0～S31.7
累加寄存器	AC0～AC3	AC0～AC3	AC0～AC3	AC0～AC3
跳转/标号	0～255	0～255	0～255	0～255
调用/子程序	0～63	0～63	0～63	0～63
中断时间	0～127	0～127	0～127	0～127
PID 回路	0～7	0～7	0～7	0～7
通信端口	0	0	0	0, 1

表 4-6　S7-200 CPU 操作数的有效范围

存取方式	CPU 221		CPU 222		CPU 224、CPU 226	
位存取(字节、位)	V	0.0～2047.7	V	0.0～2047.7	V	0.0～5119.7
	I	0.0～15.7	I	0.0～15.7	I	0.0～15.7
	Q	0.0～15.7	Q	0.0～15.7	Q	0.0～15.7
	M	0.0～31.7	M	0.0～31.7	M	0.0～31.7
	SM	0.0～179.7	SM	0.0～179.7	SM	0.0～179.7
	S	0.0～31.7	S	0.0～31.7	S	0.0～31.7
	T	0～255	T	0～255	T	0～255
	C	0～255	C	0～255	C	0～255
	L	0.0～63.7	L	0.0～63.7	L	0.0～63.7

存取方式	CPU 221		CPU 222		CPU 224、CPU 226	
字节存取	VB	0~2047	VB	0~2047	VB	0~5119
	IB	0~15	IB	0~15	IB	0~15
	QB	0~15	QB	0~15	QB	0~15
	MB	0~31	MB	0~31	MB	0~31
	SMB	0~179	SMB	0~179	SMB	0~179
	SB	0~31	SB	0~31	SB	0~31
	LB	0~63	LB	0~63	LB	0~63
	AC	0~3	AC	0~3	AC	0~3
	常数		常数		常数	
字存取	VW	0~2046	VW	0~2046	VW	0~5118
	IW	0~14	IW	0~14	IW	0~14
	QW	0~14	QW	0~14	QW	0~14
	MW	0~30	MW	0~30	MW	0~30
	SMW	0~178	SMW	0~178	SMW	0~178
	SW	0~30	SW	0~30	SW	0~30
	T	0~255	T	0~255	T	0~255
	C	0~255	C	0~255	C	0~255
	LW	0~62	LW	0~62	LW	0~62
	AC	0~3	AW	0~3	AW	0~3
	常数		常数		常数	
双字存取	VD	0~2044	VD	0~2044	VD	0~5116
	ID	0~12	ID	0~12	ID	0~12
	QD	0~12	QD	0~12	QD	0~12
	MD	0~28	MD	0~28	MD	0~28
	SMD	0~176	SMD	0~176	SMD	0~176
	SWD	0~28	SWD	0~28	SWD	0~28
	LD	0~60	LD	0~60	LD	0~60
	AC	0~3	AC	0~3	AC	0~3
	HC	0,3,4,5	HC	0,3,4,5	HC	0~5
	常数		常数		常数	

4.4 输入、输出及扩展

S7-200 系列 PLC 主机基本单元的最大输入/输出点数为 40(CPU 226 为 24 输入,16 输出)。PLC 内部映像寄存器资源的最大数字量 I/O 映像区的输入点 I0~I15 为 16 个字节,输出点 Q0~Q15 也为 16 个字节,共 32 个字节 256 点(32×8)。最大模拟量 I/O 为 64 点,即 AIW0~AIW62 共 32 个输入点,AQW0~AQW62 共 32 个输出点(偶数递增)。S7-200 系统最多可扩展 7 个模块。

PLC 扩展模块的使用，不但增加了 I/O 点数，还增加了 PLC 的许多控制功能。S7-200 PLC 系列目前总共可以提供 3 大类共 9 种数字量 I/O 模块；3 大类共 5 种模拟量 I/O 模块，两种通讯处理模块。扩展模块的种类见表 4-7。

表 4-7 S7-200 常用的扩展模块型号及用途

分类	型号	I/O 规格	功能及用途
数字量扩展模块	EM221	DI8×DC24 V	8 路数字量 24 V DC 输入
	EM222	DO8×DC24 V	8 路数字量 24 V DC 输出(固态 MOSFET)
		DO8×继电器	8 路数字量继电器输出
	EM223	DI4/DO4×DC24 V	4 路数字量 24 V DC 输入、输出(固态)
		DI4/DO4×DC24 V 继电器	4 路数字量 24 V DC 输入 4 路数字量继电器输出
		DI8/DO8×DC24 V	8 路数字量 24 V DC 输入、输出(固态)
		DI8/DO8×DC24 V 继电器	8 路数字量 24 V DC 输入 8 路数字量继电器输出
		DI16/DO16×DC24 V	16 路数字量 24 V DC 输入、输出(固态)
		DI16/DO16×DC24 V 继电器	16 路数字量 24 V DC 输入 16 路数字量继电器输出
模拟量扩展模块	EM231	AI4×12 位	4 路模拟输入，12 位 A/D 转换
		AI4×热电偶	4 路热电偶模拟输入
		AI4×RTD	4 路热电阻模拟输入
	EM232	AQ2×12 位	2 路模拟输出
	EM235	AI4/AQ1×12	4 模拟输入，1 模拟输出，12 位转换
通讯模块	EM227	PROFIBUS—DP	将 S7-200CPU 作为从站连接到网络
现场设备接口模块	CP243-2	CPU 22X 的 AS-I 主站	最大扩展 124DI/124DO

4.4.1 本机及扩展 I/O 编址

CPU 本机的 I/O 点具有固定的 I/O 地址，可以把扩展的 I/O 模块接至主机右侧来增加 I/O 点数。扩展模块 I/O 地址由扩展模块在 I/O 链中的位置决定。输入与输出模块的地址不会冲突，模拟量控制模块地址也不会影响数字量控制模块。例如，以 CPU 224 为主机，扩展五块数字、模拟 I/O 模块，其 I/O 链的控制连接如图 4-15 所示。

图 4-15 I/O 链的控制连接

图 4-15 I/O 链中各模块对应的 I/O 地址如表 4-8 所示。

表 4-8 模 块 编 址 表

主机	模块 0	模块 1	模块 2	模块 3	模块 4
I0.0　Q0.0	I2.0	Q2.0	AIW0　AQW0	I3.0　Q3.0	AIW8　AQW4
I0.1　Q0.1	I2.1	Q2.1	AIW2	I3.1　Q3.1	AIW10
I0.2　Q0.2	I2.2	Q2.2	AIW4	I3.2　Q3.2	AIW12
I0.3　Q0.3	I2.3	Q2.3	AIW6	I3.3　Q3.3	AIW14
I0.4　Q0.4	I2.4	Q2.4			
I0.5　Q0.5	I2.5	Q2.5			
I0.6　Q0.6	I2.6	Q2.6			
I0.7　Q0.7	I2.7	Q2.7			
I1.0　Q1.0					
I1.1　Q1.1					
I1.2					
I1.3					
I1.4					
I1.5					
可用作内部存储器标志位（M 位）的 I/O 映像寄存器					
Q1.2 ⋮ Q1.7				I4.0　　Q3.4 ⋮ I15.7　Q15.7	
不能用的 I/O 映像寄存器					
I1.6 I1.7		AQW2		I3.4 ⋮ I3.7	AQW6

如果 I/O 物理点与映像寄存器字节内的位数不对应，那么映像寄存器字节剩余位就不会再分配给 I/O 链中的后续模块了。

输出映像寄存器的多余位和输入映像寄存器的多余字节可以作为内部存储器标志位使用。输入模块在每次输入更新时都把保留字节的未用位清零。因此，输入映像寄存器已用字节的多余位，不能作为内部存储器标志位。

模拟量控制模块总是以 2 字节递增方式来分配空间。缺省的模拟量 I/O 点不分配模拟量 I/O 映像存储空间，所以，后续模拟量 I/O 控制模块无法使用未用的模拟量 I/O 点。

4.4.2　扩展模块的安装与连接

S7-200 PLC 扩展模块具有与基本单元相同的设计特点，其固定方式与 CPU 主机相同。主机及 I/O 扩展模块有导轨安装和直接安装两种方式，典型安装方式如图 4-16 所示。

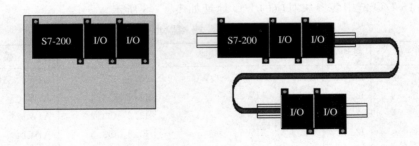

图 4 - 16 S7-200 PLC 的安装方式

导轨安装方式是在 DIN 标准导轨上的安装，即 I/O 扩展模块安装在紧靠 CPU 右侧的导轨上。该安装方式具有安装方便、拆卸灵活等优点。

直接安装是将螺钉通过安装固定螺孔将模块固定在配电盘上，它具有安装可靠、防震性好等特点。当需要扩展的模块较多时，可以使用扩展连接电缆重叠排布(分行安装)。

扩展模块除了自身需要 24 V 供电电源外，还要从 I/O 总线上获得＋5 V DC 的电源，必要时，需参照表 4 - 9 校验主机＋5 V DC 的电流驱动能力。

表 4 - 9　S7-200 CPU 所提供的电流

CPU 22X 为扩展 I/O 提供的 5 V DC 电流/mA		扩 展 模 块 5 V DC 电流消耗/mA	
CPU 222	340	EM 221 DI8×DC24 V	30
CPU 224	600	EM 222 DO8×DC24 V	50
CPU 226	1000	EM 222 DO8×继电器	40
		EM 223 DI4/DO4×DC24 V	40
		EM 223 DI4/DO4×DC24 V/继电器	40
		EM 223 DI8/DO8×DC24 V	80
		EM 223 DI8/DO8×DC24 V/继电器	80
		EM 223 DI16/DO16×DC24 V	160
		EM 223 DI16/DO16×DC24 V/继电器	150
		EM 231 AI4×12 位	20
		EM 231 AI4×热电偶	60
		EM 231 AI4×RTD	60
		EM 231 AQ4×12 位	20
		EM 231 AI41/AQ1×12 位	30
		EM 277 PROFIBUS－DP	150

4.4.3　S7-200 系统块配置

系统块是 PLC 系统模块的简称。系统模块可以通过软件设置其功能，如对数字量和模拟量输入信号的滤波、脉冲截取(捕捉)、输出表的配置等。另外还有对通讯口、保存范围、背景时间及密码等的设置。系统模块设置原理及方法详见附录 B。

4.5　S7-200 系列 PLC 的编程语言

S7-200 系列 PLC 支持 SIMATIC 和 IEC1131－3 两种基本类型的指令集,编程时可任意选择。SIMATIC 指令集是西门子公司 PLC 专用的指令集,具有专用性强、执行速度快等优点,可提供 LAD、STL、FBD 等多种编程语言。

IEC1131－3 指令集是按国际电工委员会(IEC)PLC 编程标准提供的指令系统。该编程语言适用于不同厂家的 PLC 产品,有 LAD 和 FBD 两种编辑器。

学习和掌握 IEC1131－3 指令的主要目的是学习如何创建不同品牌 PLC 的程序。其指令执行时间可能较长,有一些指令和语言规则与 SIMATIC 有所区别。

S7-200 可以接受由 SIMATIC 和 IEC1131－3 两种指令系统编制的程序,但 SIMATIC 和 IEC1131－3 指令系统并不兼容。本教材以 SIMATIC 指令系统为例进行重点描述。

4.5.1　梯形图编辑器

利用梯形图(LAD)编辑器可以建立与电气原理图相类似的程序。梯形图是 PLC 编程的高级语言,很容易被 PLC 编程人员和维护人员接受和掌握,所有 PLC 厂商均支持梯形图语言编程。

梯形图按逻辑关系可分成梯级或网络段,又简称段。程序执行时按段扫描。清晰的段结构有利于程序的阅读理解和运行调试。通过软件的编译功能,可以直接指出错误指令所在段的段标号,有利于用户程序的修正。

图 4－17 给出了一个梯形图应用实例。LAD 图形指令有三个基本形式:触点、线圈和指令盒。触点表示输入条件,例如由开关、按钮控制的输入映像寄存器状态和内部寄存器状态等。线圈表示输出结果。利用 PLC 输出点可直接驱动灯、继电器、接触器线圈、内部输出条件等负载。指令盒代表一些功能较复杂的附加指令,例如定时器、计数器或数学运算指令的附加指令。

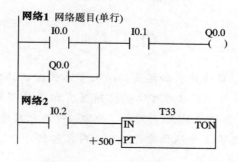

图 4－17　梯形图的实例

4.5.2　语句表编辑器

语句表(STL)编辑器使用指令助记符创建控制程序,类似于计算机的汇编语言,适合熟悉 PLC 并且有逻辑编程经验的程序员编程。语句表编程器提供了不用梯形图或功能块图编程器编程的途径。STL 是手持式编程器惟一能够使用的编程语言，是一种面向机器的语言，具有指令简单、执行速度快等优点。STEP7 - Micro/WIN32 编程软件具有梯形图程序和语句表指令的相互转换功能，为 STL 程序的编制提供了方便。

例如，由图 4 - 17 中的梯形图（LAD）程序转换的语句表（STL）程序如下：

```
NETWORK 1            //网络题目（单行）
LD      I0.0
O       Q0.0
AN      I0.1
=       Q0.0
NETWORK 2
LD      I0.2
TON     T33，+500
```

4.5.3 功能块图编辑器

STEP7 - Micro/WIN32 功能块图（FBD）是利用逻辑门图形组成的功能块图指令系统。功能块图指令由输入、输出段及逻辑关系函数组成。用 STEP7 - Micro/WIN32 V3.1 编程软件 LAD、STL 与 FBD 编辑器的自动转换功能，可得到与图 4 - 17 相应的功能块图，如图 4 - 18 所示。

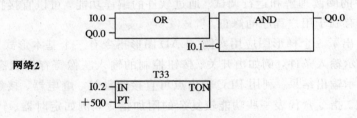

图 4 - 18　由梯形图程序转换成的功能块图程序

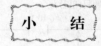

本章介绍了可编程控制器的产生和定义，以及可编程控制器的主要特点、分类方法和发展方向。通过对本章的学习，可以对可编程控制器有初步的了解。本章以西门子公司的CPU 22X 系列 PLC 为例，介绍了 PLC 的结构、原理、内部元器件的定义、作用，存储器分配及 I/O 扩展方法，并介绍了三种编程软件。重点内容包括：

（1）PLC 应具备的 10 个指标。

（2）国际电工委员会（IEC）1987 颁布的 PLC 的定义。

（3）PLC 具有可靠性高、控制功能强、组成灵活、控制方便等四项特点。

（4）PLC 的点数、结构、用途的分类方法。

（5）CPU 22X 的输入及输出电路结构和参数。

（6）S7-200 PLC 的扫描周期分为五个阶段，可简化为读输入、执行用户程序和写输出三个主要阶段。

（7）S7-200 将数据存储器分配给各个编程元件，系统设计了 11 类元器件供用户编程使用，本章重点讲述了各元器件的地址分配和操作数范围。

（8）I/O 扩展链与 I/O 地址的分配遵循从左至右的原则。

（9）S7-200 有 LAD、STL 和 FBD 三种编程语言。LAD 指令符号的三种基本形式为触点、线圈和指令盒。

思 考 题

4.1　简述可编程控制器的定义。

4.2　可编程控制器的主要特点有哪些？

4.3　可编程控制器有哪几种分类方法？

4.4　小型 PLC 的发展方向有哪些？

4.5　S7 系列 PLC 有哪些子系列？

4.6　S7-22X 系列 PLC 有哪些型号的 CPU？

4.7　S7-200 PLC 有哪些输出方式？各适合于什么类型的负载？

4.8　S7-22X 系列 PLC 的用户程序下载后存放在什么存储器中？掉电后是否会丢失？

4.9　S7-200 CPU 的一个机器扫描周期分为哪几个阶段？各执行什么操作？

4.10　S7-200 CPU 有哪些工作模式？在脱机时如何改变工作模式？联机操作时，改变工作模式的最佳方法是什么？

4.11　S7-200 有哪两种寻址方式？

4.12　S7-200 PLC 有哪些内部元器件？各元器件的地址分配和操作数范围怎么确定？

4.13　S7-200 有哪几类扩展模块？最大可扩展的 I/O 地址范围是多大？

4.14　梯形图程序能否转换成语句表程序？所有语句表程序是否均能转换成梯形图程序？

第 5 章 S7-200 系列 PLC 基本指令

S7-200 系列 PLC 的 SIMATIC 指令有梯形图（Ladder programming，LAD）、语句表（Statement List，STL）和功能图（Function Block Diagram，FBD）三种编程语言。梯形图（LAD）程序类似于传统的继电器控制系统，直观、易懂；语句表（STL）类似于计算机汇编语言的指令格式。本章以 S7-200 系列 PLC 的 SIMATIC 指令系统为例，主要讲述基本指令的定义和梯形图、语句表的基本编程方法。功能图可借助编程软件的指令转换功能来阅读理解。

基本指令包括基本逻辑指令，算术、逻辑运算指令，数据处理指令，程序控制指令等。基本指令已能基本满足一般的程序设计要求。

5.1 基本逻辑指令

基本逻辑指令是指构成基本逻辑运算功能指令的集合，包括基本位操作、取非和空操作、置位、复位、边沿触发、定时、计数、比较等逻辑指令。

5.1.1 基本位操作指令

位操作指令是 PLC 常用的基本指令，用来实现基本的位逻辑运算和控制；梯形图指令有触点和线圈两大类，触点又分为常开和常闭两种形式；语句表指令有与、或以及输出等逻辑关系。

1. 指令格式

梯形图指令由触点或线圈符号和直接位地址两部分组成。含有直接位地址的指令又称为位操作指令。基本位操作指令操作数的寻址范围是：I，Q，M，SM，T，C，V，S，L 等。基本位操作指令格式如表 5-1 所示。

表 5-1 基本位操作指令格式

LAD	STL	功　能
┤bit├　┤bit/├ ──(bit)	LD　BIT，LDN　BIT A　BIT，AN　BIT O　BIT，ON　BIT =　BIT	用于网络段起始的常开/常闭触点 常开/常闭触点串联，逻辑与/与非指令 常开/常闭触点并联，逻辑或/或非指令 线圈输出，逻辑置位指令

梯形图的触点符号代表 CPU 对存储器的读操作。当 CPU 运行后扫描到触点符号时，它会到触点位地址指定的存储器位访问，该位数据（状态）为 1 时，触点为动态（常开触点闭合、常闭触点断开）；数据（状态）为 0 时，触点为常态（常开触点断开、常闭触点闭合）。

梯形图的线圈符号代表 CPU 对存储器的写操作。线圈左侧的触点组成逻辑运算关系。当逻辑运算结果为 1 时，能量流可以到达线圈，使线圈通电，CPU 将由线圈位地址指定的存储器位置 1；逻辑运算结果为 0 时，线圈不通电，存储器位置 0（复位）。梯形图利用线圈的通、断电来描述存储器位的置位、复位操作。

综上所述，得出以下两个结论：梯形图的触点代表 CPU 对存储器的读操作，由于计算机系统读操作的次数不受限制，因此在用户程序中，常开、常闭触点使用的次数不受限制；梯形图的线圈符号代表 CPU 对存储器的写操作，由于 PLC 采用自上而下的扫描方式工作，因此在用户程序中，每个线圈只能使用一次，使用次数（存储器写入次数）多于一次时，其状态以最后一次为准。

语句表的基本逻辑指令由指令助记符和操作数两部分组成。操作数由可以进行位操作的寄存器元件及地址组成，如 LD I0.0。常用指令助记符的定义如下所述：

（1）LD(Load)：装载指令，对应梯形图从左侧母线开始，连接常开触点。

（2）LDN(Load Not)：装载指令，对应梯形图从左侧母线开始，连接常闭触点。

（3）A(And)：与操作指令，用于常开触点的串联。

（4）AN(And Not)：与操作指令，用于常闭触点的串联。

（5）O(Or)：或操作指令，用于常开触点的并联。

（6）ON(Or Not)：或非操作指令，用于常闭触点的并联。

（7）＝(Out)：置位指令，线圈输出。

【例 5.1】　位操作指令程序应用，其程序如图 5-1 所示。

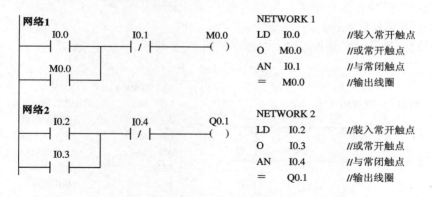

图 5-1　例 5.1 应用程序

工作原理分析：

梯形图逻辑关系：网络段 1　$M0.0 = (I0.0 + M0.0)\overline{I0.1}$

网络段 2　$Q0.1 = (I0.2 + I0.3)\overline{I0.4}$

网络段 1：当输入点 I0.0 有效（I0.0 ＝ 1 态）、I0.1 无效（$\overline{I0.1}$ ＝ 1 态）时，线圈 M0.0 通电（内部标志位 M0.0 置 1），其常开触点闭合自锁，即使 I0.0 复位无效（I0.0 ＝ 0 态），M0.0 线圈仍然维持导电。M0.0 线圈断电的条件是常闭触点 I0.1 打开（$\overline{I0.1}$ ＝ 0），M0.0

自锁回路打开，线圈断电。

网络段 2：当输入点 I0.2 或 I0.3 有效、I0.4 无效时，满足网络段 2 的逻辑关系，输出线圈 Q0.1 通电（Q0.1 置 1）。

2. 编程相关问题

（1）I/O 端点的分配方法。每一个传感器或开关输入对应一个 PLC 确定的输入点，每一个负载对应一个 PLC 确定的输出点。外部按钮（包括启动和停车）一般用常开触点。

（2）输出继电器的使用方法。PLC 在写输出阶段要将输出映像寄存器的内容送至输出点 Q，继电器输出继电器的触点动作。当输出端不带负载时，控制线圈应使用内部继电器 M 或其他寄存器，尽可能不要使用输出继电器 Q。

（3）梯形图程序绘制方法。梯形图程序是利用 STEP7 编程软件在梯形图区按照自左而右、自上而下的原则绘制的。为提高 PLC 的运行速度，触点的并联网络多连在左侧母线，线圈位于最右侧。

（4）梯形图网络段结构。梯形图网络段的结构是软件系统为程序注释和编译附加的。双击网络题目区，可以在弹出的对话框中填写程序段注释。网络段结构不增加程序长度，并且软件的编译结果可以明确指出程序错误语句所在的网络段，清晰的网络结构有利于程序的调试。正确的使用网络段，有利于程序的结构化设计，使程序简明易懂。

3. STL 指令对较复杂梯形图的描述方法

在较复杂梯形图的逻辑电路图中，梯形图无特殊指令，绘制非常简单，但触点的串、并联关系不能全部用简单的与、或、非逻辑关系描述。语句表指令系统中设计了电路块的"与"操作和"或"操作指令（电路块是指以 LD 为起始的触点串、并联网络），以及栈操作指令。下面对这类指令加以说明。

（1）块的"或"操作指令格式：

　　　　OLD（无操作元件）

【例 5.2】　块的"或"操作示例，其程序如图 5－2 所示。

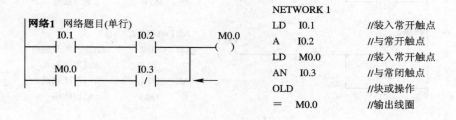

图 5－2　例 5.2 程序

块的"或"操作是将梯形图中以 LD 起始的电路块与另一个以 LD 起始的电路块并联起来。

（2）块的"与"操作指令格式：

　　　　ALD（无操作元件）

【例 5.3】　块的"与"操作示例，其程序如图 5－3 所示。

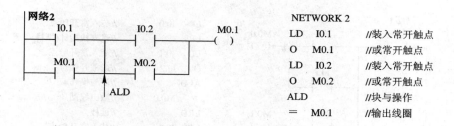

图 5 - 3 例 5.3 程序

块的"与"操作是将梯形图中以 LD 起始的电路块与另一个以 LD 起始的电路块串联起来。

（3）栈操作指令。LD 装载指令是从梯形图最左侧母线画起的，如果要生成一条分支的母线，则需要利用语句表的栈操作指令来描述。

栈操作语句表指令格式：

  LPS(无操作元件)；(Logic Push)逻辑堆栈操作指令

  LRD(无操作元件)；(Logic Read)逻辑读栈指令

  LPP(无操作元件)；(Logic Pop)逻辑弹栈指令

S7-200 采用模拟栈结构来存放逻辑运算结果以及断点地址，所以其操作又称为逻辑栈操作。在此，仅讨论断点保护功能的栈操作概念。

堆栈操作时将断点的地址压入栈区，栈区内容自动下移（栈底内容丢失）。读栈操作时将存储器栈区顶部的内容读入程序的地址指针寄存器，栈区内容保持不变。弹栈操作时，栈的内容依次按照后进先出的原则弹出，将栈顶内容弹入程序的地址指针寄存器，栈的内容依次上移。栈操作指令对栈区的影响见图 5 - 4，图中，iv. x 表示存储在存储器栈区某个程序断点的地址。

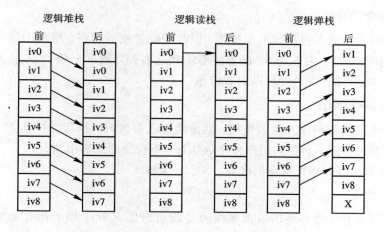

图 5 - 4   LPS、LPD、LPP 指令的操作过程

逻辑堆栈指令（LPS）可以嵌套使用，最多为 9 层。为保证程序地址指针不发生错误，堆栈和弹栈指令必须成对使用，最后一次读栈操作应使用弹栈指令。

【例 5.4】 栈操作指令应用程序，其程序如图 5 - 5 所示。

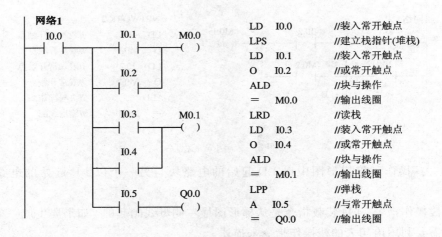

网络1				
LD	I0.0	//装入常开触点		

图 5-5 栈操作指令应用程序段

5.1.2 取非和空操作指令

取非和空操作指令格式见表5-2。

表5-2 取非和空操作指令格式

LAD	STL	功　能
─┤NOT├─	NOT	取非
N NOP	NOP N	空操作指令

1. 取非指令（NOT）

取非指令可对存储器位进行取非操作，以改变能量流的状态。梯形图指令用触点形式表示：触点左侧为1时，右侧为0，能量流不能到达右侧，输出无效；反之，触点左侧为0时，右侧为1，能量流可以通过触点向右传递。

2. 空操作指令（NOP）

空操作指令起增加程序容量的作用。当使能输入有效时，执行空操作指令，将可稍微延长扫描周期长度，但不会影响用户程序的执行，不会使能流输出断开。

操作数N为执行空操作指令的次数，N＝0～255。

3. AENO 指令

梯形图的指令盒指令右侧的输出连线为使能输出端ENO，用于指令盒或输出线圈的串联（与逻辑），不串联元件时，可作为指令行的结束。

AENO指令（And ENO）的作用是和前面的指令盒输出端ENO相与。AENO指令只能在语句表中使用。

STL指令格式：

　　AENO（无操作数）

【例5.5】 取非指令和空操作指令应用举例，如图5-6所示。

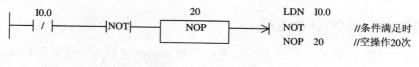

图5-6 例5.5程序

5.1.3 置位、复位指令

普通线圈获得能量流时线圈通电（存储器位置1），能量流不能到达时线圈断电（存储器位置0）。梯形图利用线圈通、断电来描述存储器位的置位、复位操作。置位、复位指令则是将线圈设计成置位线圈和复位线圈两大部分，将存储器的置位、复位功能分离开来。置位线圈受到脉冲前沿触发时，线圈通电锁存（存储器位置1），复位线圈受到脉冲前沿触发时，线圈断电锁存（存储器位置0），下次置位、复位操作信号到来前，线圈状态保持不变（自锁功能）。为了增强指令的功能，置位、复位指令将置位和复位的位数扩展为N位。其指令格式见表5-3。

表5-3 置位、复位指令格式

LAD	STL	功　能
S-bit —(S)— N　　S-bit —(R)— N	S　S-BIT，N R　S-BIT，N	从起始位（S-BIT）开始的N个元件置1 从起始位（S-BIT）开始的N个元件清0

操作数S-BIT的类型：BIT、S-BIT，位数N寻址范围见附录C。

执行置位（置1）、复位（置0）指令时，从操作数的直接位地址（Bit）或输出状态表（OUT）指定的地址参数开始的N个点（最多255个）都被置位、复位。当置位、复位输入同时有效时，复位优先。

【例5.6】 置位、复位指令的应用实例，其程序如图5.7所示。

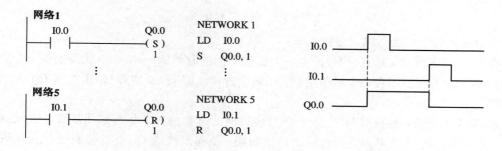

图5-7 例5.6程序

编程时，置位、复位线圈之间间隔的网络个数不限。置位、复位线圈通常成对使用，也可以单独使用或与指令盒配合使用。

5.1.4 边沿触发指令（脉冲生成）

边沿触发是指用边沿触发信号产生一个机器周期的扫描脉冲，通常用作脉冲整形。边沿触发指令分为正跳变触发（上升沿）和负跳变触发（下降沿）两大类。正跳变触发指输入脉冲的上升沿，使触点 ON 一个扫描周期。负跳变触发指输入脉冲的下降沿，使触点 ON 一个扫描周期。边沿触发指令格式见表 5-4。

表 5-4　边沿触发（脉冲形成）指令格式

LAD	STL	功能及注释
─┤ P ├─	EU（Edge Up）	正跳变，无操作元件
─┤ N ├─	ED（Edge Down）	负跳变，无操作元件

【例 5.7】　边沿触发程序示例，其程序如图 5-8 所示。

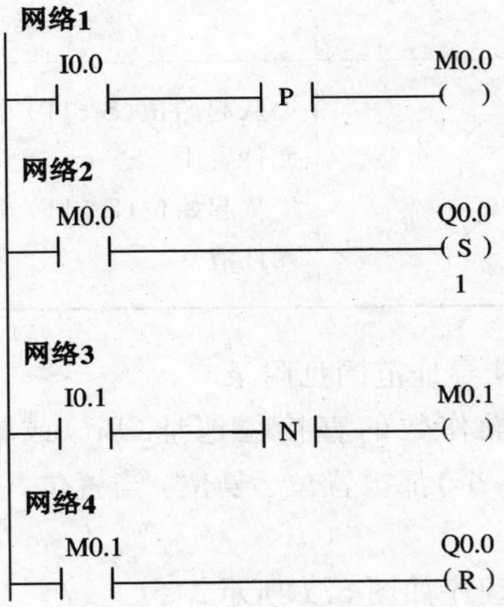

```
网络1
   I0.0                    M0.0        NETWORK 1
  ─┤ ├──────────┤ P ├──────( )         LD    I0.0        //装入常开触点
                                       EU                //正跳变
网络2                                   =     M0.0        //输出
   M0.0                    Q0.0
  ─┤ ├──────────────────( S )          NETWORK 2
                           1           LD    M0.0        //装入
                                       S     Q0.0, 1     //输出置位
网络3
   I0.1                    M0.1        NETWORK 3
  ─┤ ├──────────┤ N ├──────( )         LD    I0.1        //装入
                                       ED                //负跳变
网络4                                   =     M0.1        //输出
   M0.1                    Q0.0
  ─┤ ├──────────────────( R )          NETWORK 4
                                       LD    M0.1        //装入
                                       R     Q0.0, 1     //输出复位
```

图 5-8　例 5.7 程序

边沿触发程序的运行结果分析如下：

在 I0.0 的上升沿，触点（EU）产生一个扫描周期的时钟脉冲，M0.0 线圈通电一个扫描周期，M0.0 常开触点闭合一个扫描周期，使输出置位线圈 Q0.0 有效（输出线圈 Q0.0＝1），并保持。

在 I0.1 下降沿，触点（ED）产生一个扫描周期的时钟脉冲，驱动输出线圈 M0.1 通电一个扫描周期，M0.1 常开触点闭合一个扫描周期，使输出线圈 Q0.0 复位有效（Q0.0＝0），并保持。

该示例的时序分析见图 5-9。

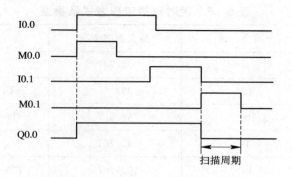

图 5-9　边沿触发示例的时序分析

5.1.5　定时器指令

S7-200 系列 PLC 的定时器为增量型定时器，用于实现时间控制，可以按照工作方式和时间基准（时基）进行分类。时间基准又称为定时精度和分辨率。

1. 工作方式

按照工作方式，定时器可分为通电延时型（TON）、有记忆的通电延时型（保持型）（TONR）和断电延时型（TOF）三种类型。

2. 时基标准

按照时基标准，定时器可分为 1 ms、10 ms 和 100 ms 三种类型。对于不同的时基标准，定时精度、定时范围和定时器的刷新方式不同。

（1）定时精度。定时器的工作原理是：使能输入有效后，寄存器对 PLC 内部的时基脉冲进行增 1 计数，最小计时单位为时基脉冲的宽度。故时间基准代表着定时器的定时精度，又称分辨率。

（2）定时范围。使能输入有效后，寄存器对时基脉冲进行递增计数，当计数值大于或等于定时器的预置值后，状态位置 1。从定时器输入有效，到状态位输出有效经过的时间为定时时间，即定时时间 T＝时基 * 预置值，时基越大，定时时间越长，但精度越差。

（3）定时器的刷新方式有以下几种：

1 ms 定时器：每隔 1 ms 定时器刷新一次。定时器刷新与扫描周期和程序处理无关。扫描周期较长时，定时器一个周期内可能多次被刷新（多次改变当前值）。

10 ms 定时器：在每个扫描周期开始时刷新。在每个扫描周期之内，当前值不变。如果定时器的输出与复位操作时间间隔很短，那么调节定时器指令盒与输出触点在网络段中位置是必要的。

100 ms 定时器：使定时器指令执行时被刷新，下一条执行的指令即可使用刷新后的结果，非常符合正常思维，使用方便可靠。但应当注意，如果该定时器的指令不是每个周期都执行（比如条件跳转时），那么定时器就不能及时刷新，可能会导致出错。

CPU 22X 系列 PLC 的 256 个定时器分属 TON（TOF）和 TONR 工作方式，具有三种时基标准。TOF 与 TON 共享同一组定时器，不能重复使用。其详细分类方法及定时范围见表 5-5。

表 5 – 5　定时器的工作方式及类型

工作方式	分辨率/ms	最大当前值/s	定时器号
TONR	1	32.767	T0，T64
	10	327.67	T1～T4，T65～T68
	100	3276.7	T5～T31，T69～T95
TON/TOF	1	32.767	T32，T96
	10	327.67	T33～T36，T97～T100
	100	3276.7	T37～T63，T101～T255

使用定时器时应参照表 5 – 5 的时基标准和工作方式合理选择定时器编号，同时要考虑刷新方式对程序执行的影响。

3. 定时器指令格式

定时器指令格式见表 5 – 6。

表 5 – 6　定时器指令格式

LAD	STL	功能及注释
???? IN　　TON ????—PT	TON	通电延时型
???? IN　　TONR ????—PT	TONR	有记忆通电延时型
???? IN　　TOF ????—PT	TOF	断电延时型

表 5 – 6 中，IN 为使能输入端；编程范围为 T0～T255；PT 是预置值输入端，最大预置值为 32 767，其数据类型为 INT。PT 的寻址范围见附录 C。

4. 工作原理分析

下面从原理、应用等方面，分别叙述通电延时型（TON）、有记忆通电延时型（TONR）和断电延时型（TOF）这三类定时器的使用方法。

（1）通电延时型（TON）。使能端（IN）输入有效时，定时器开始计时，当前值从 0 开始递增，大于或等于预置值 PT 时，定时器输出状态位置 1（输出触点有效），当前值的最大值为 32 767。使能端无效（断开）时，定时器复位，当前值清零，输出状态位置 0。

【例 5.8】 通电延时型定时器的应用程序及运行时序分析见图 5 - 10。

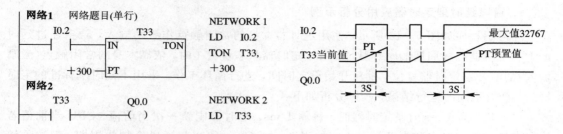

图 5 - 10　通电延时型定时器的应用程序及运行时序分析

（2）有记忆通电延时型（TONR）。使能端（IN）输入有效时（接通），定时器开始计时，当前值递增，当当前值大于或等于预置值 PT 时，输出状态位置 1。使能端输入无效（断开）时，当前值保持（记忆），使能端 IN 再次接通有效时，在原记忆值的基础上递增计时。有记忆通电延时型（TONR）定时器采用线圈的复位指令 R 进行复位操作，当复位线圈有效时，定时器当前值清零，输出状态位置 0。

【例 5.9】 有记忆通电延时型定时器的应用程序及运行时序分析如图 5 - 11 所示。

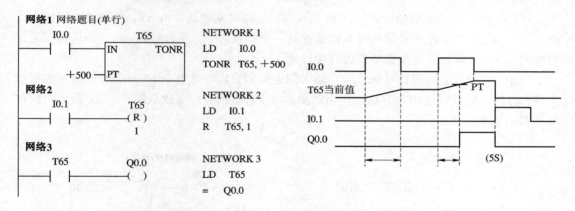

图 5 - 11　有记忆通电延时型定时器的应用程序及运行时序分析

（3）断电延时型（TOF）。使能端 IN 输入有效时，定时器输出状态位立即置 1，当前值复位（为 0）。使能端 IN 断开时，开始计时，当前值从 0 递增，当当前值达到预置值时，定时器状态位复位置 0，并停止计时，当前值保持。

【例 5.10】 断电延时型定时器的应用程序及运行时序分析见图 5 - 12。

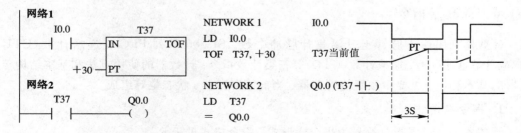

图 5 - 12　断电延时型定时器的应用程序及运行时序分析

5. 通电延时型定时器应用分析示例

梯形图程序如图 5 - 13 所示，使用定时器本身的常闭触点作激励输入，希望经过延时产生一个机器扫描周期的时钟脉冲输出。定时器状态位置 1 时，依靠本身的常闭触点(激励输入)的断开使定时器复位，重新开始设定时间，进行循环工作。采用不同时基标准的定时器时，会有不同的运行结果，具体分析如下：

(1) T32 为 1 ms 时基定时器时，每隔 1 ms，定时器刷新一次当前值。CPU 当前值若恰好在处理常闭触点和常开触点之间被刷新，则 Q0.0 可以接通一个扫描周期。但这种情况出现的机率很小，一般情况下，不会正好在这时刷新。若在执行其他指令时，定时时间到，1 ms 的定时刷新使定时器输出状态位置位，常闭触点打开，当前值复位，定时器输出状态位立即复位，所以输出线圈 Q0.0 一般不会通电。

(2) 若将图 5 - 13 中的定时器 T32 换成 T33，则时基变为 10 ms，当前值在每个扫描周期开始刷新。计时时间到时，扫描周期开始，定时器输出状态位置位，常闭触点断开，立即将定时器当前值清零，定时器输出状态位复位(为 0)。这样，输出线圈 Q0.0 永远不可能通电(ON)。

(3) 若将图 5 - 13 中的定时器 T32 换成 T37，则时基变为 100 ms，当前指令在执行时刷新。Q0.0 在 T37 计时时间到时准确地接通一个扫描周期，可以输出一个 OFF 时间为定时时间，ON 时间为一个扫描周期的时钟脉冲。

结论：综上所述，用自身触点激励输入的定时器，其时基为 1 ms 和 10 ms 时不能可靠工作，所以一般不宜使用本身触点作为激励输入。若将图 5 - 13 改成图 5 - 14，则无论何种时基都能正常工作。

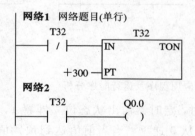

图 5 - 13　自身激励输入

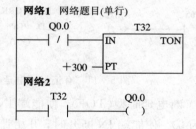

图 5 - 14　非自身激励输入

5.1.6　计数器指令

计数器利用输入脉冲上升沿累计脉冲个数。S7-200 系列 PLC 有递增计数(CTU)、增/减计数(CTUD)、递减计数(CTD)等三类计数指令。计数器的使用方法和基本结构与定时器的基本相同，主要由预置值寄存器、当前值寄存器、状态位等组成。

1. 指令格式

计数器的梯形图指令符号为指令盒形式，指令格式见表 5 - 7。

表 5-7　计数器指令格式

LAD	STL	功　能
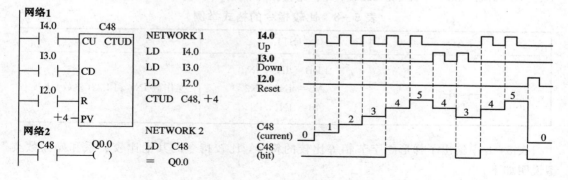（略）	CTU	(Counter Up)增计数器
	CTD	(Counter Down)减计数器
	CTUD	(Counter Up/Down)增/减计数器

梯形图指令符号中：CU 表示增 1 计数脉冲输入端；CD 表示减 1 计数脉冲输入端；R 表示复位脉冲输入端；LD 表示减计数器的复位输入端。编程范围为 C0～C255；PV 预置值最大范围为 32 767；PV 数据类型为 INT(整数)，寻址范围参见附录 C。

2. 工作原理分析

下面从原理、应用等方面，分别叙述增计数指令(CTU)、增/减计数指令 (CTUD)、减计数指令(CTD)这三种类型计数指令的应用方法。

(1) 增计数指令(CTU)。增计数指令在 CU 端输入脉冲上升沿，计数器的当前值增 1 计数。当前值大于或等于预置值 PV 时，计数器状态位置 1。当前值累加的最大值为 32 767。复位输入 R 有效时，计数器状态位复位(置 0)，当前计数值清零。增计数指令的应用可以参考图 5-15 来理解。

(2) 增/减计数指令 (CTUD)。增/减计数器有两个脉冲输入端，其中，CU 端用于递增计数，CD 端用于递减计数。执行增/减计数指令时，CU/CD 端的计数脉冲上升沿增 1/减 1 计数。当前值大于或等于计数器预置值 PV 时，计数器状态位置位。复位输入 R 有效或执行复位指令时，计数器状态位复位，当前值清零。达到计数器最大值 32 767 后，下一个 CU 输入上升沿将使计数值变为最小值(−32 678)。同样，达到最小值(−32 678)后，下一个 CD 输入上升沿将使计数值变为最大值(32 767)。

【例 5.11】　增/减计数指令应用程序段及运行时序分析如图 5-15 所示。

图 5-15　增/减计数指令应用程序段及运行时序分析

(3) 减计数指令(CTD)。复位输入(LD)有效时，计数器把预置值 PV 装入当前值存储器，计数器状态位复位(置 0)。在 CD 端每一个输入脉冲上升沿，减计数器的当前值从预置值开始递减计数。当前值等于 0 时,计数器状态位置位(置 1),停止计数。

【例 5.12】 减计数指令应用程序段及运行时序分析如图 5-16 所示。

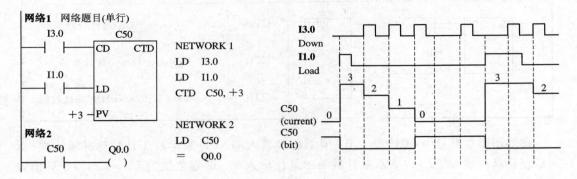

图 5-16 减计数指令应用程序段及运行时序分析

程序运行分析:减计数器在计数脉冲 I3.0 的上升沿减 1 计数,当前值从预置值开始减至 0 时,定时器输出状态位置 1,Q0.0 通电(置 1)。在复位脉冲 I1.0 的上升沿,定时器状态位置 0(复位),当前值等于预置值,为下次计数工作做好准备。

5.1.7 比较指令

比较指令用于两个操作数按一定条件进行比较。操作数可以是整数,也可以是实数(浮点数)。在梯形图中用带参数和运算符的触点表示比较指令,比较条件满足时,触点闭合,否则打开。梯形图程序中,比较触点可以装入,也可以串、并联。

1. 指令格式

比较指令有整数和实数两种数据类型的比较。整数类型的比较指令包括无符号数的字节比较,有符号数的整数比较、双字比较。整数比较的数据范围为 16♯8000~16♯7FFF,双字比较的数据范围为 16♯80000000~16♯7FFFFFFF。实数(32 位浮点数)比较的数据范围:负实数的比较范围为 $-1.175\ 495\text{E}-38 \sim -3.402\ 823\text{E}+38$,正实数的比较范围为 $+1.175\ 495\text{E}-38 \sim +3.402\ 823\text{E}+38$。比较指令的格式如表 5-8 所示。

表 5-8 比较指令的格式举例

LAD	STL	功 能
IN1 —∣==B∣— **IN2**	LDB= IN1,IN2 AB= IN1,IN2 OB= IN1,IN2	操作数 IN1 和 IN2(整数)比较

表 5-8 中给出了梯形图字节相等比较的符号,比较指令的其他比较关系和操作数类型说明如下:

比较运算符:==、<=、>=、<、>、<>。

操作数类型:字节比较 B(Byte)(无符号整数);

整数比较 I(Int)/W(Word)(有符号整数);

双字比较 D(Double Int/Word)(有符号整数);

实数比较 R(Real)(有符号双字浮点数)。

不同的操作数类型和比较运算关系,可分别构成各种字节、字、双字和实数比较运算指令。IN1、IN2 的操作数寻址范围见附录 C。

2. 比较指令程序设计举例

【例 5.13】 整数(16 位有符号整数)比较指令应用的分析,程序如图 5-17 所示。

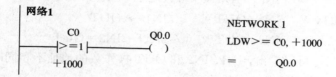

图 5-17 比较指令应用程序

图 5-17 中,计数器 C0 的当前值大于或等于 1000 时,输出线圈 Q0.0 通电。

5.2 算术、逻辑运算指令

S7-200 系列 PLC 除具有基本逻辑处理功能以外,还具有算术运算和逻辑运算功能。算术运算包括加、减、乘、除运算和常用的数学函数变换。逻辑运算包括逻辑与、或指令和取反指令等。

5.2.1 算术运算指令

1. 加/减运算

加/减运算指令是对符号数的加/减运算操作,包括整数加/减运算、双整数加/减运算和实数加/减运算。

梯形图加/减运算指令采用指令盒格式,指令盒由指令类型、使能端 EN、操作数 IN1、IN2 输入端、运算结果输出端 OUT、逻辑结果输出端 ENO 等组成。

(1)加/减运算指令格式。6 种加/减运算指令的梯形图指令格式如表 5-9 所示。

表 5-9 加/减运算指令格式及功能

LD			功　　能
ADD_I EN　ENO ????-IN1　OUT-???? ????-IN2	ADD_DI EN　ENO ????-IN1　OUT-???? ????-IN2	ADD_R EN　ENO ????-IN1　OUT-???? ????-IN2	IN1+IN2=OUT
SUB_I EN　ENO ????-IN1　OUT-???? ????-IN2	SUB_DI EN　ENO ????-IN1　OUT-???? ????-IN2	SUB_R EN　ENO ????-IN1　OUT-???? ????-IN2	IN1-IN2=OUT

加/减运算指令操作数类型:INT、DINT、REAL。IN1、IN2、OUT 操作数寻址范围见附录 C。

(2) 指令类型和运算关系。

① 整数加/减运算（ADD I/SUB I）：使能端 EN 输入有效时，将两个单字长（16 位）符号整数 IN1 和 IN2 相加/减，然后将运算结果从 OUT 指定的存储器单元输出。

STL 运算指令及运算结果：

整数加法：MOVW   IN1，OUT   //IN1 → OUT
　　　　　+I   IN2，OUT   //OUT+IN2=OUT
整数减法：MOVW   IN1，OUT   //IN1 → OUT
　　　　　−I   IN2，OUT   //OUT−IN2=OUT

从 STL 运算指令可以看出，IN1、IN2 和 OUT 操作数的地址不相同时，语句表指令将 LAD 的加/减运算分别用两条指令描述。

IN1 或 IN2=OUT 时的整数加法：

　　　　　+I   IN2，OUT   //OUT+IN2=OUT

IN1 或 IN2=OUT 时，加法指令节省一条数据传送指令，本规律适用于所有算术运算指令。

② 双整数加/减运算（ADD DI/SUB DI）：使能端 EN 输入有效时，将两个字长（32 位）符号整数 IN1 和 IN2 相加/减，运算结果从 OUT 指定的存储器单元输出。

STL 运算指令及运算结果：

双整数加法：MOVD   IN1 OUT   //IN1 → OUT
　　　　　　+D   IN2 OUT   //OUT+IN2=OUT
双整数减法：MOVD   IN1 OUT   //IN1 → OUT
　　　　　　−D   IN2 OUT   //OUT−IN2=OUT

③ 实数加/减运算（ADD R/SUB R）：使能端 EN 输入有效时，将两个字长（32 位）的有符号实数 IN1 和 IN2 相加/减，运算结果从 OUT 指定的存储器单元输出。

LAD 运算结果：IN1±IN2=OUT

STL 运算指令及运算结果：

实数加法：MOVR   IN1 OUT   //IN1 → OUT
　　　　　+R   IN2 OUT   //OUT+IN2=OUT
实数减法：MOVR   IN1 OUT   //IN1 → OUT
　　　　　−R   IN2 OUT   //OUT−IN2=OUT

(3) 加/减运算的 IN1、IN2、OUT 操作数的数据类型为 INT（整型）、DINT（双整）、REAL（实数），寻址范围参见附录 C。

(4) 对标志位的影响。算术运算指令影响特殊标志的算术状态位 SM1.0～SM1.3，并建立指令盒能量流输出 ENO。

① 算术状态位（特殊标志位）：SM1.0（零），SM1.1（溢出），SM1.2（负）。

SM1.1 用来指示溢出错误和非法值。如果 SM1.1 置位，则 SM1.0 和 SM1.2 的状态无效，原始操作数不变。如果 SM1.1 不置位，则 SM1.0 和 SM1.2 的状态反映算术运算的结果。

② ENO（能量流输出位）：当输入使能 EN 有效，运算结果无错时，ENO=1，否则 ENO=0（出错或无效）。使能流输出 ENO 断开的出错条件是：SM1.1=1（溢出），0006（间

接寻址），SM4.3（运行时间）。

（5）加法运算应用举例。

【例 5.14】 求 2000 加 100 的和，2000 在数据存储器 VW100 中，结果存入 VW200。
程序如图 5－18。

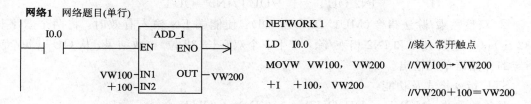

网络1 网络题目(单行)

NETWORK 1

LD　I0.0　　　　//装入常开触点

MOVW　VW100，VW200　　//VW100→ VW200

＋I　＋100，VW200　　//VW200＋100＝VW200

图 5－18　加法运算指令的应用程序

2. 乘/除运算

乘/除运算是对符号数的乘法运算和除法运算，包括有整数乘/除运算、双整数乘/除
运算、整数乘/除双整数运算和实数乘/除运算等。

（1）乘/除运算指令格式。

乘/除运算指令的格式及功能见表 5－10。

表 5－10　乘/除运算指令的格式及功能

LAD	功能
MUL_I　MUL_DI　MUL　MUL_R	乘法运算
DIV_I　DIV_DI　DIV　DIV_R	除法运算

乘/除运算指令采用同加/减运算指令相类似的指令盒指令格式。指令分为整数乘/除
运算，双整数乘/除运算，整数乘/除双整数输出，实数乘/除运算等八种类型。

LAD 指令执行的结果：乘法 IN1 ＊ IN2＝OUT

除法 IN1/IN2＝OUT

（2）指令功能分析。

① 整数乘/除法指令（MUL I/DIV I）：使能端 EN 输入有效时，将两个单字长（16 位）
符号整数 IN1 和 IN2 相乘/除，产生一个单字长（16 位）整数结果，从 OUT（积/商）指定的
存储器单元输出。

STL 指令格式及功能：

整数乘法：MOVW   IN1 OUT   //IN1 → OUT

       * I   IN2 OUT   //OUT * IN2＝OUT

整数除法：MOVW   IN1 OUT   //IN1 → OUT

       /I   IN2 OUT   //OUT/IN2＝OUT

② 双整数乘/除法指令（MUL DI/DIV DI）：使能端 EN 输入有效时，将两个双字长（32 位）符号整数 IN1 和 IN2 相乘/除，产生一个双字长（32 位）整数结果，从 OUT（积/商）指定的存储器单元输出。

STL 指令格式及功能：

双整数乘法：MOVD   IN1 OUT   //IN1 → OUT

       * D   IN2 OUT   //OUT * IN2＝OUT

双整数除法：MOVD   IN1 OUT   //IN1 → OUT

       /D   IN2 OUT   //OUT/IN2＝OUT

③ 整数乘/除双整数指令（MUL/DIV）：使能端 EN 输入有效时，将两个单字长（16 位）符号整数 IN1 和 IN2 相乘/除，产生一个双字长（32 位）整数结果，从 OUT（积/商）指定的存储器单元输出。整数除法产生的 32 位结果中，低 16 位是商，高 16 位是余数。

STL 指令格式及功能：

整数乘法产生双整数：MOVW   IN1 OUT   //IN1 → OUT

           MUL   IN2 OUT   //OUT * IN2＝OUT

整数除法产生双整数：MOVW   IN1 OUT   //IN1 → OUT

           DIV   IN2 OUT   //OUT/IN2＝OUT

④ 实数乘/除法指令：使能端 EN 输入有效时，将两个双字长（32 位）符号整数 IN1 和 IN2 相乘/除，产生一个双字长（32 位）整数结果，从 OUT（积/商）指定的存储器单元输出。

STL 指令格式及功能：

实数乘法：MOVR   IN1 OUT   //IN1 → OUT

       * R   IN2 OUT   //OUT * IN2＝OUT

实数除法：MOVR   IN1 OUT   //IN1 → OUT

       /R   IN2 OUT   //OUT/IN2＝OUT

（3）操作数寻址范围。IN1、IN2、OUT 操作数的数据类型根据乘/除法运算指令功能可分为 INT/WORD、DINT、REAL。IN1、IN2、OUT 操作数的寻址范围参见附录 C。

（4）乘/除运算对标志位的影响。

① 算术状态位（特殊标志位）。乘/除运算指令执行的结果影响特殊存储器位：SM1.0（零），SM1.1（溢出），SM1.2（负），SM1.3（被 0 除）。

若乘法运算过程中 SM1.1（溢出）被置位，就不写输出，并且所有其他的算术状态位置为 0。（整数乘法（MUL）产生双整数指令输出时不会产生溢出）。

如果除法运算过程中 SM1.3 置位（被 0 除），则其他的算术状态位保留不变，原始输入操作数不变。若 SM1.3 不被置位，则所有有关的算术状态位都是算术操作的有效状态。

② 使能流输出 ENO＝0 断开的出错条件是：SM1.1（溢出），SM4.3（运行时间），0006（间接寻址）。

【例 5.15】 乘/除法指令的应用，程序如图 5-19 所示。

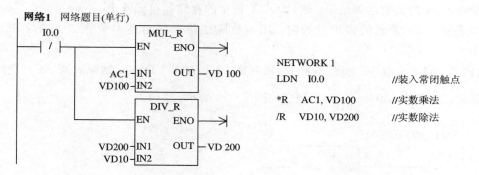

网络1 网络题目(单行)

NETWORK 1
LDN   I0.0   //装入常闭触点
*R   AC1, VD100   //实数乘法
/R   VD10, VD200   //实数除法

运行结果：

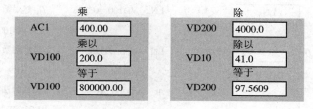

乘	
AC1	400.00
乘以	
VD100	200.0
等于	
VD100	800000.00

除	
VD200	4000.0
除以	
VD10	41.0
等于	
VD200	97.5609

图 5-19 乘/除法指令的应用程序

5.2.2 数学函数变换指令

数学函数变换指令包括平方根、自然对数、指数、三角函数等几个常用的函数指令。

1. 平方根/自然对数/指数指令

平方根/自然对数/指数指令的格式及功能见表 5-11。

表 5-11 平方根/自然对数/指数指令的格式及功能

LAD	STL	功　　能
SQRT（EN ENO, ????-IN OUT-????）	SQRT IN, OUT	求 IN 的平方根指令 SQRT(IN)=OUT
LN（EN ENO, ????-IN OUT-????）	LN IN, OUT	求 IN 的自然对数指令 LN(IN)=OUT
EXP（EN ENO, ????-IN OUT-????）	EXP IN, OUT	求 IN 的指数指令 EXP(IN)=OUT

（1）平方根指令（SQRT）。平方根指令是把一个双字长（32 位）的实数 IN 开方，得到 32 位的实数运算结果，通过 OUT 指定的存储器单元输出。

（2）自然对数（LN）。自然对数指令将输入的一个双字长（32位）实数 IN 的值取自然对数，得到 32 位的实数运算结果，通过 OUT 指定的存储器单元输出。

当求解以 10 为底的常用对数时，用实数除法指令将自然对数除以 2.302 585 即可（LN $10 \approx 2.302\ 585$）。

【例 5.16】 求以 10 为底 150 的常用对数，150 存于 VD100，结果放到 AC1（应用对数的换底公式求解 $\lg 150 = \dfrac{\ln 150}{\ln 10}$）。程序如图 5-20 所示。

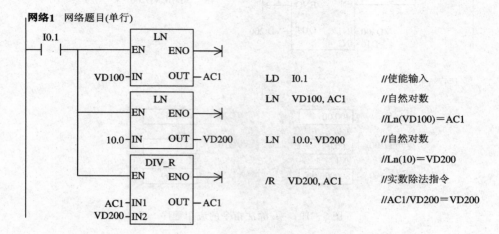

图 5-20 对数指令的应用程序

（3）指数指令（EXP）。指数指令将一个双字长（32位）实数 IN 的值取以 e 为底的指数，得到 32 位的实数运算结果，通过 OUT 指定的存储器单元输出。

该指令可与自然对数指令相配合，完成以任意数为底，任意数为指数的计算。可以利用指数函数求解任意函数的 x 次方（$y^x = e^{x \ln y}$）。

例如：7 的 4 次方 $= \text{EXP}(4 * \text{LN}(7)) = 2401$

8 的 3 次方根 $= 8^{\wedge}(1/3) = \text{EXP}(\text{LN}(8) * 1/3) = 2$

2. 三角函数

三角函数运算指令包括正弦（SIN）、余弦（COS）和正切（TAN）三角函数指令。三角函数指令运行时把一个双字长（32位）的实数弧度值 IN 取正弦/余弦/正切，得到 32 位的实数运算结果，通过 OUT 指定的存储器单元输出。三角函数运算指令的格式见表 5-12。

表 5-12 三角函数指令的格式

LAD			STL	功　能
SIN［EN ENO ???? IN OUT ????］	COS［EN ENO ???? IN OUT ????］	TAN［EN ENO ???? IN OUT ????］	SIN IN, OUT COS IN, OUT TAN IN, OUT	SIN(IN)＝OUT COS(IN)＝OUT TAN(IN)＝OUT

【例 5.17】 求 65° 的正切值，其程序如图 5-21 所示。

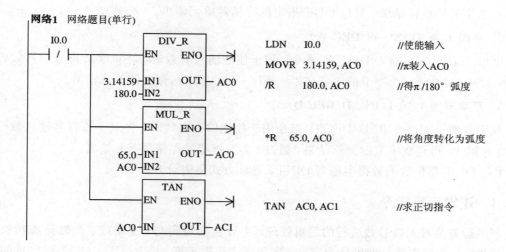

图 5 - 21　三角函数指令的应用程序

3. 数学函数变换指令对标志位的影响及操作数的寻址范围

(1) 平方根/自然对数/指数/三角函数运算指令执行的结果影响特殊存储器位：SM1.0（零），SM1.1（溢出），SM1.2（负），SM1.3（被 0 除）。

(2) 使能流输出 ENO＝0 的错误条件是：SM1.1（溢出），SM4.3（运行时间），0006（间接寻址）。

(3) IN、OUT 操作数的数据类型为 REAL，寻址范围见附录 C。

5.2.3　增 1/减 1 计数

增 1/减 1 计数器用于自增、自减操作，以实现累加计数和循环控制等程序的编制。其梯形图为指令盒格式。增 1/减 1 指令操作数长度可以是字节（无符号数）、字或双字（有符号数）。IN 和 OUT 操作数寻址范围见附录 C。指令格式见表 5 - 13。

表 5 - 13　增 1/减 1 计数指令（字节操作）的格式和功能

LAD	功　　能
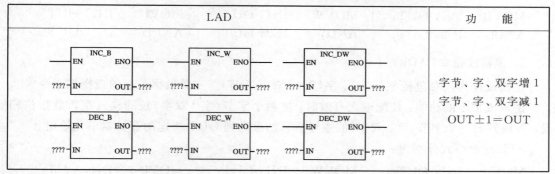	字节、字、双字增 1 字节、字、双字减 1 OUT±1＝OUT

1. 字节增 1/减 1（INC B/DEC B）

字节增 1 指令（INC B），用于使能输入有效时，把一个字节的无符号输入数 IN 加 1，得到一个字节的运算结果，通过 OUT 指定的存储器单元输出。

字节减 1 指令（DEC B），用于使能输入有效时，把一个字节的无符号输入数 IN 减 1，得到一个字节的运算结果，通过 OUT 指定的存储器单元输出。

2. 字增 1/减 1（INC W/DEC W）

字增 1（INC W）/减 1（DEC W）指令，用于使能输入有效时，将单字长符号输入数（IN端）加 1/减 1，得到一个字节的运算结果，通过 OUT 指定的存储器单元输出。

3. 双字节增 1/减 1（INC D/DEC D）

双字节增 1/减 1（INC D/DEC D）指令用于使能输入有效时，将双字长符号输入数（IN端）加 1/减 1，得到双字节的运算结果，通过 OUT 指定的存储器单元输出。

IN、OUT 操作数的数据类型为 DINT，寻址方式见附录 C。

5.2.4 逻辑运算指令

逻辑运算是对无符号数进行的逻辑处理，主要包括逻辑与、逻辑或、逻辑异或和取反等运算指令。按操作数长度可分为字节、字和双字逻辑运算。IN1、IN2、OUT 操作数的数据类型为 B、W、DW，寻址范围见附录 C。字操作逻辑运算指令的格式和功能见表 5-14。

表 5-14　逻辑运算指令的格式和功能（字节操作）

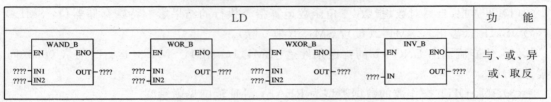

1. 逻辑与指令（WAND）

逻辑与操作指令包括字节（B）、字（W）、双字（DW）等三种数据长度的与操作指令。

逻辑与指令功能：使能输入有效时，把两个字节（字、双字）长的输入逻辑数按位相与，将得到的一个字节（字、双字）的逻辑运算结果送到 OUT 指定的存储器单元输出。

STL 指令格式分别为：

MOVB　IN1，OUT；	MOVW　IN1，OUT；	MOVD　IN1，OUT
ANDB　IN2，OUT；	ANDW　IN2，OUT；	ANDD　IN2，OUT

2. 逻辑或指令（WOR）

逻辑或操作指令包括字节（B）、字（W）、双字（DW）等三种数据长度的或操作指令。

逻辑或指令的功能：使能输入有效时，把两个字节（字、双字）长的输入逻辑数按位相或，将得到的一个字节（字、双字）的逻辑运算结果送到 OUT 指定的存储器单元输出。

STL 指令格式分别为：

MOVB　IN1，OUT ；	MOVW　IN1，OUT；	MOVD　IN1，OUT
ORB　　IN2，OUT；	ORW　　IN2，OUT；	ORD　　IN2，OUT

3. 逻辑异或指令（WXOR）

逻辑异或操作指令包括字节（B）、字（W）、双字（DW）等三种数据长度的异或操作指令。

逻辑异或指令的功能：使能输入有效时，把两个字节（字、双字）长的输入逻辑数按位相异或，将得到的一个字节（字、双字）的逻辑运算结果送到 OUT 指定的存储器单元输出。

STL 指令格式分别为：

MOVB	IN1，OUT；	MOVW	IN1，OUT；	MOVD	IN1，OUT
XORB	IN2，OUT；	XORW	IN2，OUT；	XORD	IN2，OUT

4. 取反指令（INV）

取反指令包括字节（B）、字（W）、双字（DW）等三种数据长度的取反操作指令。

取反指令功能：使能输入有效时，将一个字节（字、双字）长的逻辑数按位取反，将得到的一个字节（字、双字）的逻辑运算结果送到 OUT 指定的存储器单元输出。

STL 指令格式分别为：

MOVB	IN1，OUT；	MOVW	IN1，OUT；	MOVD	IN1，OUT
INVB	IN2，OUT ；	INVW	IN2，OUT；	INVD	IN2，OUT

【例 5.18】 字或/双字异或/字求反/字节与操作编程举例。程序见图 5-22。

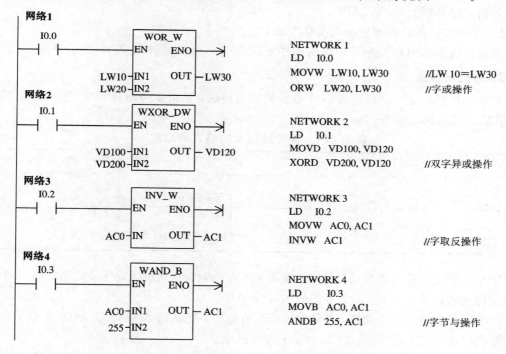

图 5-22　逻辑运算指令的应用程序

5.3　数据处理指令

数据处理指令包括数据的传送指令，交换、填充指令及移位指令等。

5.3.1　数据传送

数据传送类指令有字节、字、双字和实数的单个传送指令，还有以字节、字、双字为单位的数据块的成组传送指令，用来实现各存储器单元之间数据的传送和复制。

1. 单个数据传送

单个数据传送指令一次完成一个字节、字或双字的传送。其指令格式和功能见表 5-15。

表 5-15　传送指令的格式和功能

LAD			STL	功　能
MOV_B EN　ENO ????－IN　OUT－????	MOV_W EN　ENO ????－IN　OUT－????	MOV_DW EN　ENO ????－IN　OUT－????	MOV IN，OUT	IN＝OUT

功能：使能流输入 EN 有效时，把一个输入单字节无符号数、单字长或双字长符号数送到 OUT 指定的存储器单元输出。

数据类型分别为 B、W、DW。

IN、OUT 操作数的寻址方式参见附录 C。

使能流输出 ENO＝0 断开的出错条件是：SM4.3（运行时间），0006（间接寻址）。

2. 数据块传送

数据块传送指令一次可完成 N 个数据的成组传送。其指令类型有字节、字或双字等三种。其格式和功能见表 5-16。

表 5-16　块传送指令的格式和功能

LAD			功　能
BLKMOV_B EN　ENO ????－IN　OUT－???? ????－N	BLKMOV_W EN　ENO ????－IN　OUT－???? ????－N	BLKMOV_D EN　ENO ????－IN　OUT－???? ????－N	字节、字和双字块传送

字节的数据块传送指令功能：使能输入 EN 有效时，把从输入字节 IN 开始的 N 个字节数据传送到以输出字节 OUT 开始的 N 个字节中。

字的数据块传送指令功能：使能输入 EN 有效时，把从输入字 IN 开始的 N 个字的数据传送到以输出字 OUT 开始的 N 个字的存储区中。

双字的数据块传送指令功能：使能输入 EN 有效时，把从输入双字 IN 开始的 N 个双字的数据传送到以输出双字 OUT 开始的 N 个双字的存储区中。

3. 传送指令的数据类型和断开条件

IN、OUT 操作数的数据类型分别为 B、W、DW；N(BYTE)的数据范围为 0～255；N、IN、OUT 操作数的寻址范围见附录 C。

使能流输出 ENO＝0 断开的出错条件是：SM4.3（运行时间），0006（间接寻址），0091（操作数超界）。

【例 5.19】 将变量存储器 VW100 中的内容送到 VW200 中。程序见图 5-23。

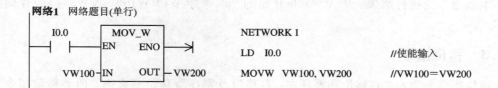

图 5-23 数据传送指令的应用程序

5.3.2 字节交换/填充指令

字节交换/填充指令的格式和功能见表 5-17。

表 5-17 字节交换/填充指令的格式和功能

LAD		STL	功能
SWAP — EN ENO — / — ???? — IN	FILL_N — EN ENO — / — ???? — IN OUT — ???? — ???? — IN	SWAP IN FILL IN，N，OUT	字节交换 字填充

1. 字节交换指令(SWAP)

字节交换指令用来实现字的高、低字节内容交换的功能。

使能输入 EN 有效时,将输入字 IN 的高、低字节交换的结果输出到 OUT 指定的存储器单元。

IN、OUT 操作数的数据类型为 INT(WORD),寻址范围见附录 C。

使能流输出 ENO=0 断开的出错条件是:SM4.3(运行时间),0006(间接寻址)。

2. 字节填充指令(FILL)

字节填充指令用于存储器区域的填充。

使能输入 EN 有效时,用字型输入数据 IN 填充从输出 OUT 指定单元开始的 N 个字存储单元。N(BYTE)的数据范围为 0~255。

IN、OUT 操作数的数据类型为 INT(WORD),N、IN、OUT 操作数的寻址范围见附录 C。

使能流输出 ENO=0 断开的出错条件是:SM4.3(运行时间),0006(间接寻址),0091(操作数超界)。

【例 5.20】 将从 VW100 开始的 256 个字节(128 个字)的存储单元清零。程序见图 5-24。

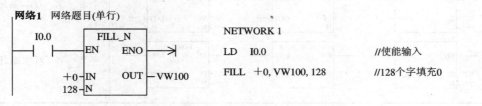

图 5-24 字节填充指令的应用程序

本条指令的执行结果：从 VW100 开始的 256 个字节（VW100～VW354）的存储单元清零。

5.3.3 移位指令

移位指令分为左、右移位和循环左、右移位及寄存器移位三大类。两类移位指令按移位数据的长度又分为字节型、字型、双字型三种。移位指令的最大移位位数 N≤数据类型（B、W、D）对应的位数，移位位数（次数）N 为字节型数据。

1. 左、右移位指令

左、右移位数据存储单元与 SM1.1（溢出）端相连，移出位被放到特殊标志存储器 SM1.1 位。移位数据存储单元的另一端补 0。移位指令的格式和功能见表 5-18。

表 5-18 移位指令的格式和功能

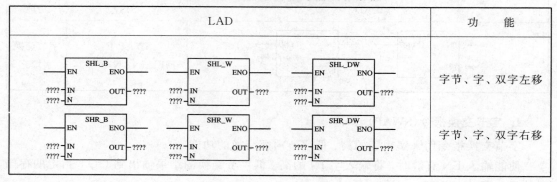

LAD			功　能
			字节、字、双字左移
			字节、字、双字右移

（1）左移位指令（SHL）的功能：使能输入有效时，将输入的字节、字或双字 IN 左移 N 位后（右端补 0），将结果输出到 OUT 所指定的存储单元中，并将最后一次移出位保存在 SM1.1。

（2）右移位指令（SHR）的功能：使能输入有效时，将输入的字节、字或双字 IN 右移 N 位后，将结果输出到 OUT 所指定的存储单元中，并将最后一次移出位保存在 SM1.1。

2. 循环左、右移位

循环移位将移位数据存储单元的首尾相连，同时又与溢出标志 SM1.1 连接，SM1.1 用来存放被移出的位。其指令格式和功能见表 5-19。

表 5-19 循环移位指令格式及功能

LAD			功　能
			字节、字、双字循环左移位
			字节、字、双字循环右移位

（1）循环左移位指令（ROL）的功能：使能输入有效时，将字节、字或双字数据 IN 循环左移 N 位后，将结果输出到 OUT 所指定的存储单元中，并将最后一次移出位送 SM1.1。

（2）循环右移位指令（ROR）的功能：使能输入有效时，字节、字或双字数据 IN 循环右移 N 位后，将结果输出到 OUT 所指定的存储单元中，并将最后一次移出位送 SM1.1。

3. 左右移位及循环移位指令对标志位、ENO 的影响及操作数的寻址范围

移位指令影响的特殊存储器位：SM1.0（零），SM1.1（溢出）。如果移位操作使数据变为 0，则 SM1.0 置位。

使能流输出 ENO＝0 断开的出错条件是：SM4.3（运行时间），0006（间接寻址）。

N、IN、OUT 操作数的数据类型为 B、W、DW，寻址范围参照数据类型查附录 C。

【例 5.21】　将 VD0 右移 2 位送 AC0。程序见图 5－25。

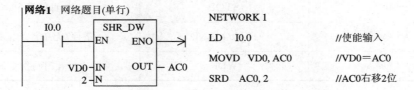

图 5－25　移位指令的应用程序

4. 寄存器移位指令

寄存器移位指令是一个移位长度可指定的移位指令。寄存器移位指令的格式示例见表 5－20。

表 5－20　寄存器移位指令的格式示例

LAD	STL	功　能
SHRB EN　ENO I1.1 – DATA M1.0 – S_BIT +10 – N	SHRB　I1.1，M1.0，＋10	寄存器移位

梯形图中，DATA 为数值输入，指令执行时将该位的值移入移位寄存器；S_BIT 为寄存器的最低位；N 为移位寄存器的长度（1～64）。N 为正值时左移位（由低位到高位），DATA 值从 S_BIT 位移入，移出位进入 SM1.1；N 为负值时右移位（由高位到低位），S_BIT 移出到 SM1.1，另一端补充 DATA 移入位的值。

每次使能有效时，整个移位寄存器移动 1 位。最高位的计算方法：（N 的绝对值－1＋（S_BIT 的位号））/8，余数即是最高位的位号，商与 S_BIT 的字节号之和即是最高位的字节号。

移位指令影响的特殊存储器位：SM1.1（溢出）。

使能流输出 ENO 断开的出错条件是：SM4.3（运行时间），0006（间接寻址），0091（操作数超界），0092（计数区错误）。

5.4 程序控制类指令

程序控制类指令用于程序运行状态的控制，主要包括系统控制、跳转、循环、子程序调用、顺序控制等指令。

5.4.1 系统控制类指令

系统控制类指令主要包括暂停、结束、看门狗等指令，其指令格式和功能见表 5-21。

表 5-21 系统控制类指令的格式和功能

LAD	STL	功　能
——(STOP)	STOP	暂停指令
——(END)	END/MEND	条件/无条件结束指令
——(WDR)	WDR	看门狗指令

1. 暂停指令（STOP）

该指令的功能：使能输入有效时，立即终止程序的执行。指令执行的结果是：CPU 的工作方式由 RUN 切换到 STOP。在中断程序中执行 STOP 指令，该中断立即终止，并且忽略所有挂起的中断，继续扫描程序的剩余部分，在本次扫描的最后，将 CPU 由 RUN 切换到 STOP。

2. 结束指令（END/MEND）

梯形图结束指令直接连在左侧电源母线时，为无条件结束指令（MEND）；未连在左侧母线时，为条件结束指令（END）。

条件结束指令在使能输入有效时，终止用户程序的执行，返回主程序的第一条指令执行（循环扫描工作方式）。

无条件结束指令执行时（指令直接连在左侧母线，无使能输入），立即终止用户程序的执行，返回主程序的第一条指令执行。

结束指令只能在主程序使用，不能用在子程序和中断服务程序。

STEP7-Micro/WIN32 V3.1 SP1 编程软件在主程序的结尾自动生成无条件结束（MEND）指令，用户不得输入无条件结束指令，否则编译时将出错。

3. 看门狗复位指令（WDR）

看门狗定时器有一设定的重启动时间，若程序扫描周期超过 300 ms，最好使用看门狗复位指令重新触发看门狗定时器，可以增加一次扫描时间。

工作原理：使能输入有效时，将看门狗定时器复位。如果没有看门狗，在出现错误的情况下，可以增加一次扫描允许的时间。若使能输入无效，看门狗定时器定时时间到，则程序将中止当前指令的执行，重新启动，返回到第一条指令重新执行。

注意：使用 WDR 指令时，要防止过渡延迟扫描完成时间，否则，在终止本扫描之前，下列操作过程将被禁止(不予执行):通讯(自由端口方式除外)、I/O更新(立即I/O除外)、强制更新、SM更新(SM0,SM5~SM29不能被更新)、运行时间诊断、中断程序中的STOP指令。如果扫描时间超过25 s,那么10 ms和100 ms定时器将不能正确计时。

【例5.22】 暂停(STOP)、条件结束(END)、看门狗指令应用举例。如图5-26所示。

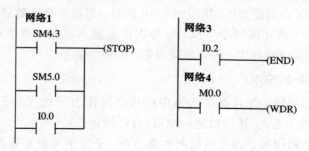

图5-26 暂停、条件结束、看门狗指令应用举例

5.4.2 跳转、循环指令

跳转、循环指令用于程序执行顺序的控制,其指令格式见表5-22。

表5-22 跳转、循环指令格式

LAD	STL	功　能
n —(JMP) n [LBL]	JMP n LBL n	跳转指令 跳转标号
FOR EN　ENO ????—INDX ????—INIT ????—FINAL	FOR IN1, IN2, IN3 NEXT	循环开始 循环返回
SBR_0 EN —(RET)	CALL SBR0 CRET RET	子程序调用 子程序条件返回 自动生成无条件返回

1. 程序跳转指令(JMP)

跳转指令(JMP)和跳转地址标号指令(LBL)配合实现程序的跳转。该指令的功能是:使能输入有效时,使程序跳转到指定标号n处执行(在同一程序内),跳转标号n=0~255;使能输入无效时,程序顺序执行。

2. 循环控制指令(FOR)

程序循环结构用于描述一段程序的重复循环执行。由FOR和NEXT指令构成程序的循环体。FOR指令标记循环的开始,NEXT指令为循环体的结束指令。

FOR指令为指令盒格式,主要参数有使能输入EN,当前值计数器INDX,循环次数初始值 INIT，循环计数终值 FINAL。

该指令的工作原理：使能输入 EN 有效，循环体开始执行，执行到 NEXT 指令时返回，每执行一次循环体，当前计数器 INDX 增 1，达到终值 FINAL 时，循环结束。

例如初始值 FINAL 为 10，使能有效时，执行循环体，同时 INDX 从 1 开始计数，每执行一次循环体，INDX 当前值加 1，执行到第 10 次时，当前值也计数到 10，循环结束。

使能输入无效时，循环体程序不执行。每次使能输入有效，指令自动将各参数复位。FOR/NEXT 指令必须成对使用，循环可以嵌套，最多为 8 层。

3. 子程序调用指令（SBR）

通常将具有特定功能、并且要多次使用的程序段作为子程序。子程序可以多次被调用，也可以嵌套（最多 8 层），还可以递归调用（自己调自己）。

子程序有子程序调用和子程序返回两大类指令。子程序返回又分条件返回和无条件返回。子程序调用指令用在主程序或其他调用子程序的程序中。子程序的无条件返回指令在子程序的最后网络段。梯形图指令系统能够自动生成子程序的无条件返回指令，用户无需输入。

建立子程序的方法：在编程软件的程序数据窗口的下方有主程序（OB1）、子程序（SUB0）、中断服务程序（INT0）的标签，点击子程序标签即可进入 SUB0 子程序显示区。也可以通过指令树的项目进入子程序 SUB0 显示区。添加一个子程序时，可以用编辑菜单的插入项增加一个子程序，子程序编号 n 从 0 开始自动向上生成。

【例 5.23】 循环、跳转及子程序调用指令应用程序如图 5-27 所示。

4. 带参数的子程序调用指令

子程序可能有要传递的参数（变量和数据），这时可以在子程序调用指令中包含相应参数，它们可以在子程序与调用程序之间传送。参数（变量和数据）必须有符号名（最多 8 个字符）、变量和数据类型等内容。子程序最多可传递 6 个参数。传递的参数在子程序局部变量表中定义，如图 5-28 所示。局部变量表中的变量有 IN、OUT、IN/OUT 和 TEMP 等 4 种类型。

IN 类型：将指定位置的参数传入子程序。参数的寻址方式可以是直接寻址（如 VB10）、间接寻址（如 *AC1）、立即数（如 1♯1234）寻址，也可以将数据的地址值传入子程序（&VB100）。

OUT 类型：将子程序的结果值（数据）传入到指定参数位置。常数和地址值不允许作为输出参数。

IN/OUT 类型：将指定位置的参数传入到子程序，从子程序来的结果值被返回到同样的地址。

TEMP 类型：局部存储器只能用作子程序内部的暂时存储器，不能用来传递参数。

局部变量表的数据类型可以是能流、布尔（位）、字节、字、双字、整数、双整数和实数型。能流是指仅允许对位输入操作的布尔能流（布尔型），梯形图的表达形式为用触点（位输入）将电源母线和指令盒连接起来。

局部变量表隐藏在程序显示区中，将梯形图显示区向下拖动，即会露出局部变量表。在局部变量表中输入变量名称、变量类型、数据类型等参数以后，双击指令树中的子程序

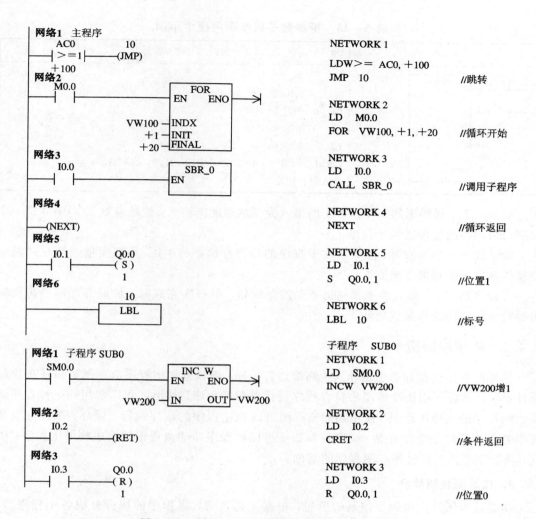

图 5-27 循环、跳转及子程序调用指令应用程序

	名称	变量类型	数据类型	注释
	EN	IN	BOOL	
L0.0	IN1	IN	BOOL	
LB1	IN2	IN	BYTE	
L2.0	IN3	IN	BOOL	
LD3	IN4	IN	DWORD	
LW7	INOUT1	IN_OUT	WORD	
LD9	OUT1	OUT	DWORD	
		TEMP		

图 5-28 局部变量表

（或选择点击方框快捷按钮，在弹出的菜单中选择子程序项），在梯形图显示区将显示出带参数的子程序调用指令盒。

局部变量表变量类型的修改方法：用光标选中变量类型区，点击鼠标右键得到一个下拉菜单，选择插入项，在弹出的下拉子菜单中点击选中的类型，在变量类型区光标所在处可以得到选中的类型。

带参数子程序调用指令格式及程序应用示例见表 5-23。

表 5 - 23　带参数子程序调用指令示例

LAD	STL	功　能
 I0.0　──┤├──　SBR_1 　　　　　　EN I0.1　──┤├──　IN1 VB10 ── IN2　　OUT1 ── VD200 I1.0 ── IN3 &VB100 ── IN4 *AC1 ── INOUT1	D　　　I0.0 =　　　L60.0 LD　　I0.1 =　　　L63.7 LD　　L60.0 CALL　SBR_1, L63.7, VB10, I1.0, &VB100, 　*AC1, VD200	带参数子程序 调用指令

表 5 - 23 中梯形图的 EN 和 IN1 的输入为布尔型能流输入，地址参数 &VB100 将一个双字(无符号)的值传递到子程序。

给子程序传递参数时，参数放在子程序的局部存储器(L)中。局部变量表最左列是每个被传递参数的局部存储器地址。

子程序调用时，输入参数被拷贝到局部存储器。子程序完成时，从局部存储器拷贝输出参数到指定的输出参数地址。

5.4.3　顺序控制指令

梯形图程序的设计思想也和其他高级语言一样，应该首先用程序流程图来描述程序的设计思想，然后再用指令编写出符合程序设计思想的程序。梯形图程序常用的一种程序流程图叫程序的功能流程图。使用功能流程图可以描述程序的顺序执行、循环、条件分支及程序的合并等功能流程概念。顺序控制指令可以将程序功能流程图转换成梯形图程序。因此，功能流程图是设计梯形图程序的基础。

1. 功能流程图简介

功能流程图是按照顺序控制的思想，根据工艺过程，将程序的执行分成各个程序步，每一步由进入条件、程序处理、转换条件和程序结束等四部分组成。通常用顺序控制继电器位 S0.0～S31.7 代表程序的状态步。一个三步循环步进的功能流程图如图 5 - 29 所示。图中，1、2、3 分别代表程序的三步状态。程序执行到某步时，该步状态位置 1，其余为零。步进条件又称为转换条件，有逻辑条件、时间条件等步进转换条件(详见第 7 章)。

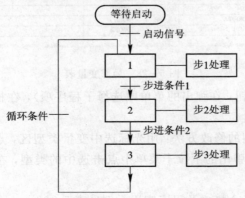

图 5 - 29　三步循环步进的功能流程图

2. 顺序控制指令

顺序控制用三条指令来描述程序的顺序控制步进状态，其指令格式见表5-24。

表5-24　顺序控制指令格式

LAD	STL	功　　能
??.?　SCR	LSCR　Sx.y	步开始
??.?　—(SCRT)	SCRT　Sx.y	步转移
—(SCRE)	SCRE	步结束

（1）顺序步开始指令（LSCR）。顺序控制继电器位 $S_{x.y}=1$ 时，该程序步执行。

（2）顺序步结束指令（SCRE）。顺序控制继电器 $S_{x.y}=0$ 时，该程序步结束。顺序步的处理程序在 LSCR 和 SCRE 之间。

（3）顺序步转移指令（SCRT）。使能输入有效时，将本顺序步的顺序控制继电器位清零，下一步顺序控制继电器位置 1。

【**例5.24**】　编写图5-30所示的功能流程图的红绿灯顺序显示控制程序，步进条件为时间步进型。状态步的处理为点亮红灯、熄灭绿灯，同时启动定时器。步进条件满足时（时间到）进入下一步，关断上一步。

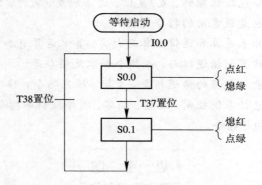

图5-30　红绿灯顺序显示控制的功能流程图

梯形图程序如图5-31所示。

工作原理分析：当I0.1输入有效时，启动S0.0，执行程序的第一步；输出点Q0.0置1（点亮红灯），Q0.1置0（熄灭绿灯），同时启动定时器T37，经过2s，步进转移指令使得S0.1置1，S0.0置0，程序进入第二步；输出点Q0.1置1（点亮绿灯），Q0.0置0（熄灭红灯），同时启动定时器T38，经过2s，步进转移指令使得S0.0置1，S0.1置0，程序进入第一步执行。如此周而复始，循环工作。

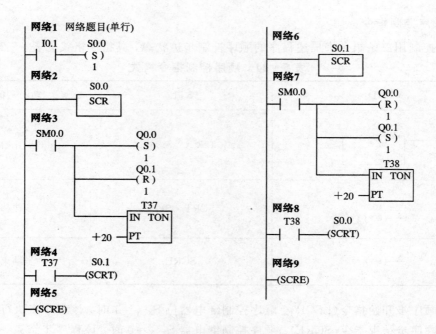

图 5-31 红绿灯顺序显示控制的梯形图程序

本章介绍了 SIMATIC 指令集 LAD 和 STL 编程语言的四大类基本操作指令的指令格式、原理分析和使用方法。具体内容总结如下：

（1）基本位操作指令包括位操作、置/复位、边沿触发、定时、计数、比较等指令，是梯形图基本指令的基础，也是最常用的指令类型。

（2）运算指令包括算术运算和逻辑运算两大类。算术运算有加、减、乘、除运算和常用的数学函数变换；逻辑运算包括逻辑与、或指令和取反指令等。

（3）数据处理指令包括数据的传送指令，交换、填充指令，移位指令等。

（4）程序控制指令包括系统控制，跳转、循环、顺序控制等指令。系统控制类指令主要包括暂停、结束、看门狗等指令。

思 考 题

5.1 写出图 5-32 所示的梯形图程序对应的语句表指令。

5.2 根据下列语句表程序，写出梯形图程序。

LD	I0.0	A	I0.6
AN	I0.1	=	Q0.1
LD	I0.2	LPP	
A	I0.3	A	I0.7
O	I0.4	=	Q0.2

```
A    I0.5        A    I1.1
OLD          =    Q0.3
LSP
```

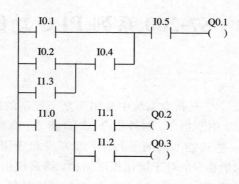

图 5-32 题 5.1 用图

5.3 使用置位、复位指令，编写两套电动机(两台)的控制程序，这两套程序的控制要求如下：

(1) 启动时，电动机 M1 启动后才能启动电动机 M2；停止时，电动机 M1、M2 同时停止。

(2) 启动时，电动机 M1、M2 同时启动；停止时，只有在电动机 M2 停止时电动机 M1才能停止。

5.4 设计周期为 5 s，占空比为 20% 的方波输出信号程序(输出点可以使用 Q0.0)。

5.5 编写断电延时 5 s 后，M0.0 置位的程序。

5.6 运用算术运算指令完成下列算式的运算。

(1) $[(100+200)×10]/3$。

(2) 6 的 78 次方。

(3) $\sin 65°$ 的函数值。

5.7 用逻辑操作指令编写一段数据处理程序，将累加器 AC0 与 VW100 存储单元数据进行逻辑与操作，并将运算结果存入累加器 AC0。

5.8 编写一段程序，将 VB100 开始的 50 个字的数据传送到 VB1000 开始的存储区。

5.9 分析寄存器移位指令和左、右移位指令的区别。

5.10 编写一段程序，将 VB0 开始的 256 个字节存储单元清零。

5.11 编写出将 IB0 字节高 4 位和低 4 位数据交换，然后送入定时器 T37 作为定时器预置值的程序段。

5.12 写出能循环执行 5 次程序段的循环体梯形图。

5.13 使用顺序控制程序结构，编写出实现红、黄、绿三种颜色信号灯循环显示的程序(要求循环间隔时间为 1 s)，并画出该程序设计的功能流程图。

5.14 编写一段输出控制程序完成以下控制：有 8 个指示灯，从左到右以 0.5 s 速度依次点亮，到达最右端后，再从左到右依次点亮，如此循环显示。

第6章 S7-200系列PLC功能指令

功能指令又称应用指令，它是指令系统中应用于复杂控制的指令。本章的功能指令包括：表功能指令、转换指令、中断指令、时钟指令、PID指令、高速处理指令、通信指令等。

功能指令实质上就是一些功能不同的子程序，其开发和应用是PLC应用系统不可缺少的。合理、正确地应用功能指令，对于优化程序结构，提高应用系统的功能，简化对一些复杂问题的处理有着重要的作用。本章将介绍这些功能指令的格式和梯形图编程方法。

6.1 表 功 能 指 令

表功能指令是用来建立和存取字类型的数据表。数据表由三部分组成：表地址，由表的首地址指明；表定义，由表地址和第二个字节地址所对应的单元分别存放的两个表参数来定义最大填表数(TL)和实际填表数(EC)；存储数据，从第三个字节地址开始存放数据，一个表最多能存储100个数据。

表中数据的存储格式见表6-1。

表6-1 表中数据的存储格式

单元地址	单元内容	说　　明
VW200	0005	TL=5，最多可填五个数，VW200为表首地址
VW202	0004	EC=4，实际在表中存有四个数
VW204	2345	DATA0
VW206	5678	DATA1
VW208	9872	DATA2
VW210	3562	DATA3
VW212	****	无效数据

6.1.1 填表指令(ATT)

填表指令(ATT)用于把指定的字型数据添加到表格中。指令格式及功能描述见表6-2。

表 6-2 填表指令的指令格式及功能描述

LAD	STL	功 能 描 述
AD_T_TBL EN ENO ???? — DATA ???? — TBL	ATT DATA，TBL	当使能端输入有效时，将 DATA 指定的数据添加到表格 TBL 中最后一个数据的后面

说明：

（1）该指令在梯形图中有两个数据输入端：DATA 为数据输入，指出被填表的字型数据或其地址；TBL 为表格的首地址，用以指明被填表格的位置。

（2）DATA、TBL 为字型数据，操作数寻址方式见附录 C。

（3）表存数时，新填入的数据添加在表中最后一个数据的后面，且实际填表数 EC 值自动加 1。

（4）填表指令会影响特殊存储器标志位 SM1.4。

（5）使能流输出 ENO＝0 的出错条件：SM4.3（运行时间），0006（间接寻址错误），0091（操作数超界）。

【例 6.1】 如图 6-1 所示，将数据（VW100）＝1234 填入表 6-1 中，表的首地址为 VW200。

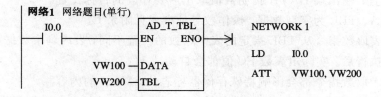

图 6-1 例 6.1 的程序

指令执行后的数据结果见表 6-3。

表 6-3 ATT 指令的执行结果

操作数	单元地址	填表前内容	填表后内容	注 释
DATA	VW100	1234	1234	待填表数据
TBL	VW200	0005	0005	最大填表数 TL
	VW202	0004	0005	实际填表数 EC
	VW204	2345	2345	数据 0
	VW206	5678	5678	数据 1
	VW208	9872	9872	数据 2
	VW210	3562	3562	数据 3
	VW212	****	1234	将 VW100 内容填入表中

6.1.2　表取数指令

从表中移出一个数据时有先进先出（FIFO）和后进先出（LIFO）两种方式。一个数据从表中移出之后，表的实际填表数 EC 值自动减 1。两种表取数指令的格式及功能描述见表 6－4。

表 6－4　FIFO、LIFO 指令格式及功能描述

LAD	STL	功能描述
FIFO EN ENO ????－TBL DATA－????	FIFO TBL，DATA	当功能端输入有效时，从 TBL 指明的表中移出第一个字型数据，并将该数据输出到 DATA，剩余数据依次上移一个位置
LIFO EN ENO ????－TBL DATA－????	LIFO TBL，DATA	当功能端输入有效时，从 TBL 指明的表中移走最后一个数据，剩余数据位置保持不变，并将此数据输出到 DATA

（1）两种表取数指令在梯形图上都有两个数据端：输入端 TBL 为表格的首地址，用以指明表格的位置；输出端 DATA 指明数值取出后要存放的目标位置。

（2）DATA、TBL 为字型数据，操作数寻址方式见附录 C。

（3）两种表取数指令从 TBL 指定的表中取数的位置不同，表内剩余数据变化的方式也不同。但指令执行后，实际填表数 EC 值都会自动减 1。

（4）两种表取数指令都会影响特殊存储器标志位 SM1.5 的内容。

（5）使能流输出 ENO 断开的出错条件：SM4.3（运行时间），0006（间接寻址），0091（操作数超界）。

【例 6.2】　如图 6－2 所示，运用 FIFO、LIFO 指令从表 6－1 中取数，并将数据分别输出到 VW400、VW300。

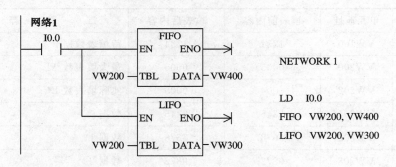

图 6－2　例 6.2 的程序

指令执行后的结果见表 6－5。

表 6 - 5　FIFO、LIFO 指令执行结果

操作数	单元地址	执行前内容	FIFO 执行后内容	LIFO 执行后内容	注　　释
DATA	VW400	空	2345	2345	FIFO 输出的数据
	VW300	空	空	3562	LIFO 输出的数据
TBL	VW200	0005	0005	0005	TL＝5 最大填表数不变化
	VW202	0004	0003	0002	EC 值由 4 变为 3，再变为 2
	VW204	2345	5678	5678	数据 0
	VW206	5678	9872	9872	数据 1
	VW208	9872	3562	****	
	VW210	3562	****	****	
	VW212	****	****	****	

6.1.3　表查找指令

表查找指令是从字型数据表中找出符合条件的数据在表中的地址编号，编号范围为 0～99。表查找指令的格式及功能描述见表 6 - 6。

表 6 - 6　表查找指令格式及功能描述

LAD	STL	功能描述
TBL_FIND EN　　ENO ????－TBL ????－PTN ????－INDX ????－CMD	FND＝ TBL，PANRN，INDX FND＜＞TBL，PANRN，INDX FND＜ TBL，PANRN，INDX FND＞ TBL，PANRN，INDX	当使能输入有效时，从 INDX 开始搜索表 TBL，寻找符合条件的 PTN 和 CMD 所决定的数据

说明：

(1) 在梯形图中表查找指令有四个数据输入端：TBL 为表格首地址，用以指明被访问的表格；PTN 是用来描述查表条件时进行比较的数据；CMD 是比较运算的编码，它是一个 1～4 的数值，分别代表运算符＝、＜＞、＜ 、＞；INDX 用来指定表中符合查找条件的数据所在的位置。

(2) TBL、PTN、INDX 为字型数据，CMD 为字节型数据，操作数寻址方式见附录 C。

(3) 表查找指令执行前，应先对 INDX 的内容清零。当使能输入有效时，从数据表的第 0 个数据开始查找符合条件的数据。若没有发现符合条件的数据，则 INDX 的值等于 EC；若找到一个符合条件的数据，则将该数据在表中的地址装入 INDX 中；若找到一个符合条件的数据后，想继续向下查找，必须先对 INDX 加 1，然后再重新激活表查找指令，从表中符合条件数据的下一个数据开始查找。

(4) 使能流输出 ENO 断开的出错条件：SM4.3（运行时间），0006（间接寻址），0091（操作数超界）。

【例 6.3】 如图 6−3 所示，运用表查找指令从表 6−1 中找出内容等于 3562 的数据在表中的位置。

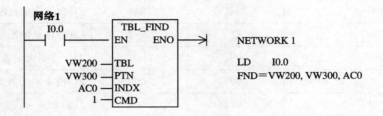

图 6−3　例 6.3 的程序

指令的执行结果见表 6−7。

表 6−7　表查找指令执行结果

操作数	单元地址	执行前内容	执行后内容	注　　释
PTN	VW300	3562	3562	用来比较的数据
INDX	ACO	0	3	符合查表条件的数据地址
CMD	无	1	1	1 表示与查找数据相等
TBL	VW200	0005	0005	TL＝5
	VW202	0004	0004	EL＝4
	VW204	2345	2345	D0
	VW206	5678	5678	D1
	VW208	9872	9872	D2
	VW210	3562	3562	D3
	VW212	****	****	无效数据

6.2　转　换　指　令

转换指令对操作数的类型进行转换，并输出到指定的目标地址中去。转换指令包括数据的类型转换、数据的编码和译码指令以及字符串类型转换指令。

6.2.1　数据的类型转换

数据类型有字节、字整数、双字整数及实数。SIEMENS 公司的 PLC 对 BCD 码和 ASCII 字符型数据的处理能力也很强。不同功能的指令对操作数的要求不同。类型转换指令可将固定的一个数据用到不同类型要求的指令中，而不必对数据进行针对类型的重复输入。

1. BCD 码与整数之间的转换

BCD 码与整数之间的类型转换是双向的。BCD 码与整数类型转换的指令格式及功能描述见表 6−8。

表 6-8　**BCD 码与整数类型转换的指令格式及功能描述**

LAD	STL	功 能 描 述
BCD_I EN　ENO ???? — IN　OUT — ????	BCDI　OUT	使能输入有效时，将 BCD 码输入数据 IN 转换成字数类型，并将结果送到 OUT 输出
I_BCD EN　ENO ???? — IN　OUT — ????	IBCD　OUT	使能输入有效时，将字整数输入数据 IN 转换成 BCD 码类型，并将结果送到 OUT 输出

说明：

（1）IN、OUT 为字型数据，操作数寻址方式见附录 C。

（2）梯形图中，IN 和 OUT 可指定同一元件，以节省元件。若 IN 和 OUT 操作数地址指的是不同元件，在执行转换指令时，可分成两条指令来操作：

MOV IN OUT

BCDI OUT

（3）若 IN 指定的源数据格式不正确，则 SM1.6 置 1。

（4）数据 IN 的范围是 0～9999。

2. 字节与字整数之间的转换

字节型数据是无符号数，字节型数据与字整数之间转换的指令格式及功能描述见表 6-9。

表 6-9　**字节型数据与字整数类型转换的指令格式及功能描述**

LAD	STL	功 能 描 述
I_B EN　ENO ???? — IN　OUT — ????	BTI IN, OUT	使能输入有效时，将字节型输入数据 IN 转换成字整数类型，并将结果送到 OUT 输出
B_I EN　ENO ???? — IN　OUT — ????	ITB IN, OUT	使能输入有效时，将字整数型输入数据 IN 转换成字节类型，并将结果送到 OUT 输出

说明：

（1）整数转换到字节指令 ITB 中，输入数据的大小为 0～255，若超出这个范围，则会造成溢出，使 SM1.1=1。

（2）使能流输出 ENO 断开的出错条件：SM4.3（运行时间），0006（间接寻址出错）。

（3）IN、OUT 的数据类型一个为双整数，另一个为字型数据，操作数寻址方式见附录 C。

3. 字型整数与双字整数之间的转换

字型整数与双字整数的类型转换指令格式及功能描述见表 6-10。

表 6－10 字型整数与双字整数的类型转换指令格式及功能描述

LAD	STL	功 能 描 述
DI_I EN ENO ???? IN OUT ????	DTI IN, OUT	使能输入有效时，将双整数输入数据 IN 转换成字型整数，并将结果送到 OUT 输出
I_DI EN ENO ???? IN OUT ????	IDT IN, OUT	使能输入有效时，将字型整数输入数据 IN 转换成双字整数类型，并将结果送到 OUT 输出

说明：

（1）双整数转换为字型整数时，若输入数据超出范围，则会产生溢出。

（2）使能流输出 ENO 断开的出错条件：SM4.3（运行时间），0006（间接寻址出错）。

（3）IN、OUT 的数据类型一个为双整数，另一个为字型数据，操作数寻址方式见附录 C。

4. 双字整数与实数之间的转换

双字整数与实数的类型转换指令格式及功能描述见表 6－11。

表 6－11 双字整数与实数的类型转换指令格式及功能描述

LAD	STL	功 能 描 述
ROUND EN ENO ???? IN OUT ????	ROUND IN OUT	使能输入有效时，将实数型输入数据 IN 转换成双字整数，并将结果送到 OUT 输出
TRUNC EN ENO ???? IN OUT ????	TRUNC IN OUT	使能输入有效时，将 32 位实数转换成 32 位有符号整数输出，只有实数的整数部分被转换
DI_I EN ENO ???? IN OUT ????	DTR IN OUT	使能输入有效时，将双字整数输入数据 IN 转换成实数型，并将结果送到 OUT 输出

说明：

（1）ROUND 和 TRUNC 都能将实数转换成双字整数。但前者将小数部分四舍五入，转换为整数，而后者将小数部分直接舍去取整。

（2）将实数转换成双字整数的过程中，会出现溢出现象。

（3）IN、OUT 的数据类型都为双字型数据，操作数寻址方式见附录 C。

（4）使能流输出 ENO 断开的出错条件：SM1.1（溢出），SM4.3（运行时间），0006（间接寻址出错）。

【例6.4】 如图6-4所示，在控制系统中，有时需要进行单位互换，例如把英寸转换成厘米。C10的值为当前的英寸计数值。因为1 inch＝2.54 cm，所以(VD4)＝2.54。

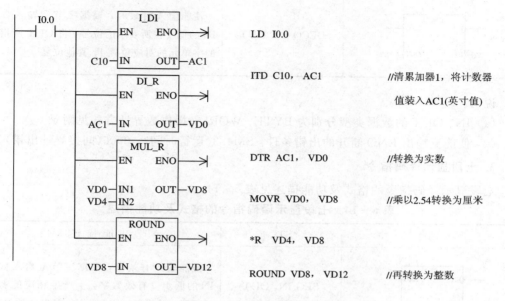

图6-4 例6.4的程序

6.2.2 数据的编码和译码指令

在可编程控制器中，字型数据可以是16位二进制数，也可用4位十六进制数来表示。编码过程就是把字型数据中最低有效位的位号进行编码，而译码过程是将执行数据所表示的位号所指定单元的字型数据的对应位置1。数据译码和编码指令包括编码、译码及七段显示译码。

1. 编码指令

编码指令的指令格式及功能描述见表6-12。

表6-12 编码指令的指令格式及功能描述

LAD	STL	功 能 描 述
ENCO	ENCO IN , OUT	使能输入有效时，将字型输入数据 IN 的最低有效位(值为1的位)的位号输入到 OUT 所指定的字节单元的低4位

说明：

(1) IN、OUT 的数据类型分别为 WORD、BYTE，操作数寻址方式见附录C。

(2) 使能流输入 ENO 断开的出错条件：SM4.3(运行时间)，0006(间接寻址错误)。

2. 译码指令

译码指令的指令格式及功能描述见表6-13。

表 6-13 译码指令的指令格式及功能描述

LAD	STL	功 能 描 述
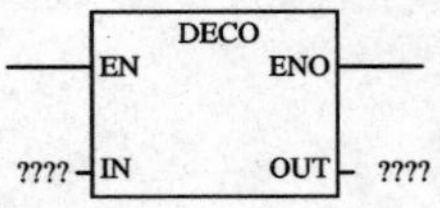 DECO EN ENO ????– IN OUT –????	DECO IN, OUT	使能输入有效时，根据字节型输入数据 IN 的低 4 位所表示的位号，将 OUT 所指定的字单元的对应位置 1，其他位复 0

说明：

（1）IN、OUT 的数据类型分别为 BYTE、WORD，操作数寻址方式见附录 C。

（2）使能流输出 ENO 断开的出错条件：SM4.3（运行时间），0006（间接寻址出错）。

3. 七段显示译码指令

七段显示译码指令的格式及功能描述见表 6-14。

表 6-14 七段显示译码指令的格式及功能描述

LAD	STL	功 能 描 述
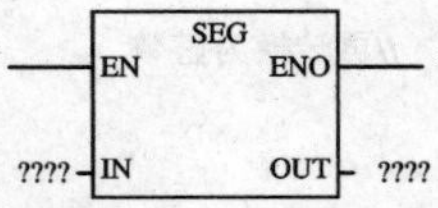 SEG EN ENO ????– IN OUT –????	SEG IN, OUT	使能输入有效时，根据字节型输入数据 IN 的低 4 位有效数字，会产生相应的七段显示码，并将其输出到 OUT 指定的单元

说明：

（1）七段显示数码管 g、f、e、d、c、b、a 的位置关系和数字 0~9、字母 A~F 与七段显示码的对应关系见图 6-5 所示。

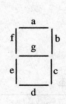

IN (LSD)	OUT	IN (LSD)	OUT	IN (LSD)	OUT	IN (LSD)	OUT
0	3F	4	66	8	7F	C	39
1	06	5	6D	9	6F	D	5E
2	5B	6	7D	A	77	E	79
3	4F	7	07	B	7C	F	71

图 6-5 七段显示码及对应代码

每段置 1 时亮，置 0 时暗。与其对应的 8 位编码（最高位补 0）称为七段显示码。例如：要显示数据"0"时，令 g 管暗，其余各管亮，对应的 8 位编码为 0011 1111，即"0"的译码为"3F"。

（2）IN、OUT 数据类型为 BYTE，操作数寻址方式见附录 C。

（3）使能流输出 ENO 断开的出错条件：SM4.3（运行时间），0006（间接寻址错误）。

【例 6.5】 编写实现用七段显示码显示数字 5 的程序。

程序实现见图 6-6。

程序运行结果为（AC1）=6D。

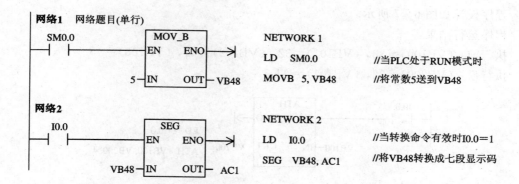

NETWORK 1

LD   SM0.0   //当PLC处于RUN模式时

MOVB 5, VB48   //将常数5送到VB48

NETWORK 2

LD   I0.0   //当转换命令有效时I0.0＝1

SEG   VB48, AC1   //将VB48转换成七段显示码

图 6-6 例 6.5 的程序

4. 字符串转换指令

字符串转换指令是将标准字符编码 ASCII 码字符串与十六进制数、整数、双整数及实数之间进行转换。字符串转换类的指令格式及功能描述见表 6-15。

表 6-15 字符串转换类的指令格式及功能描述

LAD	STL	功能描述
ATH	ATH IN, OUT, LEN	使能输入有效时，把从 IN 字符开始，长度为 LEN 的 ASCII 码字符串转换成从 OUT 开始的十六进制数
HTA	HTA IN, OUT, LEN	使能输入有效时，把从 IN 字符开始，长度为 LEN 的十六进制数转换成从 OUT 开始的 ASCII 码字符串
ITA	ITA IN, OUT, FMT	使能输入有效时，把输入端 IN 的整数转换成一个 ASCII 码字符串
DTA	DTA IN, OUT, FMT	使能输入有效时，把输入端 IN 的双字整数转换成一个 ASCII 码字符串
RTA	RTA IN, OUT, FMT	使能输入有效时，把输入端 IN 的实数转换成一个 ASCII 码字符串

说明：

(1) 可进行转换的 ASCII 码为 0～9 及 A～F 的编码。

(2) 操作数寻址方式见附录 C。

【例 6.6】 编程将 VD100 中存储的 ASCII 代码转换成十六进制数。已知（VB100)＝33，（VB101)＝32，(VB102)＝41，(VB103)＝45。

程序设计如图 6-7 所示。

程序运行结果：

执行前：(VB100)＝33，(VB101)＝32，(VB102)＝41，(VB103)＝45。

执行后：(VB200)＝32，(VB101)＝AE。

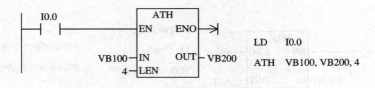

图 6-7 例 6.6 的程序

6.3 中 断 指 令

中断是计算机在实时处理和实时控制中不可缺少的一项技术。所谓中断，是指当控制系统执行正常程序时，系统中出现了某些急需处理的异常情况或特殊请求，这时系统暂时中断现行程序，转去对随机发生的更紧迫的事件进行处理（执行中断服务程序），当该事件处理完毕后，系统自动回到原来被中断的程序继续执行。

中断普遍应用于人机联系、实时处理和通信处理等 PLC 应用系统中。与中断相关的操作有：中断服务和中断控制。

6.3.1 中断源

1. 中断源

中断源是能够向 PLC 发出中断请求的中断事件。S7-200 CPU 最多有 34 个中断源。每个中断源都分配有一个编号用于识别，称为中断事件号。这些中断源大致分为三大类：通信中断、输入/输出中断和时间中断。

（1）通信中断。可编程控制器的自由通信模式下，通信口的状态可由程序来控制。用户可以通过编程来设置通信协议、波特率和奇偶校验。

（2）I/O 中断。I/O 中断包括外部输入中断、高速计数器中断和脉冲串输出中断。外部输入中断是系统利用 I0.0～I0.3 的上升或下降沿产生中断。这些输入点可被用作连接某些一旦发生就必须引起注意的外部事件；高速计数器中断可以响应当前值等于预设值、计数方向的改变、计数器外部复位等事件所引起的中断；脉冲串输出中断可以响应给定数量的脉冲输出完成所引起的中断。

（3）时间中断。时间中断包括定时中断和定时器中断。

定时中断可用来支持一个周期性的活动。周期时间以 1 ms 为单位，周期设定时间为（5～255）ms。对于定时中断 0，把周期时间值写入 SMB34 中；对于定时中断 1，把周期时间值写入 SMB35 中。每当达到定时时间值时，相关定时器溢出，执行中断处理程序。定时中断可以用来以固定的时间间隔作为采样周期，对模拟量输入进行采样，也可以用来执行一个 PID 控制回路。

定时器中断就是利用定时器来对一个指定的时间段产生中断。这类中断只能使用 1 ms

通电和断电延时定时器 T32 和 T96。当所用的当前值等于预设值时，在主机正常的定时刷新中，执行中断程序。

2. 中断优先级

在 PLC 应用系统中通常有多个中断源。当多个中断源同时向 CPU 申请中断时，要求 CPU 能将全部的中断源按中断性质和处理的轻重缓急进行排队，并给予优先权。给中断源指定处理的次序就是给中断源确定中断优先级。

SIEMENS 公司 CPU 规定的中断优先级由高到低依次是：通信中断、输入/输出中断、定时中断。每类中断的不同中断事件又有不同的优先权。详细内容请查阅 SIEMENS 公司的有关技术规定。

3. CPU 响应中断的顺序

PLC 中，CPU 响应中断的顺序可以分为以下三种情况：

（1）当不同的优先级的中断源同时申请中断时，CPU 响应中断请求的顺序为优先级高的中断源到优先级低的中断源。

（2）当相同优先级的中断源申请中断时，CPU 按先来先服务的原则响应中断请求。

（3）当 CPU 正在处理某中断，又有中断源提出中断请求时，新出现的中断请求按优先级排队等候处理，当前中断服务程序不会被优先级更高的其他中断程序打断。任何时刻 CPU 只执行一个中断程序。

6.3.2 中断控制

经过中断判优后，将优先级最高的中断请求送给 CPU，CPU 响应中断后自动保存逻辑堆栈、累加器和某些特殊标志寄存器位，即保护现场。中断处理完成后，又自动恢复这些保存起来的数据，即恢复现场。中断控制指令有四条，其指令格式及功能描述见表 6-16。

表 6-16　中断类指令的指令格式及功能描述

LAD	STL	功 能 描 述
——(ENI)	ENI	开中断指令，使能输入有效时，全局地允许所有中断事件中断
——(DISI)	DISI	关中断指令，使能输入有效时，全局地关闭所有被连接的中断事件
ATCH（EN ENO，????-INT，????-EVNT）	ATCH INT EVENT	中断连接指令，使能输入有效时，把一个中断事件 EVENT 和一个中断程序 INT 联系起来，并允许这一中断事件
DTCH（EN ENO，????-EVNT）	DTCH EVENT	中断分离指令，使能输入有效时，切断一个中断事件和所有中断程序的联系，并禁止该中断事件

说明：

（1）当进入正常运行 RUN 模式时，CPU 禁止所有中断，但可以在 RUN 模式下执行中断允许指令 ENI，之后可允许所有中断。

（2）多个中断事件可以调用一个中断程序，但一个中断事件不能同时连接调用多个中断程序。

（3）中断分离指令 DTCH 禁止中断事件和中断程序之间的联系时，它仅禁止某中断事件；而全局中断禁止指令 DISI 能禁止所有中断。

（4）操作数：

INT：中断程序号，取值范围为 0～127（为常数）。

EVENT：中断事件号，取值范围为 0～32（为常数）。

【例 6.7】 编写一段中断事件 0 的初始化程序。中断事件 0 是 I0.0 上升沿产生的中断事件。当 I0.0 有效时，开中断，系统可以对中断 0 进行响应，执行中断服务程序 INT0。

主程序如图 6-8 所示。

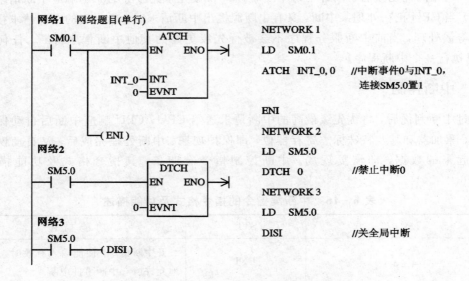

图 6-8 例 6.7 的程序

6.3.3 中断程序

中断程序，亦称中断服务程序，是用户为处理中断事件而事先编制的程序。编程时可以用中断程序入口处的中断程序号来识别每一个中断程序。中断服务程序由中断程序号开始，以无条件返回指令结束。在中断程序中，用户亦可根据前面的逻辑条件，使用条件返回指令返回主程序。PLC 系统中的中断指令与微机原理中的中断不同，它不允许嵌套。

中断服务程序中禁止使用以下指令：DISI、ENI、CALL、HDEF、FOR/NEXT、LSCR、SCRE、SCRT 及 END。

中断服务程序应用实例可以参看第 7 章中 PID 指令的应用。

6.4 高速处理指令

高速处理类指令有三种，即高速计数指令、高速脉冲输出和立即类指令。

6.4.1 高速计数指令

高速计数器 HSC(High Speed Counter)在现代自动控制的精确定位控制领域有着重要的应用价值。高速计数器用来累计比可编程控制器的扫描频率高得多的脉冲输入（30 kHz），利用产生的中断事件完成预定的操作。

1. S7-200 系列的高速计数器

不同型号的 PLC 主机，其高速计数器的数量不同，使用时每个高速计数器都有地址编号（HCn，非正式程序中有时也用 HSCn）。HC（或 HSC）表示该编程元件是高速计数器，n 为地址编号。每个高速计数器包含两方面的信息：计数器位和计数器当前值。高速计数器的当前值为双字长的符号整数，且为只读值。

S7-200 系列中 CPU22X 的高速计数器的数量与地址编号见表 6-17。

表 6-17 CPU22X 高速计数器的数量与地址编号

主机	CPU221	CPU222	CPU224	CPU226
可用 HSC 数量	4	4	6	6
HSC 地址	HSC0、HSC3 HSC4 、HSC5	HSC0 、HSC3 HSC4 、HSC5	HSC0～HSC5	HSC0～HSC5

2. 中断事件类型

高速计数器的计数和动作可采用中断方式进行控制。各种型号的 CPU 采用高速计数器的中断事件时大致分为三种方式：当前值等于预设值中断、输入方向改变中断和外部复位中断。所有高速计数器都支持当前值等于预设值中断，但并不是所有的高速计数器都支持这三种方式。高速计数器产生的中断事件有 14 个。中断源优先级等详细情况可查阅有关技术手册。

3. 操作模式和输入线的连接

（1）操作模式。每种高速计数器有多种功能不相同的操作模式。高速计数器的操作模式与中断事件密切相关。使用一个高速计数器，首先要定义高速计数器的操作模式。可用 HDEF 指令来进行设置。

高速计数器最多有 12 种操作模式。不同的高速计数器有不同的模式。

高速计数器 HSC0、HSC4 有模式 0、1、3、4、6、7、9、10，HSC1 有模式 0、1、2、3、4、5、6、7、8、9、10、11，HSC2 有模式 0、1、2、3、4、5、6、7、8、9、10、11，HSC3、HSC5 只有模式 0。

（2）输入线的连接。在正确使用一个高速计数器时，除了要定义它的操作模式外，还必须注意它的输入端连接。系统为高速计数器定义了固定的输入点。高速计数器与输入点的对应关系见表 6-18。

表 6-18　高速计数器的指定输入

高速计数器	使用的输入端
HSC0	I0.0、I0.1、I0.2
HSC1	I0.6、I0.7、I1.0、I1.1
HSC2	I1.2、I1.3、I1.4、I1.5
HSC3	I0.1
HSC4	I0.3、I0.4、I0.5
HSC5	I0.4

使用时必须注意，高速计数器的输入点、输入/输出中断的输入点都包括在一般数字量输入点的编号范围内。同一个输入点只能有一种功能。如果程序使用了高速计数器，那么只有高速计数器不用的输入点才可以用来作为输入/输出中断或一般数字量的输入点。

4. 高速计数指令

高速计数指令有两条：HDEF 和 HSC。其指令格式及功能描述见表 6-19。

表 6-19　高速计数指令的格式及功能描述

LAD	STL	功　能　描　述
HDEF EN　　ENO ????—HSC ????—MODE	HDEF HSC MODE	高速计数器定义指令，使能输入有效时，为指定的高速计数器分配一种工作模式
HSC EN　　ENO ????—N	HSC N	高速计数器指令，使能输入有效时，根据高速计数器特殊存储器位的状态，并按照 HDEF 指令指定的模式，设置高速计数器并控制其工作

说明：

(1) 操作数类型：

HSC：高速计数器编号，字节型 0～5 的常数。

MODE：工作模式，字节型 0～11 的常数。

N：高速计数器编号，字型 0～5 的常数。

(2) 使能流输出 ENO 断开的出错条件：SM4.3(运行时间)，0003(输入冲突)，0004(中断中的非法指令)，000A(HSC 重复定义)，0001(在 HDEF 之前使用 HSC)，0005(同时操作 HSC/PLS)。

（3）每个高速计数器都有固定的特殊功能存储器与之配合，以完成计数功能。这些特殊功能存储器包括状态字节、控制字节、当前值双字及预设值双字。

【例6.8】 将HSC1定义为工作模式11，控制字节（SMB47）＝16#F8，预置值（SMD52）＝50，当前值（CV）等于预置值（PV）时，响应中断事件。因此用中断事件13，连接中断服务程序INT_0。

初始化程序如图6-9所示。

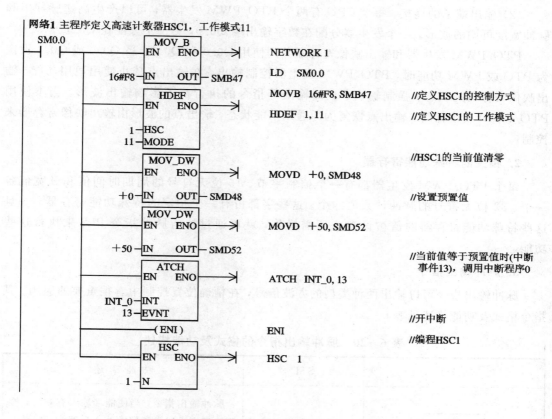

图6-9 例6.8的程序

6.4.2 高速脉冲输出

高速脉冲输出功能是指在可编程控制器的某些输出端产生高速脉冲，用来驱动负载，实现高速输出和精确控制。

1. 高速脉冲输出的方式和输出端子的连接

（1）高速脉冲的输出形式。高速脉冲输出有高速脉冲串输出PTO和宽度可调脉冲输出PWM两种形式。

高速脉冲串输出PTO主要用来输出指定数量的方波（占空比为50%）。用户可以控制方波的周期和脉冲数。

高速脉冲串的周期以μs或ms为单位，它是一个16位无符号数据，周期变化范围为

$(50 \sim 655\ 535)\mu s$ 或 $(2 \sim 65\ 535)ms$，编程时周期值一般设置成偶数。脉冲串的个数，用双字长无符号数表示，脉冲数取值范围是 $1 \sim 4\ 294\ 967\ 295$。

宽度可调脉冲输出 PWM 主要用来输出占空比可调的高速脉冲串。用户可以控制脉冲的周期和脉冲宽度。

宽度可调脉冲 PWM 的周期或脉冲宽度以 μs 或 ms 为单位，是一个 16 位无符号数据，周期变化范围同高速脉冲串 PTO。

（2）输出端子的连接。每个 CPU 有两个 PTO/PWM 发生器，可以产生高速脉冲串和脉冲宽度可调的波形。一个发生器分配在数字输出端 Q0.0，另一个分配在 Q0.1。

PTO/PWM 发生器和输出映像寄存器共同使用 Q0.0 和 Q0.1。当 Q0.0 或 Q0.1 设定为 PTO 或 PWM 功能时，PTO/PWM 发生器控制输出，在输出点禁止使用通用功能。输出映像寄存器的状态、强制输出、立即输出等指令的执行都不影响输出波形。当不使用 PTO/PWM 发生器时，输出点恢复为原通用功能状态，输出点的波形由输出映像寄存器来控制。

2．相关的特殊功能寄存器

每个 PTO/PWM 发生器都有一个控制字节、16 位无符号的周期时间值和脉宽值各一个、32 位无符号的脉冲计数值一个。这些字都占有一个指定的特殊功能寄存器，一旦这些特殊功能寄存器的值被设置成所需操作，就可通过执行脉冲指令 PLS 来执行这些功能。

3．脉冲输出指令

脉冲输出指令可以输出两种类型的方波信号，在精确位置控制中有很重要的应用。其指令格式及功能描述见表 6-20。

表 6-20 脉冲输出指令的格式及功能描述

LAD	STL	功能描述
EN PLS ENO ????-Q0.X	PLS Q	脉冲输出指令，当使能端输入有效时，检测用程序设置的特殊功能寄存器位，激活由控制位定义的脉冲操作，从 Q0.0 或 Q0.1 输出高速脉冲

说明：

（1）高速脉冲串输出 PTO 和宽度可调脉冲输出都由 PLS 指令来激活输出。

（2）操作数 Q 为字型常数 0 或 1。

（3）高速脉冲串输出 PTO 可采用中断方式进行控制，而宽度可调脉冲输出 PWM 只能由指令 PLS 来激活。

【例 6.9】 编写实现脉冲宽度调制 PWM 的程序。根据要求控制字节（SMB77）= 16#DB，设定周期为 10 000 ms，脉冲宽度为 1000 ms，通过 Q0.1 输出。

设计程序如图 6-10 所示。

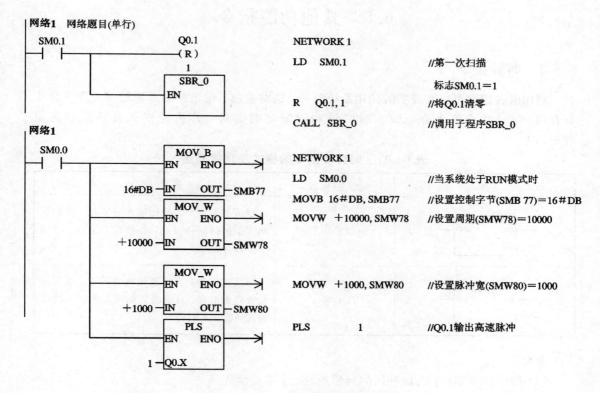

图 6-10 例 6.9 的程序

6.4.3 立即类指令

立即类指令允许对输入和输出点进行直接读、写操作。立即类指令操作分为两种情况，即立即触点指令和立即输出指令。

1. 立即触点指令

立即触点指令只能对输入继电器进行操作。当用此类指令读取输入点的状态时，立即把输入点的值读到栈顶，但不刷新相应的输入映像寄存器的值。这类指令有 LDI、LDNI、AI、ANI、OI、ONI 六条。该类指令的格式、功能与标准触点指令类似。

2. 立即输出指令

立即输出指令分为立即复位、立即置位和立即输出三种情况。

用立即输出指令访问输出点时，把栈顶程序当前值立即复制到指令所指示的物理输出点，并同时刷新输出映像寄存器的内容。

这类指令包括＝I、SI、RI 三条指令，其指令格式功能与通用输出、复位、置位指令一样。

为缩短程序的响应时间，特别是在某些特殊场合下，应尽可能采用新的输入点信息。执行程序后，应尽可能快地将运算结果送到输出端子。

6.5 其他功能指令

6.5.1 时钟指令

利用时钟指令可以实现实时调用系统时钟,这对监视、记录控制系统的多方面工作十分有利。时钟指令有两条:读实时时钟和设定定时时钟,其指令格式及功能描述见表 6-21。

表 6-21 时钟类指令的格式及功能描述

LAD	STL	功能描述
READ_RTC —EN ENO— ????—T	TODR T	读实时时钟,当使能输入有效时。读取系统当前的时间和日期,并把它安装入一个 8 字节缓冲区中
SET_RTC —EN ENO— ????—T	TODW T	写实时时钟,当使能输入有效时,系统将包含当前时间、日期的数据写入 8 字节的缓冲区,即装入时钟

说明:

(1) 操作数类型:T 为缓冲区的起始地址,字节类型。

(2) 使能流输出 ENO 断开的出错条件:SM4.3(运行时间),0006(间接寻址错误)。

(3) 所有日期、时间值都用 BCD 码表示。

6.5.2 通信指令

SIEMENS 公司 SIMATIC S7-200 系列 CPU 的通信指令可以使用户通过编制程序,实现 PLC 与其他智能可编程设备或同系列 PLC 与 PLC 之间的数据通信。其网络结构有多种形式,但通过编程实现数据通信的指令只有六条。其指令格式及功能描述见表 6-22。

表 6-22 通信类指令的格式及功能描述

LAD	STL	功能描述
XMT —EN ENO— ????—TBL ????—PORT	XMT TBL, PORT	自由口发送
RCV —EN ENO— ????—TBL ????—PORT	RCV TBL, PORT	自由口接收
NETR —EN ENO— ????—TBL ????—PORT	NETR TBL, PORT	网络读

LAD	STL	功能描述
NETW EN ENO ???? TBL ???? PORT	NETW TBL, PORT	网络写
GET_ADDR EN ENO ???? ADDR ???? PORT	GPA ADDR, PORT	获取口地址
SET_ADDR EN ENO ???? ADDR ???? PORT	SPA ADDR, PORT	设定口地址

6.5.3　PID 指令

在模拟系统的控制过程中，常用 PID 运算来实现回路 PID 控制。SIEMENS 公司的 PID 指令将此功能的编程变得极为简单。PID 指令的格式见 SIEMENS 产品手册。

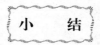

小　结

本章介绍了 SIEMENS 公司 S7-200 系列 CPU 功能指令的格式、操作数类型、功能和使用方法。功能指令在工程实际中应用十分广泛，它是不同型号 PLC 功能强弱的体现。通过学习，应重点掌握功能指令的梯形图编程方法。本章主要内容概括如下：

（1）表处理类指令可以方便地在表格中存、取字类型的数据。表功能指令有 ATT、FIFO、LIFO、FND 等。

（2）转换类指令主要用来对操作数的类型进行转换。它主要包括三种情况，即数据类型转换、码类型转换以及数据与码之间的转换。

（3）高速处理类指令主要用来实现高速精确定位控制和数据快速处理。它包括高速计数器指令、高速脉冲输出指令和立即指令。

（4）中断技术在 PLC 的人机联系、实时处理、网络通信、高速计数等方面都有着重要应用。中断主要包括中断响应和中断程序。

思　考　题

6.1　用数据类型转换指令实现 100 英寸转换成厘米。

6.2　编程输出字符 A 的七段显示码。

6.3　编程实现将 VD100 中存储的 ASCII 码字符串 37、42、44、32 转换成十六进制数，并存储到 VW20.0 中。

6.4　编程实现定时中断，当连接在输入端 I0.1 的开关接通时，闪烁频率减半；当连接在输入端 I0.0 的开关接通时，又恢复成原有的闪烁频率。

6.5 编写一个输入/输出中断程序，实现从 0～255 的计数。当输入端 I0.0 为上升沿时，程序采用加计数；当输入端 I0.0 为下降沿时，程序采用减计数。

6.6 用高速计数器 HSC1 实现 20 kHz 的加计数。当计数值等于 100 时，将当前值清零。

6.7 编程实现脉冲宽度调制 PWM 的程序。

要求：周期固定为 5 s，脉宽初始值为 0.5 s，脉宽每周期递增 0.5 s。当脉宽达到设定的最大值 4.5 s 时，脉宽改为每周期递减 0.5 s，直到脉宽为 0 为止。以上过程周而复始地进行。

第7章 S7－300 和 S7－400 PLC 系统配置与编程

随着工业自动化技术的发展，西门子公司又推出了 S7－300/400 系列 PLC。S7－300/400 与 S7－200 的系统配置和编程模式并无太大区别。相对于 S7－200 而言，S7－300/400 的 CPU 处理速度有了大幅提高，通讯功能进一步增强，S7－300/400 更适用于中大型控制系统。另外在软件方面，S7－300/400 的编程语言除了语句表（STL）、梯形图（LAD）和功能块图（FBD）之外，还有结构化控制语言（SCL）和图形语言（S7 graph），其中 SCL 就是一种高级语言，高级语言可以更加方便的解决客户的专有问题，提高程序执行效率，缩短程序执行时间。通过针对 S7－200 与 S7－300/400PLC 的区别分析，可以方便针对不同的控制系统选择不同的 PLC，缩短设计周期，明确使用方向和设计需求。

本章主要介绍 S7－300/400PLC 的系统配置、指令系统和编程。

7.1 S7－300 PLC 和 S7－400 PLC 的系统配置

7.1.1 S7－300 PLC 的基本组成

S7－300 PLC 是西门子公司于 20 世纪 90 年代中期推出的新一代可编程控制器，它采用紧凑的、无槽位限制的模块结构，电源模块（PS）、CPU 模块、信号模块（SM）、功能模块（FM）、接口模块（IM）和通信处理器（CP）都安装在导轨上。导轨是一种专用的金属机架，只需将模块钩在 DIN 标准的安装导轨上，然后用螺栓锁紧就可以了。有多种不同长度规格的导轨供用户选择。

电源模块总是安装在机架的最左边，CPU 模块紧靠电源模块。如果有接口模块，它放在 CPU 模块的右侧。S7－300 用背板总线将除电源模块之外的各个模块连接起来。

S7－300PLC 是模块式的 PLC，它由以下几部分组成。

1. 中央处理单元（CPU）

S7－300 系列 PLC 主要包括 CPU312、CPU312C、CPU313C、CPU313C—PtP、CPU314C—2DP 等型号的 CPU，每种中央处理单元（CPU）有不同的性能，例如有的集成有数字量和模拟量 I/O 点，而有的集成有 PROFIBUS－DP 等通信接口。CPU 面板上有状态故障显示灯、模式开关、24 V 电源输入端子、电池盒与存储器模块盒（有的 CPU 没有）。

2. 负载电源模块（PS）

负载电源模块用于将 AC120/230 V 电源转换为 DC 24 V 电源，提供给 CPU 和 I/O 模块使用。额定输出电流有 2 A、5 A 和 10 A 三种，可以根据负载的要求选定。

3. 信号模块（SM）

信号模块是数字量输入/输出（I/O）模块和模拟量输入/输出（I/O）模块的总称，它们使不同的过程信号电平和 PLC 内部电平相匹配。信号模块主要有数字量输入模块 SM321 和数字量输出模块 SM322，模拟量输入模块 SM331 和模拟量输出模块 SM332。模拟量输入模块可以输入热电阻、热电偶、DC（4～20）mA 和 DC（0～10）V 等多种不同类型和不同量程的模拟信号。每个模块上有一个背板总线连接器，现场的过程信号连接到前连接器的端子上。

4. 功能模块（FM）

功能处理器主要用于对实时性和存储容量要求高的控制任务，例如计数器模块、快速/慢速进给驱动位置控制模块、电子凸轮控制器模块、步进电动机定位模块、伺服电动机定位模块、定位和连续路径控制模块、闭环控制模块、工业标识系统的接口模块、称重模块、位置输入模块、超声波位置解码器等。

5. 通信模块（CP）

通信模块用于 PLC 之间、PLC 与计算机和其他智能设备之间的通信，可以将 PLC 接入 PROFIBUS‐DP、AS‐I 和工业以太网，或用于实现点对点通信等。

6. 接口模块（IM）

接口模块用于多机架配置时连接主机架（CR）和扩展机架（ER）。S7‐300 通过分布式的主机架和连接的扩展机架（最多可连三个扩展机架），最多可以配置 32 个信号模块、功能模块和通信处理器。

7. 导轨（RACK）

导轨是用来固定和安装 S7‐300 的上述各种模块。

7.1.2 S7‐300 PLC 的结构及功能特点

S7‐300 的所有模块均安装在标准异型导轨（DIN）上。S7‐300 采用背板总线的方式将各模块从物理上和电气上连接起来。S7‐300 的背板总线集成在每一个模块中，如图 7‐1 所示。安装时用总线接头将所有的模块互连起来。

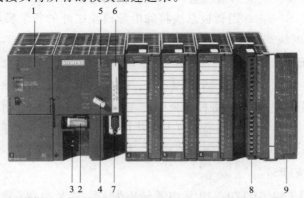

1—电源模块；2—后备电池（CPU313以上）；3—DC 24 V连接器；4—模式开关；
5—状态和故障指示灯；6—存储器卡（CPU313以上）；7—MPI多点接口；8—前连接器；9—前盖

图 7‐1 S7‐300 可编程控制器

S7 - 300 PLC 具有以下特点：

（1）高速的指令处理。指令的处理时间可以达到（0.1～0.6）ms。在中等到较低的控制性能要求的范围内开辟了全新的应用领域。

（2）浮点数运算。可有效实现更为复杂的算术运算。

（3）人机界面（HMI）。方便的人机界面被集成在 S7 - 300 操作系统内，因此人机对话的编程要求大大减少。SIMATIC 人机界面（HMI）从 S7 - 300 中取得数据，S7 - 300 按照用户指定的刷新速度传递这些数据，S7 - 300 操作系统自动处理数据的传送。

（4）诊断功能。CPU 的智能化诊断系统连续监控系统的运行是否正常，对不正常状态、错误和特殊系统事件（例如超时、模块更换等）进行记录或者报警。

（5）口令保护。系统允许设置口令保护，可有效地保护其技术机密，防止未经允许的复制和修改。

7.1.3　S7 - 300 PLC 的系统配置

S7 - 300 PLC 是模块化的组合结构，用户按照实际需求选取的各种模块可直接安装在导轨上，通过背板总线把这些模块连接起来。在机架上安装模块的顺序是：在 1 号槽安装电源模块，2 号槽安装 CPU，然后安装 I/O 接口模块、功能模块/通信处理器或 I/O 信号模块。S7 - 300 PLC 系统配置分两种情况。包含了 CPU 模块的机架称为主机架（CR）。每个机架最多可安装 8 个信号（SM）模块（或者其他功能模块），当主机架所包含的 I/O 点数不够，或者需要分布式的 I/O 配置时，就需要考虑扩展机架（ER）的设置。下面分别介绍这两种机架的配置方式。

1. 一个机架上的 S7 - 300 结构

装在一个机架上的 S7 - 300 如图 7 - 2 所示，必须满足以下规定：

（1）在 CPU 模块右边安装的信号模块不超过 8 个。

（2）装在一个机架上的全部模块要受到 S7 - 300 背板总线提供的总电流值的限制。

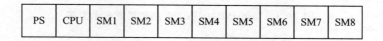

| PS | CPU | SM1 | SM2 | SM3 | SM4 | SM5 | SM6 | SM7 | SM8 |

图 7 - 2　中央机架配置示意图

2. 多个机架上的 S7 - 300 结构

安装有 CPU 模块的机架成为主机架，如果一个机架不够用，那么最多可扩展 4 个机架。主机架与扩展机架之间的连接，需要接口模块的参与。接口模块总是成对使用的，在主机架和扩展机架上各需安装一块接口模块。位于主机架上的接口模块应安装在 CPU 模块之后，而扩展机架上的接口模块则安装在机架的最左端或者电源模块之后。

如果系统只需要一个扩展机架，可以选用 IM365 型接口模块，这是一种经济型的配置方案。扩展机架所需电源由主机架上的 CPU 模块产生，经 IM365 接口模块的连接电缆传输到扩展机架，如图 7 - 3 所示。

若采用 IM360/IM361 型接口模块，则扩展机架需要单独的 DC 24 V 电源，此时最多可扩展 3 个 ER，机架间的距离在 4 cm～10 m 之间，其配置示意图如图 7 - 4 所示。主机架

图 7 - 3 采用 IM365 的扩展配置示意图

和各个扩展机架均配有电源模块，主机架上安装接口模块 IM360，机架号为 0 号。三个扩展机架安装接口模块 IM361，机架号依次为 1 号、2 号、3 号。

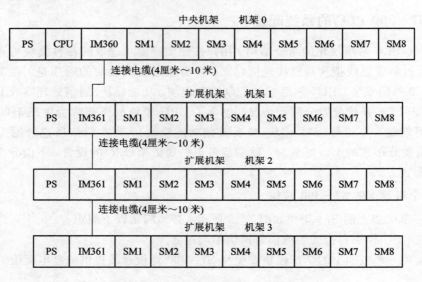

图 7 - 4 采用 IM360/IM361 的扩展配置示意图

7.1.4 S7 - 300 的 CPU 模块

S7 - 300 有 20 多种不同型号的 CPU，分别适用于不同等级的控制要求。有的 CPU 模块集成了数字量 I/O，有的同时集成了数字量 I/O 和模拟量 I/O。S7 - 300 的 CPU 模块大致可以分为以下几类：

(1) 6 种紧凑型 CPU，带有集成的功能和 I/O：CPU 312C，CPU 313C，CPU 313C - PtP，CPU 313C - 2DP，CPU 314C - PtP 和 CPU 314C - 2DP。

(2) 3 种重新定义的 CPU：CPU 312，CPU 314 和 CPU 315 - 2DP。

(3) 5 种标准的 CPU：CPU 313，CPU 314，CPU 315，CPU 315 - 2DP 和 CPU 316 - 2DP。

(4) 4 种户外型 CPU：CPU 312 IFM，CPU 314 IFM，CPU 314 户外型和 CPU 315 - 2DP。

(5) 高端 CPU：317 - 2DP 和 CPU 318 - 2DP。

(6) 故障安全型 CPU：CPU 315F。

几种 CPU 模块的技术参数见表 7 - 1。

表 7 - 1　几种 CPU 的基本特性

型号 CPU	313	315 - 2DP (标准型)	315 - 2DP (新型)	314C - 2PtP	314C - 2DP	312 IFM
装载存储器	20 KB RAM 4 MB MMC	96 KB RAM 4 MB MMC	8 MB MMC	4 MB MMC	4 MB MMC	20 KB RAM/ 20 KB ROM
内置 RAM	12 KB	64 KB	128 KB	48 KB	48 KB	6 KB
浮点数 运算时间	60 μs	50 μs	6 μs	15 μs	15 μs	60 μs
最大 DI/DO	256	1024	1024	992	992	256
最大 AI/AO	64/32	256 /128	256	248/124	248/124	64/32
最大配置 CR/ER	1/0	1/3	1/3	1/3	1/3	1/0
定时器	128	128	256	256	256	64
计数器	64	64	256	256	256	32
位存储器	2048 B	2048 B	2048 B	2048 B	2048 B	1024 B
通信接口	MPI 接口	MPI 接口 DP 接口	MPI/PtP 接口， DP 接口	MPI/PtP 接口， PtP 接口，	MPI 接口 DP 接口	MPI 接口

7.1.5　S7 - 300 的数字量模块

S7 - 300 的数字量模块基本为三大类：SM321 数字量输入模块、SM322 数字量输出模块和 SM323 数字量输入/输出模块，其输入/输出电缆最大长度为 1000 m（屏蔽电缆）或 600 m（非屏蔽电缆）。

1. SM321 数字量输入模块

SM321 数字量输入模块根据输入点数的多少，可分为 8 点、16 点、32 点三类。输入电路中一般设有 RC 滤波电路，以防止由于输入触点抖动或外部干扰脉冲引起的错误输入信号。输入电路的结构有交流输入方式和直流输入方式。交流输入模块的额定输入电压为 AC120 V 或 230 V。直流输入模块的额定输入电压为 DC24 V、DC24～48 V 或 DC48～125 V。直流输入电路的延迟时间较短，可以直接与接近开关、光电开关等电子输入装置连接，DC24 V 是一种安全电压。如果信号线不是很长，PLC 所处的物理环境较好，电磁干扰较轻，应优先考虑选用 DC24V 的输入模块。交流输入方式适合于在有油雾、粉尘的恶劣环境下使用。

2. SM322 数字量输出模块

SM322 数字量输出模块用于驱动电磁阀、接触器、小功率电动机、灯和电动机启动器等负载。数字量输出模块将 S7 - 300 的内部信号电平转化为控制过程所需的外部信号电平，同时有隔离和功率放大的作用。数字量输出模块的型号为 SM322。

输出模块的功率放大元件有驱动直流负载的大功率晶体管和场效应晶体管、驱动交流负载的双向晶闸管或固态继电器，以及既可以驱动交流负载又可以驱动直流负载的小型继电器。输出电流的典型值为（0.5～2）A，负载电源由外部现场提供。

3. SM323 数字量输入/输出模块

SM323 数字量输入/输出模块目前有两种：DI 16/DO 16×24 VDC/0.5A 以及 DI 8/DO 8

×24 VDC/0.5A。前者有 16 个数字输入点和 16 个数字输出点，16 个输入点为 1 组，内部共地；16 个输出点分成两组，两组的内部结构相同，均为晶体管输出，每 8 个输出点共用一对负载电源端子。后者为 8 输入/8 输出模块，输入/输出均为 1 组，内部结构与前者相同。

7.1.6　S7－300 的模拟量模块

S7－300 的模拟量输入/输出模块包括模拟量输入模块 SM 331、模拟量输出模块 SM 332 和模拟量输入/输出模块 SM 334 和 SM 335。

1. 模拟量输入模块 SM 331

SM 331 模块主要由 A/D 转换器、切换开关、恒流源、补偿电路、光隔离器及逻辑电路组成，它将控制过程的模拟信号转换为 PLC 内部处理用的数字信号。由于若干通道合用一个 A/D 转换器，所以在模拟量进入 A/D 转换器之前，需要有多路模拟转换开关来选择通道，各通道是循环扫描的，因此每一个通道的采样周期不仅取决于各通道的 A/D 转换时间，还取决于所有被激活的通道数量，为了尽量缩短扫描周期，加快采样频率，有必要利用 STEP 7 编程软件屏蔽掉那些不用的通道。

常用的 SM 331 模块有 5 种，表 7－2 给出了这 5 种模块的主要技术指标。

表 7－2　常用模拟量输入模块的主要技术指标

技术指标	AI 8×12 bit	AI 8×16 bit	AI 2×12 bit	AI 8×RTD	AI 8×TC
输入点数/组数	8 点/4 组	8 点/4 组	2 点/1 组	8 点/4 组	8 点/4 组
分辩率	9 位＋符号位 12 位＋符号位 14 位＋符号位	15 位＋符号位	9 位＋符号位 12 位＋符号位 14 位＋符号位	15 位＋符号位	15 位＋符号位
技术指标	AI 8×12 bit	AI 8×16 bit	AI 2×12 bit	AI 8×RTD	AI 8×TC
测量方式	电流、电压、电阻器、温度计	电流 电压	电流、电压、电阻器、温度计	电阻器 温度计	温度计
测量范围选择	任意	任意	任意	任意	任意

2. 模拟量输出模块 SM 332

SM 332 模块用于将 S7－300 的数字信号转换为负载所需要的模拟量信号，控制模拟量调节器、执行机构或者作为其他设备的模拟量给定信号，其核心部件为 D/A 转换器。

SM 332 模块的输出精度主要有 12 位和 16 位两种；输出通道主要有 2 通道和 4 通道两种形式；输出信号可为电压或电流。电压的输出范围可调为：（1～5）V、（0～10）V、±10 V。电流的输出范围可调为：（0～20）mA、（4～20）mA、±20 mA。

例如模块 SM 332、AO 4×12 bit，共有 4 个通道，每个通道的分辨率均为 12 位，可分别单独设置为电流输出或电压输出。电流输出为两线式，电压输出可为两线回路或四线回路与负载相连，采用四线时，其中两个端子的引出线用于测量负载两端的电压，这样可以提高电压的输出精度。其技术参数见表 7－3。

表 7 - 3　SM332 模拟量输出模块技术参数

6ES7 332	5HB01 - 0AB0 5HB81 - 0AB0	5HD01 - 0AB0	5HF00 - 0AB0	7ND00 - 0AB0
输出点数	2	4	8	4
输出范围	$(0\sim10)$V，±10 V，$(1\sim5)$ V，$(4\sim20)$ mA，$(0\sim20)$ mA，±20 mA			
最大负载阻抗	电压输出 1 kΩ，电流输出 0.5 kΩ，容性输出 1 μF，感性 1 mH			
最大转换时间/通道	0.8 ms			1.5 ms
建立时间	阻性负载 0.2 ms，容性负载 3.3 ms，感性负载 0.5 ms			
分辨率	±10 V，±20 mA 时为 11 位＋符号位，其余为 12 位			15 位＋符号位
0～60℃ 工作极限，对应于输出范围	电压$\pm0.5\%$，电流$\pm0.6\%$			电压$\pm0.12\%$，电流$\pm0.18\%$
25℃ 时基本误差，对应于输出范围	电压$\pm0.4\%$，电流$\pm0.5\%$			电压电流均为$\pm0.01\%$

3. 模拟量输入/输出模块 SM 334 和 SM 335

SM 334 和 SM 335 同时具有模拟量输入/输出功能，SM 334 和 SM 335 的技术规范如表 7 - 4 所示。

表 7 - 4　SM334、SM335 模拟量输入/输出模块的技术参数

6ES7	334 - 0CE01 - 0AA0	334 - 0KE00 - 0AB0 334 - 0KE80 - 0AB0	335 - 7HG01 - 0AB0 快速模拟量输入/输出模块
输入点数	4	4	4
输入范围/输入阻抗	$(0\sim10)$ V/100 kΩ，$(0\sim20)$ mA/50 Ω	$(0\sim10)$ V/100 kΩ，电阻 10 kΩ，Pt100	±1 V，±10 V，±2.5 V，$(0\sim2)$ V，$(0\sim10)$ V：10 MΩ ±10 mA，$(0\sim20)$ mA，$(4\sim20)$ mA：100 Ω
分辨率	8 位	12 位	双极性 13 位＋符号位，单极性 14 位
转换时间		每通道最大为 85 ms	200 μs，4 通道最大为 1 ms
运行极限	电压$\pm0.9\%$，电流$\pm0.8\%$	电压$\pm0.7\%$，Pt100$\pm1.0\%$	电压$\pm0.15\%$，电流$\pm0.25\%$
基本误差限制	电压$\pm0.7\%$，电流$\pm0.6\%$	电压$\pm0.5\%$，Pt100$\pm0.8\%$	$\pm0.13\%$
输出点数	2	2	4
输出范围	$(0\sim10)$ V，$(0\sim20)$ mA	$(0\sim10)$ V	$(0\sim10)$ V，±10 V
负载阻抗	电压输出最小为 5 kΩ 电流输出最大为 300 Ω	电压输出最小为 2.5 kΩ	
分辨率	8 位	12 位	双极性 11 位＋符号位，单极性 12 位
转换时间	每通道最大为 0.5 ms	每通道最大为 0.5 ms	每通道最大为 0.8 ms
运行极限	电压$\pm0.8\%$，电流$\pm1.0\%$	电压$\pm1.0\%$	$\pm0.5\%$
基本误差限制	电压$\pm0.4\%$，电流$\pm0.8\%$	电压$\pm0.85\%$	$\pm0.2\%$
扫描时间(AI＋AO)	所有通道为 5 ms	所有通道为 85 ms	

SM 334 模拟量 I/O 模块主要有 4AI /2AO×8/8 bit 和 4AI /2AO×12 bit 两种规格。前者的输入/输出精度为 8 位，后者的输入/输出精度为 12 位。输入测量范围为 (0～10) V 或 (0～20) mA，输出范围为 (0～10)V 或 (0～20)mA。

SM 335 的主要功能有：

(1) 4 个快速模拟量输入通道，基本转换时间最大为 1 ms；

(2) 4 个快速模拟量输出通道，每个通道最大转换时间为 0.8 ms；

(3) 10 V/25 mA 的编码器电源；

(4) 1 个计数器输入(25 V/500 Hz)。

7.1.7 S7 - 300 的电源模块(PS)

PS 307 是西门子公司为 S7 - 300 专配的 24VDC 电源。PS 307 系列模块除输出额定电流(有 2A、5A、10A 三种)不同外，其工作原理和参数都一样。PS 307 电源模块将输入的 120/230V 单相交流电压转变为 24V 直流电压提供给 S7 - 300 使用，同时也可作为负载电源，通过 I/O 模块向使用 24 V DC 的负载(如传感器、执行机构等)供电。PS 307 电源模块的输入与输出之间有可靠的隔离。如果正常输出额定电压 24 V，面板上的绿色 LED 灯点亮；如果输出电路过载，LED 灯闪烁，输出电压下降；如果输出短路，则输出电压为零，LED 灯灭，短路故障解除后自动恢复。另外，LED 灯灭的状态下，也有可能是输入交流电源电压低所至，此时模块自动切断输出，故障解除后自动恢复。

图 7-5 是 PS 307 电源模块的基本原理图。图中 L+ 和 M 端子为 24 V DC 的正、负输出，各提供两个接线端子以利于分别向 CPU 模块和 I/O 模块接线。L1 和 N 为交流电源输入端子。

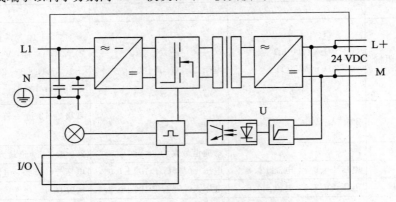

图 7 - 5 PS 307 电源模块原理图

7.1.8 S7 - 300 的 I/O 编址

S7 - 300PLC 的信号模块插在每个机架的第 4～11 槽里，这样就给每块信号模块确定了一个具体的模块起始地址，该地址取决于它所在的槽和机架。

1. 数字量 I/O 编址

S7 - 300 的数字量地址由地址标识符、地址的字节部分和位部分组成，地址标识符 I 表示输入，Q 表示输出，M 表示存储器位。例如 I3.2 是一个数字量输入的地址，表示 3 号字节的第 2 位。

CPU 从 4 号槽位开始为 I/O 模块分配地址，每个槽位所占用的 I/O 地址是系统默认的，以字节为单位。

图 7-6 给出了各个机架和槽位的数字量 I/O 编址。图中，每个槽位最多 32 个点，占 4 个字节。举例来说，若主机架(机架 0)的 4 号槽位上安装了 SM 321、DI 32×24VDC 模块，则该模块上的 32 个数字输入点地址依次为：I0.0～I0.7、I1.0～I1.7、I2.0～I2.7、I3.0～I3.7；若安装了数字输出模块，例如 SM 322；DO 32×24VDC/0.5A，则 32 个输出点地址依次为：Q0.0～Q0.7、Q1.0～Q1.7、Q2.0～Q2.7、Q3.0～Q3.7。如果不是 32 点的模块，例如 SM 321、DI 16×24VDC，则各点地址依次为：I0.0～I0.7、I1.0～I1.7，后面的 I2.0～I3.7 不能用。

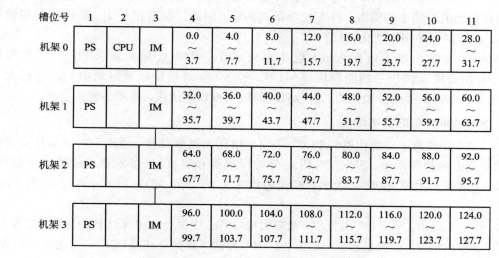

图 7-6　S7-300 数字量 I/O 模块的默认地址

2. 模拟量 I/O 编址

模拟量输入/输出通道的地址是一个字地址，通道地址取决于模板的起始地址，图 7-7 是 S7-300 对各个机架上槽位的模拟 I/O 默认地址。

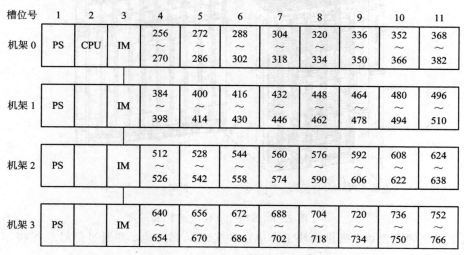

图 7-7　S7-300 模拟量 I/O 模块的默认地址

在 SM 区(4～11 号槽位)的每个槽位上，CPU 为每个模拟量模块分配了 16 个字节的地址，允许最多 8 路模拟 I/O，每个模拟量 I/O 的地址都是用 1 个字节来表示的，例如 QW256 是一个模拟量输出通道的地址，由 QB256 和 QB257 两个字节组成，而输入地址 IW640 则是由 IB640 和 IB641 两个字节组成的。

实际使用时是根据具体的模块来确定实际的地址范围的，例如 0 号机架的 4 号槽位，如果安装的是两通道模拟输入 I/O，则实际用到的地址是 IW256、IW258。

7.1.9 S7－400 系统简介

S7－400 是功能强大的 PLC，它具有功能分级的 CPU 以及种类齐全、综合性能强的模块，具有强大的扩展通信能力，可实现分布式系统，因此广泛应用于中、高性能的控制领域。S7－400 同样采用模块化设计。

S7－400 系统由以下组件组成：电源模块(PS)、中央处理单元(CPU)、信号模块(SM)、通信处理器(CP)、功能模块(FM)等。S7－400 对模块数量限制的上限远远大于 S7－300，因而有极强的扩展能力。信号模块的更换可以热插拔，而不必暂停生产。

1. S7－400PLC 的基本结构

S7－400 是具有中高档性能的 PLC，采用模块化无风扇设计，适用于对可靠性要求极高的大型复杂的控制系统。S7－400 PLC 分为标准型和容错型(可配置成故障安全型)两种。S7－400 采用大模块结构，大多数模块的尺寸为 25 mm(宽)×290 mm(高)×210 mm(深)。

如图 7－8 所示，S7－400 由机架、电源模块(PS)、中央处理单元(CPU)、数字量输入/输出(DI/DO))模块、模拟量输入/输出(AI/AO)模块、通信处理器(CP)、功能模块(FM)和接口模块(IM)组成。DI/DO 模块和 AI/AO 模块统称为信号模块(SM)。

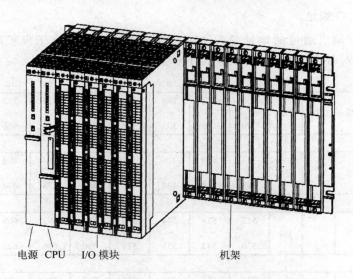

电源 CPU　I/O 模块　　　　　机架

图 7－8　S7－400 模块式 PLC

机架用来固定模块、提供模块工作电压和实现局部接地，并通过信号总线将不同的模块连接在一起。

S7-400 的模块插座焊在机架中的总线连接板上，模块插在模块插座上，有不同槽数的机架供用户选用，如果一个机架容纳不下所有的模块，可以增设一个或数个扩展机架，各机架之间用接口模块和通信电缆交换信息，如图 7-9 所示。

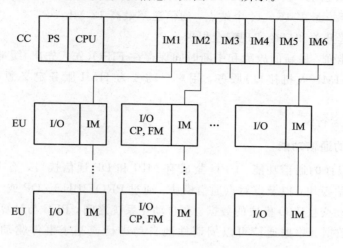

图 7-9　S7-400 PLC 的多机架连接

S7-400 提供了多种级别的 CPU 模块和种类齐全的通用功能的模块，使用户能根据需要组合成不同的专用系统。S7-400 采用模块化设计，性能范围宽广的不同模块可以灵活组合，扩展十分方便。

中央机架(或称中央控制器，CC)必须配置 CPU 模块和一个电源模块，可以安装除用于接收的 IM(接口模块)外的所有 S7-400 模块。如果有扩展机架，中央机架和扩展机架都需要安装接口模块。

扩展机架(或称扩展单元，EU)可以安装除 CPU、发送 IM、IM463-2 适配器外的所有 S7-400 模块。但是电源模块不能与 IM461-1(接收 IM)一起使用。

集中式扩展方式适用于小型配置或一个控制柜中的系统。CC 和 EU 的最大距离为 1.5 m(带 5 V 电源)或 3 m(不带 5 V 电源)。

分布式扩展适用于分布范围广的场合，CC 与最后一个 EU 的最大距离为 100 m (S7 EU)或 600 m(S5EU)。CC 最多插 6 块发送 IM，最多只有 2 个 IM 可以提供 5 V 电源。通过 C 总线(通信总线)的数据交换仅限于 CC 和 6 个 EU 之间。

2. S7-400 的特点

(1) 运行速度高，CPU417-4 执行一条二进制指令只要 0.03 μs。

(2) 存储器容量大，例如 CPU 417-4 的工作内存可达 20 MB，装载存储器(EEPROM 或 RAM)可以扩展到 64 MB。

(3) 可多 CPU 并行计算(最多 4 个 CPU 并行处理复杂任务)。

(4) 支持集中式和分布式信号模板的热插拔。

(5) I/O 扩展功能强，可以扩展 21 个机架，CPU417-4 最多可以扩展 262 144 个数字量 I/O 点和 16 384 个模拟量 I/O。

(6) 有极强的通信能力，容易实现分布式结构和冗余控制系统，集成的 MPI(多点接口)能建立最多 32 个站的简单网络。大多数 CPU 集成有 PROFIBUS-DP 主站接口,可以用来建立高速的分布式系统,使操作大大简化。从用户的角度看,分布式 I/O 的处理与集中式 I/O 没有什么区别,具有相同的配置、寻址和编程方法。CPU 能与在通信总线和 MPI 上的站点建立联系,最多 16~44 个站点,通信速率最高 12 Mb/s。

(7) 通过钥匙开关和口令实现安全保护。

(8) 诊断功能强,最新的故障和中断时间保存在 FIFO(先入先出)缓冲区中。

(9) 集成的 HMI(人机接口)服务,用户只需要为 HMI 服务定义源和目的地址传送信息。

(10) 无风扇运行。

3. S7-400 的通信功能

S7-400 有很强的通信功能,CPU 集成有 MPI 和 DP 通信接口,有 PROFIBUS-DP 和工业以太网通信模块,以及点对点通信模块。通过 PROFIBUS-DP 或 AS-I 现场总线,可以周期性地自动交换 I/O 模块的数据。在自动化系统之间,PLC 与计算机和人机界面之间,均可以交换数据。数据通信可以周期性地自动进行或基于事件驱动,由用户程序块调用。

S7/C7 通信对象的通信服务通过集成在系统中的功能块来进行。可提供的通信服务有:使用 MPI 的标准 S7 通信;使用 MPI、C 总线(通信总线,Communication bus)、PROFIBUS-DP 和工业以太网的 S7 通信;与 S5 通信对象和第三方设备的通信。这些服务包括通过 PROFIBUS-DP 和工业以太网的 S5 兼容通信和标准通信。

4. S7-400H 容错自动化系统概述

S7-400H 特别适合于下列场合:

(1) 停机将造成重大的经济损失。

(2) 过程控制系统发生故障停机后再启动的费用非常昂贵。

(3) 某些使用贵重原材料的生产过程会因突发的停机事件产生废品。

(4) 无人管理的场合或需要减少维修人员的场合。

S7-400H 是按冗余方式设计的,主要器件都是双重的,可以在故障发生后继续使用备用的部件。设计成双重器件的有中央处理器、电源模块以及连接两个处理器的硬件。用户也可以自行决定设置其他需要的双重部件,以增强设备的冗余性。S7-400H 是"热备"模式,无故障时两个子单元都处于运行状态,采用"事件驱动同步",当故障发生时,保证在双重部件之间无扰动切换。

5. 多 CPU 处理

S7-400 系列拥有可多 CPU 处理的能力,1 个机架上最多可安装 4 个这样的 CPU 模块,并同时运行。这些 CPU 同时启动,同时进入 STOP 模式。多 CPU 处理适用的情况是,当用户程序过长,或者存储空间不够时,需要分配给多个 CPU 来执行。可将系统分成不同的、相对独立的功能块,以利于彼此分开,单独控制,各 CPU 分别处理不同的部分,各自访问分配给自己的模块,给每个 CPU 分配模块的工作在 STEP 7 组态中进行。通过通信总线(C 总线),CPU 彼此互联,启动时,CPU 将自动检查彼此是否同步。

7.2 S7-300 和 S7-400 的指令系统

S7-300 和 S7-400 PLC 具有 350 多条指令，其中包括 STEP 5 指令和集成在 S7 CPU 中的系统功能和功能块，这些系统中集成的标准块可以在 STEP 7 编程软件中被用户程序调用。以下主要介绍 S7-300 和 S7-400 指令系统的一些基本概念和 STEP 7 的基本指令。

7.2.1 基本概念

1. 编程语言

STEP 7 是 S7-300/400 系列 PLC 的编程软件。梯形图(LAD)、语句表(STL)、功能块图(FBD)是标准的 STEP 7 软件包中配备的三种基本编程语言，这 3 种语言可以在 STEP 7 中相互转换。

2. 数据类型

STEP 7 有以下 3 种数据类型。

(1) 基本数据类型：用于定义不超过 32 位的数据。包括了在 S7-200 PLC 指令系统中所用的基本数据类型：1 位布尔型(BOOL)、8 位字节型(BYTE)、16 位无符号整数(WORD)、16 位有符号整数(INT)、32 位无符号双字整数(DWORD)、32 位有符号双字整数(DINT)。此外还有：浮点数(REAL)、字符(CHAR)、时间(TIME)、日期(DATE)、日计时(TOD, TIME-OF-DAY)、系统时间(S5TIME)等。

(2) 复合数据类型：通过组合基本数据类型，可以定义超过 32 位的数据类型。例如数组(ARRAY)、结构(STRUCT)、字符串(STRING)、日期和时间(DATE_AND_TIME)，用户还可以将基本数据类型和复合数据类型组合在一起，定义成新的数据类型，成为用户定义的数据类型 UDT(User-defined Data Types)。

(3) 参数类型：为在逻辑块(FB、FC)之间传递参数的形参(形式参数，Formal Parameter)定义的数据类型，用于向功能块(FB)、功能(FC)传递实际参数(实参，Actual Parameter)。例如当程序调用一个通用功能块(FB)时，指定 FB 中所使用的定时器或计数器的具体编号(T4、C3 等)。

3. 存储器区域及功能

(1) 输入映像寄存器区：在扫描循环的开始阶段，读操作系统从过程中读取输入信号并在这些区域中记录这些输入值，以便执行用户程序时使用它们。地址前加符号"I"表示为该区域的存储单元，例如 I3.0(位)、IB3(字节)、IW256(字)、ID256(双字)。

(2) 输出映像寄存器区：系统执行用户程序时将有关输出的值保存在这个区域，扫描循环的末尾，操作系统从这个区域读取计算的输出值并送给输出模块，由输出模块输出控制外部设备。地址前加"Q"说明为该区域单元。

(3) 位存储器：用于存储程序中计算的临时结果的存储器。与输入/输出映像寄存器相同，可按位(M)、字节(MB)、字(MW)、双字(MD)存取。

(4) 外设 I/O 区：这一区域使程序能够直接访问 I/O 模块。可以按字节(PIB 或 PQB)、字(PIW 或 PQW)、双字(PID 或 PQD)存取，不能以位为单位存取。

（5）定时器存储区：用于存储定时器的时间初值和当前值。

（6）计数器存储区：用于计数器的存储器，计数器指令在此访问它们。

（7）数据块（DB）：由用户通过 STEP 7 编程软件在 CPU 的存储区中建立，用于存放用户程序运行所需的各种数据，可被所有的逻辑块打开实现数据共享。

（8）背景数据块（DI）：调用功能块（FB、SFB）时，自动打开一个背景数据块，这个数据块的数据格式与被打开的 FB（或 SFB）所要求的格式一致。利用 DI，FB 中运行的变量获得实际参数（实参）。原则上任何数据块（DB 或 DI）都可以被当作共享数据块来使用，最多可以同时打开两个数据块。

（9）本地数据（L）：在处理组织块（OB）、功能（FC）、系统功能（SFC）时，需要暂时存放的临时数据，系统以堆栈的形式为其开辟一部分存储区（L 堆栈），功能执行结束后这些数据即会丢失，所以也称它们为动态数据。

4. 寻址方式

所谓寻址方式，是指令得到操作数的方式，可以直接或间接给出操作数的地址。STEP7 有 4 种寻址方式：立即寻址、存储器直接寻址、存储器间接寻址、寄存器间接寻址。在立即寻址中，常数的表示方法是，首先说明类型和进制，中间用♯号分隔，例如 2♯0011_1101，为二进制常数形式，同样的数据用十六进制字节常数表示为 B♯16♯3D，若用双整型常数表示为 L♯＋61。

5. 状态字寄存器

状态字寄存器是专门用于存储指令执行状态的 16 位状态寄存器。状态字寄存器以二进制位的形式保存指令的执行结果与中间状态等，它的结构如图 7-10 所示。

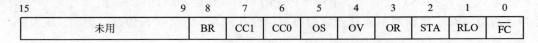

15					9	8	7	6	5	4	3	2	1	0
未用						BR	CC1	CC0	OS	OV	OR	STA	RLO	$\overline{FC}$

图 7-10　状态字寄存器

（1）首次检测位（$\overline{FC}$）：该位状态指示了系统扫描用户程序的局部进程。用户程序中的每一个逻辑块是以梯形逻辑网络（Network）为单位的，"能流"从左边的母线经过用户编程设定的逻辑组合，进入右边的输出元件和母线，构成一个 Network，和下一个 Network 的母线是不相连的。系统扫描到某一 Network 的初始时刻，将 $\overline{FC}$ 由 0 态置为 1 态；而当这个 Network 扫描结束后，又将 $\overline{FC}$ 清零。

（2）逻辑操作结果（RLO）：该位存储 Network 中每一步的逻辑运算结果，为 1 时表示有"能流"流到当前扫描点，为 0 时表示无"能流"到达该处。

（3）状态位（STA）：执行位逻辑指令时，STA 总是与该位的值相一致。

（4）或位（OR）：在 Network 中，当出现先"与"后"或"的逻辑结构时，OR 位暂存"与"的结果，以进行随后的逻辑"或"运算。其他指令将 OR 位清 0。

（5）溢出位（OV）：算术指令或浮点比较指令运行出错时，将该位置 1，当后面的同类指令运算结果正常时将该位清 0。

（6）溢出状态保持位（OS）：当 OV 位被置 1 时，OS 位也被置 1，而当 OV 位被清 0 时，OS 位仍保持。JOS 指令（OS＝1 时跳转）、块调用指令、块结束指令将 OS 位清 0。

（7）条件码 1(CC1) 和条件码 0(CC0)：两位结合起来表示累加器 1 中算术运算结果与 0 的大小关系、比较指令的执行结果、移位指令的移出状态。

（8）二进制结果位(BR)：在一段既有位操作又有字操作的程序中，如果字操作结果正确，该位为 1，否则为 0。

7.2.2　S7－300/400PLC 的基本指令及其编程

1．位逻辑指令

位逻辑指令处理的对象为二进制位信号。位逻辑指令扫描信号状态"1"和"0"位，并根据布尔逻辑对它们进行组合，所产生的结果("1"或"0")称为逻辑运算结果，存储在状态字的"RLO"中。

（1）触点指令：分常开触点、常闭触点两种，如表 7－5 所示。

表 7－5　触　点　指　令

指令名称	LDA 指令	操作数	数据类型	存储区	说明
常开触点	位地址 —┤├—	位地址	BOOL TIMER COUNTER	I、Q、 M、T、 C、D、L	系统将指令扫描结果存放在 RLO 中，结果为 1 说明该触点处于通的状态
常闭触点	位地址 —┤/├—				

触点的串联为逻辑"与"，并联为逻辑"或"，两支（或若干支）串联的触点再进行并联，系统扫描时要先"与"后"或"，如图 7－11 所示。

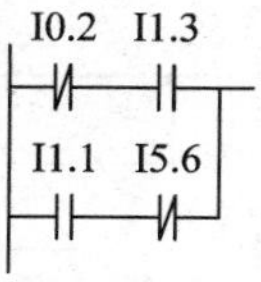

图 7－11 中，系统程序将 I0.2 和 I1.3"与"的结果暂时存放在状态字存储器的 OR 位（第 5 位，见图 7－10），待将 I1.1 和 I5.6"与"的结果计算出来后，再和 OR 位进行"或"运算得到最终的结果。

图 7－11　位逻辑先"与"后"或"

（2）输出指令：输出指令有两种，一种是逻辑串输出指令（输出线圈），另一种是中间输出指令。

逻辑串输出指令又称赋值指令，将逻辑运算结果 RLO 写入指定的位地址，对应于梯形图中的线圈，其梯形图指令如图 7－12 所示。

中间输出指令的 LAD 元件符号如图 7－13 所示，作用是将该元件左边的 RLO 保存到元件指定的位地址中。中间输出指令的元件要放在逻辑串的中间，不能与左右两边的母线连接。

位地址
—( )—

位地址
—(#)—

图 7－12　LAD 输出指令　　　　图 7－13　LAD 中间输出指令

图 7－14 中的两个梯形图是等效的，体现了中间输出元件的作用。在(b)图中，中间输

出指令将 I0.0 的逻辑值(RLO)存放到 M0.1 中，在下一个逻辑串中，用 M0.1 的状态和 I0.2 进行"与"运算，将结果赋值给 Q8.1，其效果和(a)图相同。

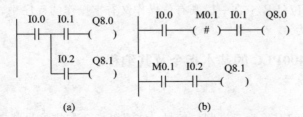

图 7-14　中间输出指令的作用

（3）置位/复位指令：这两个指令的符号和作用如表 7-6 所示。

表 7-6　置位/复位指令

指令名称	LDA 指令	操作数	数据类型	存储区	说　明
置位指令	位地址 —(S)	位地址	BOOL TIMER COUNTER	I、Q、 M、T、 C、D、L	若元件输入端的逻辑值(RLO)为 1，则置位指令将指定的位单元置 1，而复位指令将指定的位单元清 0
复位指令	位地址 —(R)				

（4）RS/SR 触发器。表 7-7 给出了不同状态下触发器输出的情况。图 7-15 为两个触发器指令的梯形图符号。

表 7-7　RS/SR 触发器的工作状态

	R	S	Q
RS 触发器	R	S	Q
	1	0	0
	0	1	1
	1	1	1
SR 触发器	R	S	Q
	1	0	0
	0	1	1
	1	1	0

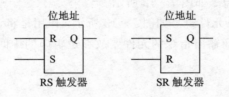

图 7-15　RS/SR 触发器

　　两个触发器的不同之处在于，RS 触发器是系统程序首先扫描复位端(R)，再扫描置位端(S)，因此当 R 和 S 的输入状态都是 1 时，起作用的是 S 端，触发器输出状态为 1；而 SR

触发器正好相反，系统程序先扫描 S 端，后扫描 R 端，所以当两端的输入状态都为 1 时，触发器输出状态为 0。当 R、S 均为 0 状态时，触发器输出 Q 保持原状态。

（5）边沿检测指令：STEP 7 中有两类边沿检测指令，一类用于对触点的跳变边沿进行检测，另一类是对 RLO 的跳变边沿进行检测。

① 触点跳变边沿检测指令：该类指令对触点的上升沿（POS）或下降沿（NEG）进行检测，继而产生相应的动作，图 7-16 举例说明了两个边沿检测指令的用法。

在图 7-16(a)中，若要使得 Q4.0 的状态为 1，需要满足两个条件，其一是 I0.0 处于 ON 的状态；其二，I0.3 在上个周期为 0（依图中所示，M0.0 保存 I0.3 在上一个周期的状态），而在本周期为 1，从而被检测出有一个上升沿，这两个条件满足后，上升沿检测元件的输出端 Q 为 1，则 Q4.0 状态为 1。需要补充说明的是，Q＝1 的状态只维持一个周期，因为下一个周期内不可能再来一次上升沿，故 Q 变为 0，所以图中的 Q4.0 的"ON"状态也是一个周期。

图 7-16(b)中，下降沿检测元件的工作过程与上升沿检测过程类似，同样需要将 I0.3 在本周期中的状态与上周期的状态进行比较（上周期的状态如图所示，也存储在 M0.0 中），不同之处在于它检测的是下降沿。

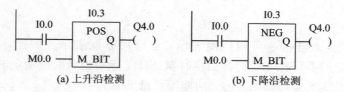

图 7-16　触点上升/下降沿检测指令

② RLO 边沿检测指令：该指令也分上升沿检测和下降沿检测两种，指令的用法如图 7-17 所示。这两条指令与触点边沿检测指令一样，只在一个周期内有效。

在图 7-17 中，位存储单元 M0.0 存放的是上个周期时，I0.0 和 I0.1 逻辑"与"的结果，即上个周期时的 RLO；在本周期，I0.0 和 I0.1 逻辑"与"的结果（当前的 RLO），要和 M0.0 中的值进行比较，以便判断 RLO 的跳变。在图 7-17(a)中，若检测出 RLO 的上升跳变（M0.0 中保存的状态为 0，当前 RLO 值为 1），则"能流"从检测元件流过，程序向"CAS1"标志处跳转，否则顺序执行程序。

在图 7-17(b)中，其过程与(a)图类似，区别是检测 RLO 的下降跳变。

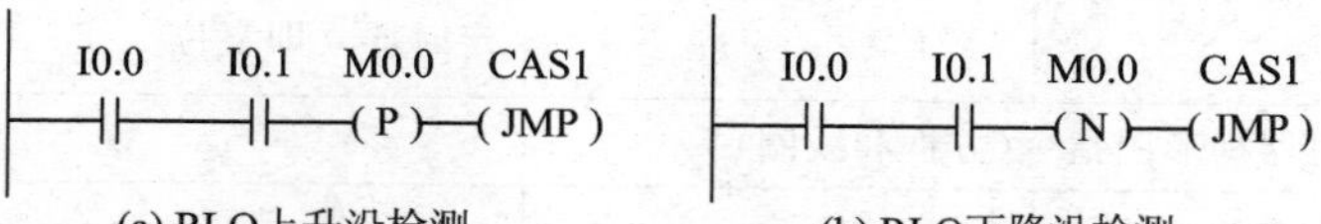

```
    I0.0   I0.1  M0.0   CAS1              I0.0   I0.1  M0.0   CAS1
  ──┤├────┤├────( P )──( JMP )         ──┤├────┤├────( N )──( JMP )

     (a) RLO上升沿检测                        (b) RLO下降沿检测
```

图 7-17　RLO 边沿检测指令

（6）对 RLO 的直接操作指令：包括对 RLO 的取反指令、保存指令、置位/清零指令等。

① RLO 取反指令：图 7-18 为取反指令的应用。图中，若 I0.0 的状态为 1，则 Q4.0 的状态为 0，反之 Q4.0 状态为 1。

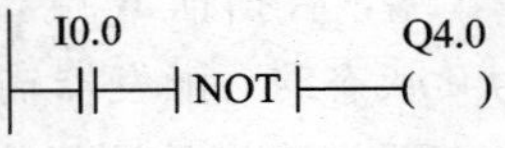

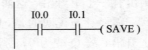

图 7-18　RLO 取反指令

② RLO 保存指令：在图 7-19 中，SAVE 指令将 I0.0 和 I0.1 逻辑"与"的结果（即当前的 RLO）保存到状态字寄存器的 BR 位（第 8 位）。注意，执行 SAVE 指令不会复位首次检测位（$\overline{FC}$），由于这个原因，BR 位的状态将在下一个网络（Network）中参与逻辑"与"运算。

```
    I0.0    I0.1
   ──┤├─────┤├──────( SAVE )
```

图 7-19　RLO 保存指令

③ RLO 的置位和清零指令：这两条指令在梯形图语言（LAD）和功能块图（FBD）中不能使用，只能用在语句表语言（STL）中。SET 指令将 RLO 的内容置 1；CLR 指令将 RLO 的内容清 0。

2. 定时器指令

STEP 7 中的定时器指令可用线圈表示，也可用方框表示。共有 5 类：脉冲定时器（SP）、延时脉冲定时器（SE）、延时接通定时器（SD）、保持型延时接通定时器（SS）、延时断开定时器（SF）。这 5 类定时器的符号、功能等信息见表 7-8。

表 7-8　定 时 器 指 令

定时器梯形图指令（方框和线圈）		说　　明
脉冲定时器	**S_PULSE** Tno. S　Q TV　BI R　BCD 时间值 ── TV 启动 ──(SP) Tno. 时间值 复位 ──(R) Tno.	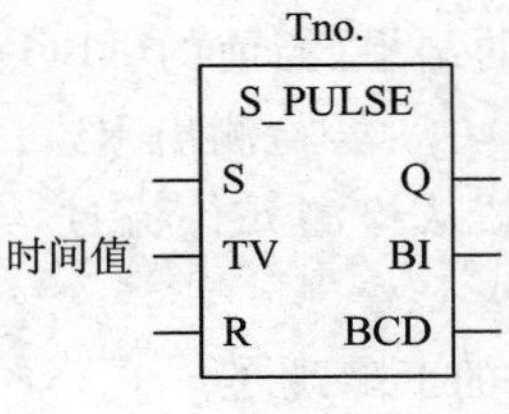 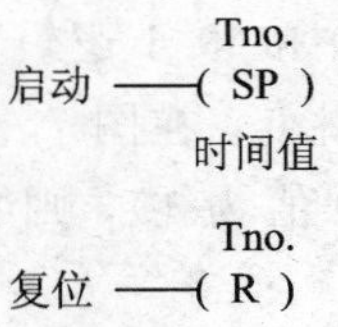 Tno. 是定时器的编号。当方框图的 S 端（或者启动线圈）得到 RLO 的上升沿时，方框图的 Q 端输出为 1（线圈的常开触点接通、常闭触点断开）。定时器按照时间值的设定计时，这个期间需要 S 端（或启动端）的 RLO 保持为 1 的状态，否则定时器停止工作。计时到则 Q 输出为 0（线圈触点恢复常开、常闭）。如果定时期间在 R 端有 RLO 上升沿，定时器立即复位
定时器梯形图指令（方框和线圈）		说　　明
延时脉冲定时器	**S_PEXT** Tno. S　Q TV　BI R　BCD 时间值 ── TV 启动 ──(SE) Tno. 时间值 复位 ──(R) Tno.	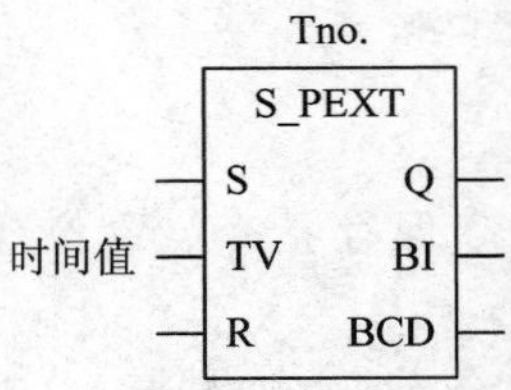 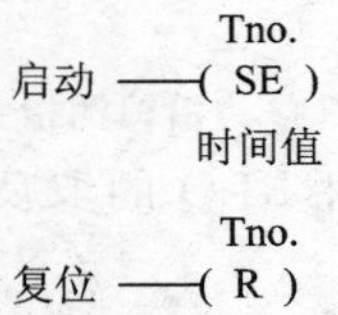 与脉冲定时器的工作过程基本相同，区别是：定时期间，如果 S 端（或启动线圈）的 RLO 由 1 变为 0，定时器继续定时，而当此处的 RLO 又由 0 变为 1 时，定时器将从时间设定值开始从新定时

	定时器梯形图指令(方框和线圈)		说　明
延时接通定时器	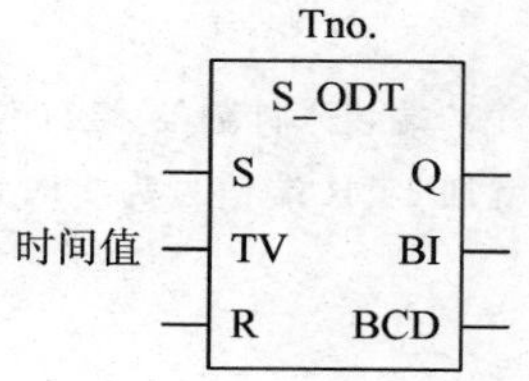 Tno. S_ODT ─ S　　Q ─ 时间值 ─ TV　BI ─ ─ R　　BCD ─	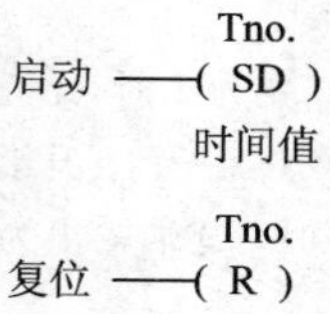 启动 ── (SD) 　　时间值 Tno. 复位 ── (R)	当 S 端(或启动线圈)的 RLO 由 0 变为 1 时,定时器按设定的时间值开始定时,时间到并且 S 端(或者启动线圈)的 RLO 一直是 1,则方框图的 Q 端为 1(线圈的常开触点接通、常闭触点断开)。如果在定时期间 S 端(或启动线圈)的信号变为 0,则定时停止。任何时候有复位信号则定时器复位
保持型延时接通定时器	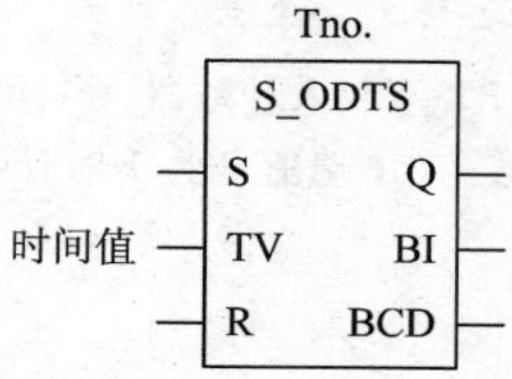 Tno. S_ODTS ─ S　　Q ─ 时间值 ─ TV　BI ─ ─ R　　BCD ─	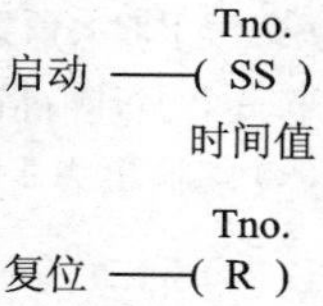 启动 ── (SS) 　　时间值 Tno. 复位 ── (R)	与延时接通定时器工作基本相同,区别是:定时期间 S 端(或启动线圈)得到的 RLO 变为 0,定时器照常工作;而假如 RLO 又由 0 变为 1,定时器重新开始定时
延时断开定时器	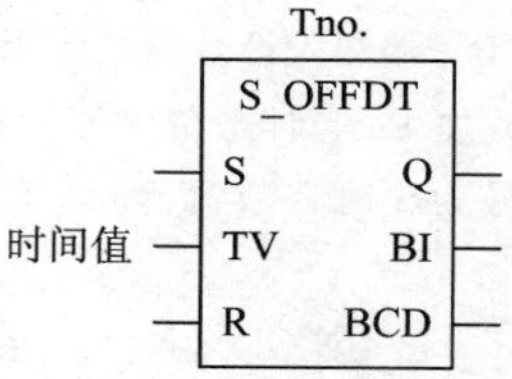 Tno. S_OFFDT ─ S　　Q ─ 时间值 ─ TV　BI ─ ─ R　　BCD ─	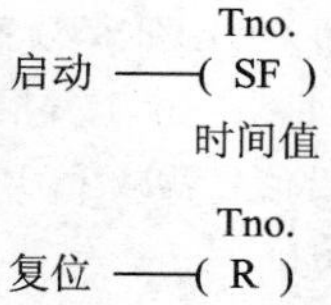 启动 ── (SF) 　　时间值 Tno. 复位 ── (R)	S 端(或启动线圈)的信号为 1,则 Q 输出为 1(线圈触点常开点闭合,常闭点断开);当 S 端(或启动线圈)的信号由 1 变为 0,定时器开始定时,时间到 Q 输出为 0(线圈触点恢复常开和常闭);任何时刻有复位信号则定时器复位

3. 计数器指令

计数器指令分加计数器、减计数器、加减计数器三种,可以用方框表示或者线圈表示。线圈分预置值线圈、加计数器线圈、减计数器线圈。计数器的初值用 BCD 码格式表示,计数范围是 0～999。如 C♯100 表示计数器初值为十进制的 100。线圈指令如图 7-20 所示。

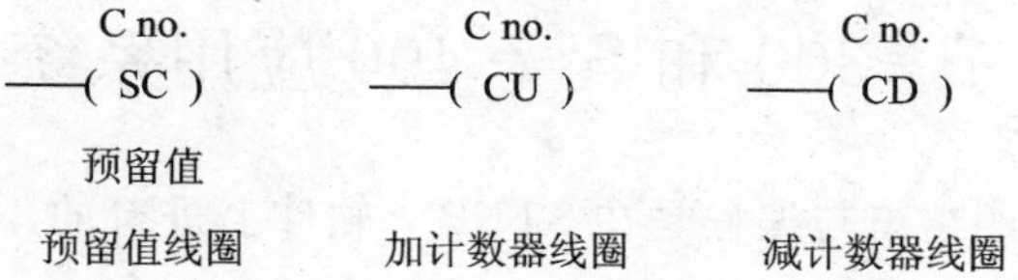

C no.　　　　　C no.　　　　　C no.
──(SC)　　　──(CU)　　　──(CD)
预留值

预留值线圈　　　加计数器线圈　　　减计数器线圈

图 7-20　计数器线圈指令

当预置值线圈的输入信号由 0 状态变为 1 时,预置值被装入计数器。加、减计数器都对上升沿有效,当减计数器线圈计数值为零时,线圈相当于"断电"状态,计数值非零时,相当于"通电"状态。另有复位线圈(R),与定时器的复位线圈用法类似,可对计数器强制复位。

计数器的方框图指令如表 7-9 所示。

表 7-9   计数器方框指令

	计数器指令	说　　明
加计数器	C no. S_CU CU　　Q S PV　　CV R　　CV_BCD	当 S 端信号由 0 变为 1 时，预置值由 PV 端装入计数器。当计数值小于 999 时，CU 端每来一个上升沿信号就加 1。R 端信号为 1 时计数器清 0。计数值非 0 时，Q 端输出为 1
减计数器	C no. S_CD CD　　Q S PV　　CV R　　CV_BCD	当 S 端信号由 0 变为 1 时，预置值由 PV 端装入计数器。当计数值大于 0 时，CD 端每来一个上升沿信号就减 1。R 端信号为 1 时计数器清 0。计数值非 0 时，Q 端输出为 1
加减计数器	C no. S_CUD CU　　Q CD S PV　　CV R　　CV_BCD	当 S 端信号由 0 变为 1 时，预置值由 PV 端装入计数器。当计数值小于 999 时，CU 端每来一个上升沿信号就加 1，当计数值大于 0 时，CD 端每来一个上升沿信号就减 1。R 端信号为 1 时计数器清 0。计数值非 0 时，Q 端输出为 1

4. 其他指令

除上述指令外，S7-300/400 还有算术运算指令（整数运算、浮点运算）、比较指令、移位循环指令、数据块指令等等。另外，集成在系统程序中的大量系统功能和系统功能块，用户程序可以直接调用它们，限于篇幅这里不做介绍，详情可查阅 STEP 7 编程手册。

7.3　S7-300 和 S7-400 应用系统的编程

S7-300/400 系统的组态与编程是在 STEP 7 软件上进行的，本节以 S7-300 为例简要介绍利用 STEP 7 进行编程的基本概念、方法和步骤。

7.3.1　STEP 7 软件包

STEP 7 软件包可运行在 Windows 95/98/2000/NT 下，为适应不同的应用对象，可选择不同的版本，其中的 STEP 7 标准软件包可用于对 SIMATIC S7-300/400、SIMATIC M7-300/400、SIMATIC C7 等系统的编程和开发。

STEP 7 标准软件包的功能和组成如图 7-21 所示。

（1）SIMATIC 管理器可浏览 SIMATIC S7、SIMATIC M7、SIMATIC C7 的所有工具软件和数据。

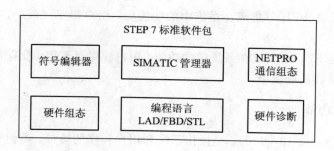

图 7-21 STEP 7 标准软件包的组成

（2）符号编辑器管理所有的全局变量，用于定义符号名称、数据类型和全局变量的注释。

（3）通信组态包括组态的连接和显示、定义 MPI 或 PROFIBUS DP 设备之间由时间或事件驱动的数据传输、定义事件驱动的数据、用编程语言对所选通信块进行参数设置。

（4）硬件组态用于对硬件设备进行配置和参数设置。包括：系统组态，从目录中选择机架，并将模块分配给各个槽位，自动生成 I/O 地址；CPU 参数设置，例如启动特性、扫描监视时间等；模块参数设置，用于定义硬件模块的可调整参数。

（5）编程语言工具中可以使用梯形图语言（LAD）、功能块图语言（FBD）、语句表语言（STL）三种。

（6）硬件诊断工具为用户提供自动化系统的状态，可快速浏览 CPU 的数据以及用户程序运行中的故障原因，也可用图形方式显示硬件配置，例如模块的一般信息和状态、显示模块故障、显示诊断缓冲区信息等。

7.3.2　应用系统的程序结构

用户程序的主程序在组织块 OB1 中，如果所有指令都编写在 OB1 中，程序指令依次执行，则把这种编程方式称做线性编程。此外，STEP 7 支持结构化程序编程，可将控制过程中要求的功能编成通用的逻辑块（FC 或 FB），相当于子程序，通过主程序（OB1）调用执行，在调用时可对 FB 赋以参数使其完成特定的操作。同时，STEP 7 支持子程序对子程序的调用，即逻辑块可以嵌套调用逻辑块。每次调用都中断原程序的执行，转而执行被调用逻辑块，被调用块执行完毕后，返回继续执行原程序。结构化的用户程序如图 7-22 所示。

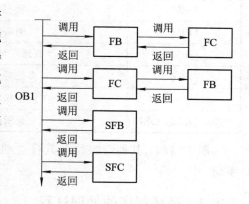

图 7-22　结构化程序

具体说明如下：

（1）功能块（FB）：用户编写的逻辑功能块，每个 FB 都有一个背景数据块 DI，用户程序利用 DI 传递参数。

（2）功能（FC）：用户编写的逻辑功能块，FC 没有背景数据块 DI，所使用的临时变量存储在局域数据堆栈中。

（3）系统功能块（SFB）：集成在系统中的功能块，用户程序可调用，背景数据块 DI 传递参数。

（4）系统功能（SFC）：集成在系统中的功能，用户程序可调用，没有背景数据块 DI，临时变量存储在局域数据堆栈中。

7.3.3　组织块功能

组织块 OBx（x：1、10～122），是操作系统和用户程序的接口，类似于微机汇编语言中的"中断向量表"，每一个组织块都对应一个驱动事件，例如 OB30 对应的是循环中断，循环时间可在 STEP 7 中设定。当驱动事件的条件满足时，操作系统调用相应的组织块，执行该组织块中的用户程序，执行完毕返回，继续执行原程序。因此每一个组织块都相当于一个中断处理程序的入口指针，用户可以根据控制系统的要求，在相应的组织块中编写自己的应用程序，有些组织块需要在 STEP 7 中进行相应的参数设置，用以规定驱动事件需要满足的具体条件和具体的响应组织块。S7 所提供的部分组织块及其响应优先级见表 7 - 10。

表 7 - 10　系统组织块及优先级

组织块	驱动事件	优先级
OB1	主程序循环	1
OB10～17	日时（Time - of - day）中断	2
OB20～23	延时中断	3～6
OB30～38	循环中断	7～15
OB40～47	硬件中断	16～23
OB55	状态中断	2
OB56	刷新中断	2
OB57	制造厂特殊中断	2
OB60	多处理器中断	25
OB61～64	同步循环中断	25
OB70、OB72、OB73	冗余故障中断	25、28、25

限于篇幅，其他组织块及其优先级不再列出，详情请查阅 S7 - 300/400 的系统软件手册。

7.3.4　循环程序的处理过程

PLC 用户程序的处理过程均为循环处理过程，这一点已经在第 3 章中介绍过了。S7 - 300/400 PLC 程序的执行过程也遵循这一原理，其具体过程如下：

（1）系统上电或由 STOP 模式转到 RUN 模式时，CPU 执行启动操作，对没有保持功能的存储区、定时器、计数器、堆栈等清 0，复位保持的硬件中断等。此外，还要根据不同的启动方式执行一次由用户编写的"启动组织块"（OB100 或 OB101 或 OB102），完成用户指定的初始化操作。

（2）启动循环时间监控。系统默认的最大循环时间可以在 STEP 7 中修改。

（3）扫描输入状态。从输入模块中读取各个输入点的状态，并在写入过程中输入映像存储区。

（4）执行组织块 OB1，扫描用户程序，包括调用各功能（FC、SFC）和功能块（FB、SFB），响应事件中断（调用相应的组织块 OBx）等。在扫描用户程序过程中，同时刷新过程输出映像存储区。

（5）将过程输出映像存储区的内容传递给输出模块，执行输出控制动作。完毕后转第（2）步重新开始循环扫描。

7.3.5　编程的基本方法和步骤

工业生产过程中对储水容器水位控制的应用是非常多的，本节以此为例，采用 S7 - 300 PLC 设计一个水位控制系统，系统并不复杂，也并未取自某一具体的工业环境，只是希望通过对整个开发过程的介绍，向大家说明 S7 - 300 PLC 编程的一般方法和过程。

系统如图 7 - 23 所示，DCS600 是 ABB 公司的变频器，利用它的顺序控制功能，可输出 7 个固定频率，7 个频率值能够在参数中设定。PLC 的作用是检测水位，并向 DCS600 输出三个开关量信号，用于调整 DCS600 的输出频率，从而控制进水流量达到控制水位的目的。PLC 输出的三个开关量地址为 Q4.0、Q4.1、Q4.2，它们与变频器输出频率之间的关系如表 7 - 11 所示。

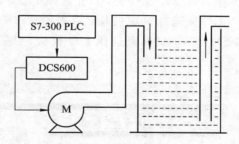

图 7 - 23　水位控制系统

表 7 - 11　变频器速度与 PLC 输出的关系

Q4.2	Q4.1	Q4.0	速　　度
0	0	1	0 Hz(可设定)
0	1	0	10 Hz(可设定)
0	1	1	15 Hz(可设定)
1	0	0	20 Hz(可设定)
1	0	1	30 Hz(可设定)
1	1	0	40 Hz(可设定)
1	1	1	50 Hz(可设定)
0	0	0	不用

水位检测信号的安置如图 7 - 24 所示。一共设置 4 个水位检测开关，检测方式为有水

时闭合。除了上、下限位之外，开关 1、2 的作用是将水位划分为三个状态，状态Ⅰ为水位偏高，Ⅱ为适中，Ⅲ为偏低。

图 7-24　水位检测示意图

PLC 控制要求和策略：

（1）上限位：点亮上限位报警指示灯，开关输出组合为 001(0 Hz)。

（2）下限位：点亮下限位报警指示灯，开关输出组合为 111(50 Hz)。

（3）状态Ⅰ：延时若干时间后若依然为状态Ⅰ，则开关输出组合减 1，使 DCS600 的输出频率下调一个级别，直至水位进入状态Ⅱ，或者开关输出组合为 001(0 Hz)。

（4）状态Ⅱ：输出不变。

（5）状态Ⅲ：延时若干时间后若依然为状态Ⅲ，则开关输出组合加 1，使 DCS600 的输出频率上调一个级别，直至水位进入状态Ⅱ，或者开关输出组合为 111(50 Hz)。

最终目的是使得水位稳定在状态Ⅱ。

1. 创建项目和硬件组态

激活 SIMATIG 管理器(SIMATIG Manager)，在新建项目窗口中输入"水位控制"，建立新项目。点击 SIMATIC 300 station 和 hardware 图标，在 HW Config 窗口中进行硬件组态，组态过程是：打开 SIMATIC 300 文件夹，首先选择安装导轨(RACK-300)，然后点击槽位 1，再点击 PS-300 文件夹选择电源模块；点击槽位 2 和 CPU-300 文件夹选择 CPU 模块；点击槽位 4 和 SM-300 文件夹选择 I/O 模块。组态完毕后存盘如图 7-25 所示。

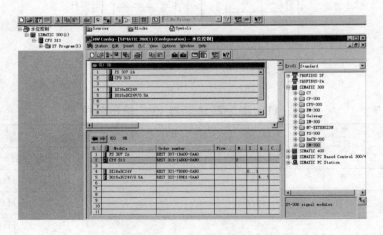

图 7-25　STEP 7 硬件组态

2. 符号编辑

点击图 7-25 中的 Symbols 图标，进入符号编辑器，可以对全局变量命名，这样做的目的是增加程序的可读性，如图 7-26 所示。

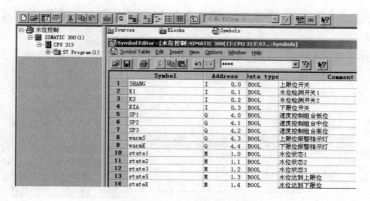

图 7 - 26　编辑符号表

3. 用户程序编程

（1）主程序 OB1 的编程。点击 Blocks 图标，再点击 OB1 对用户主程序编程。在 OB1 中首先对上、下限位的状态进行处理，然后通过对水位状态 1、3 的判断结果，调用相应的减速、升速功能 F1、F3。OB1 的程序片段如图 7 - 27 所示。图中右方窗口提供了 STEP 7 中的所有指令及功能，用户点击帮助图标再点击相应的指令符号，即可得到指令用法的解释说明，双击指令图标可将其调入梯形图中。

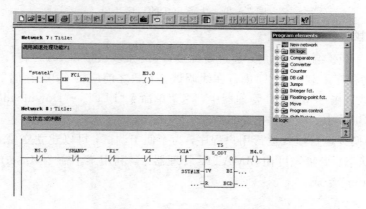

图 7 - 27　OB1 中主程序片段

（2）编制功能 FC。在 SIMATIC 管理器中用 Insert 下拉菜单生成功能 FC1 和 FC3，如图 7 - 28 所示。

图 7 - 28　功能 FC 的生成

当水位为状态 1 时，FC1 用于向下调节变频器的输出频率；而 FC3 用于当水位为状态 3 时的频率上调。

点击 FC1 和 FC3 的图标，可分别对它们进行编程，图 7 - 29 是功能 FC1 的程序片段。

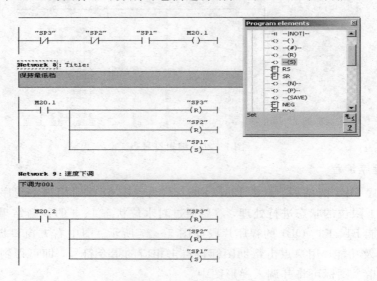

图 7 - 29　功能 FC1 的程序片段

4. 程序下载与调试

OB1、FC1、FC3 编制完成后，通过硬件接口(例如多点接口 MPI)将计算机和 PLC 连接起来，然后将程序下载给 CPU 进行在线调试。下载之前应将 CPU 存储器复位，将其切换到 STOP 模式。在 SIMATIC 管理器中，用菜单命令"PLC"→"Download"可将被选择的程序块下载到 CPU 中。

将 CPU 切换到运行模式运行用户程序，为了便于调试，可以建立变量表，用于显示各个变量的实时状态。变量表可在 SIMATIC 管理器中，利用菜单命令"Insert"→"S7 Block"→"Variable Table"生成。

小　　结

本章介绍了西门子 S7 - 300/400 PLC 的系统配置、基本指令和编程方法。具体内容总结如下：

(1) S7 - 300/400 的结构包括电源模块(PS)、CPU 模块、信号模块(SM)、功能模块(FM)、接口模块(IM)和通信处理器(CP)等部分。

(2) S7 - 300/400 适用于中大型控制系统，它们具有指令处理速度快、采用浮点数运算、人机界面、自诊断功能、口令保护等功能。

(3) S7 - 300 有 20 多种不同型号的 CPU，分别适用于不同等级的控制要求。

(4) S7 - 400 系列拥有多 CPU 处理能力的 CPU 模块，1 个机架上最多可安装 4 个这样的 CPU 模块。这些 CPU 自动、同步地变换其运行模式，可以同步执行控制任务。

(5) STEP 7 是西门子公司 S7 - 300/400 系列 PLC 的编程软件。在 STEP 7 的软件包

中配备了5种编程语言：梯形图(LAD)、语句表(STL)和功能块图(FBD)、结构化控制语言(SCL)和图形语言(S7 graph)。

(6) 在S7-300/400中主要有3种数据类型：基本数据类型、复合数据类型和参数类型。基本数据类型用于定义不超过32位的数据。复合数据类型通过组合基本数据类型，可以定义超过32位的数据类型。参数类型为逻辑块之间传递形参(形式参数，Formal Parameter)而设定的。

(7) STEP7中有4种寻址方式：立即寻址、存储器直接寻址、存储器间接寻址、寄存器间接寻址。

(8) 常用的S7-300/400的基本指令有位逻辑指令、定时器指令、计数器指令、算术运算指令(整数运算、浮点运算)、比较指令、移位循环指令等等。

(9) S7-300/400编程的基本步骤为：a创建项目和硬件组态；b符号编辑；c用户程序编程；d程序下载与调试。

思 考 题

7.1　S7-300 PLC的背板总线是通过怎样的形式连接起来的？S7-300 PLC的电源模块是否必选件？

7.2　在图7-30所示的梯形图程序片段中，符号1、2、3、4、5表示了系统程序扫描时的次序，如果过程输入映像存储器中的状态为：I0.2＝0、I1.1＝1、I1.3＝1、I5.6＝1，分别说明在1、2、3、4、5步骤完成时，状态寄存器的状态字 RLO 和 OR 的状态。

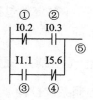

图7-30　LAD程序片段

7.3　依据图7-31所示的 LAD 程序以及 I0.0 的时序图，画出 Q4.0 和 Q4.1 的输出波形。(I0.1的状态总为 OFF)

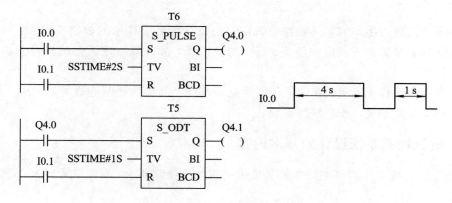

图7-31　LAD程序段及时序

第8章 电气控制系统设计

生产机械不同，其电气控制系统也不同，但是它们的设计原则相同，都包括电气控制原理设计和工艺设计两个方面。电气控制原理设计以满足机械设备的基本要求为目标，综合考虑设备的自动化程度和技术的先进性。而工艺设计的合理性则决定着电气控制设备生产制作的可行性、经济性、造型的美观及使用与维修的方便等技术和经济指标。本章主要论述电气控制系统设计的一般规律和设计方法。

8.1 电气控制系统设计的内容

电气控制系统设计的基本内容是根据电气控制要求设计和编制出设备的电气控制系统制造和使用、维护中的所有图纸和资料。电气图纸主要包括电气原理图、电气安装图、电气接线图等。主要资料包括元器件清单及用途表、设备操作使用说明书、设备原理及结构、维修说明书等。

8.1.1 电气控制系统设计的基本原则

电气控制系统设计涉及的内容十分广泛，设计的每一个环节都与产品的质量和成本密切相关，其基本原则如下：

（1）电气控制方式应与设备的通用化和专用化程度相适宜，既要考虑控制系统的先进性，又要与具体国情和企业实力相适应。脱离实际地盲目追求自动化和高技术指标是不可取的。

（2）设备的电力拖动方案和控制方式应符合设计任务书提出的控制要求和技术、经济标准，拖动方案和控制方式应在经济、安全的前提下，最大限度地满足机械设备的加工工艺要求。

（3）合理地选择元器件，在保证电气性能的基础上降低生产制造成本。

（4）操作维修方便，外形结构美观。

8.1.2 电气控制系统设计的基本内容

电气控制系统设计的基本任务是满足生产机械的控制要求，在电气原理和工艺设计过程中，需要完成以下设计项目：

（1）拟定电气设计任务书（技术条件）。电气设计任务书是电气设计的依据，应会同电气和机械设计及企业管理决策人员共同分析设备的机械、液压、气动装置等原理及动作要求、技术及经济指标，确定电气的设计任务书。

（2）电力拖动方案的选择。设备的拖动方法主要有电力拖动、液压传动、气动等。电力拖动的传动，液压和气动系统的控制要求是电气控制系统设计的主要依据。采用电力拖动时，应根据机械设备驱动力矩或功率的要求，合理选择电机类型和参数。电力拖动方案要考虑电机启动及换向方法、调速方式及方法、制动方法等内容。

（3）控制方式的选择。应根据拖动方式和设备自动化程度的要求，合理选择控制方式。随着电力电子技术、检测技术、计算机技术及自动控制理论的不断发展进步，以及机械结构与工艺水平的不断提高，电气控制技术也由传统的继电接触器控制向顺序控制、可编程控制、计算机网络控制等方面发展，控制方案的可选性不断增多。

对于一般机械设备(含通用和专用)，其工作程序是固定不变的，多选用固定式的基本逻辑型继电接触器控制方式。对于经常变换加工工序的设备，可以采用可编程控制器控制。对于复杂控制系统(如自动生产线、加工中心等)以及对显示操作有特殊要求的设备，可采用较大型的可编程控制系统，触摸屏操作、显示等先进控制手段，亦可选用工业控制计算机和组态软件或计算机集散式控制系统来控制。

（4）设计电气控制原理图并选择元器件。电气原理图主要包括主电路、控制电路和辅助电路。根据电气原理合理选择元器件，并列写元器件清单。

（5）根据电气原理图，设计并绘制电气设备总的布置图，绘制控制面板图、元器件安装底板图、电气安装接线图和电气互连图等系列工艺性技术图纸。

（6）编写使用说明书和维修说明书。

以上图纸及资料一般用计算机绘制或打印，以便于装订成册并存档，向用户提供完整的电气维护使用手册。

8.2　电气接线图的设计方法

电气接线图是电气设计的重要组成部分，是电气安装施工所依据的工艺性文件。系统地掌握电气控制系统接线图工艺设计方法，是保障电气控制系统质量的基础。

电气安装接线图简称电气接线图。电气接线图是为安装电气设备、对电器元件配线或设备检修服务的。接线图的特点是将同一元件的所有电气符号画在同一方框内，该方框的位置与电气安装位置图中的相对位置一致，但方框的大小不受限定。绘制电气接线图的方法有很多种，本教材主要介绍基于导线二维标注的绘制方法。

传统的电气接线图通过标注导线线号以及在器件间采用连接导线束来表示导线的连接关系，用这种方法绘出的电气接线图存在以下缺点：

（1）连接导线束较多，图面较乱。

（2）器件间连接对应关系不明朗，查找线号及分析读图都较困难。

因此，这种方法正在逐步被淘汰。导线二维标注法的设计思想是：在器件接线端用数字标明导线线号和器件编号，来指示导线的编号和去向，从而省去了器件间的连接导线束，使得电气接线图的接线关系更加简单明了，图面更加整洁。

电气接线图绘制的前提条件是在电气原理线路图的基础上，根据元器件的物理结构及安装尺寸，在电气安装底板上排出器件的具体安装位置，绘制出元器件布置图及安装底板图。再根据元器件布置图中各个元器件的相对位置绘制电气接线图。电气接线图和电气安装互连图的绘制原则如下所述。

1. 电气接线图的绘制原则

（1）在接线图中，各电器元件的相对位置应与实际安装位置一致。在各电器元件的位置图上，以细实线画出外形方框图（元件框），并在其中画出与原理图一致的图形符号。一个元件的所有电器部件的电气符号均应集中在本元件框的方框内，不得分散画出。

（2）在原理图上标注接线标号（简称线号）时，主回路线号通常采用字母加数字的方法标注，控制回路线号采用数字标注。控制电路线号标柱的方法是在继电接触器线圈上方或左方的导线标注奇数线号，线圈下方或右方的导线标注偶数线号；也可以由上到下、由左到右地顺序标注线号。线号标注的原则是每经过一个电器元件，变换一次线号（不含接线端子）。

（3）给各个器件编号，器件编号用多位数字。通常，器件编号连同电器符号标注在器件方框的斜上方（左上或右上角）。

（4）接线关系的表示方法有两种。一是用数字标注线号，器件间用细实线连接的表示方式。如果器件间连接线条多，那么这样表示会使得电气接线图图面显得杂乱，因此该方式多用于接线关系简单的电路。二是导线二维标注法。二维标注法采用线号和器件编号的二维空间标注，表示导线的连接关系，即器件间不用线条连接，只简单地用数字标注线号，用电气符号或数字标注器件，分别写在电器元件的连接线上（含线侧）和出线端，指示导线及去向。导线二维标注法具有结构简单，易于读图的优点，广泛适用于简单和复杂的电气控制系统的接线图设计。

安装工艺的布线方式有槽板式和捆扎线把式两种（其方法介绍略）。基于导线二维标注接线方法的布线路径可由电气安装人员依据就近、美观的原则自行确定。

（5）配电盘底板与控制面板及外设（如电源引线、电动机接线等）间一般用接线端子连接，接线端子也应按照元器件类别进行编号，并在上面注明线号和去向（器件编号）。但导线经过接线端子时，导线编号不变。

2. 电气安装互连图的绘制原则

电气安装互连图用来表示电气设备各单元间的接线关系。互连图可以清楚地表示电气设备外部元件的相对位置及它们之间的电气连接，是实际安装接线的依据，在生产现场中得到了广泛应用。

不同单元线路板上的电器元件必须经接线端子板连接，系统设计时应根据负载电流的大小计算并选择连接导线，原理图中应注明导线的标称截面积和种类。互连图的主要绘制规则有：

（1）互连图中导线的连接关系用导线束表示，连接导线应注明导线规范（颜色、数量、长度和截面积等）。

（2）穿管或成束导线还应注明所有穿线管的种类、内径、长度及考虑备用导线后的导线根数。

其他：注明有关接线安装的技术条件。

3. 电气接线图绘制的简要步骤

（1）画元件框及符号。依照安装位置，在接线图上画出元器件的电气符号图形及外框。

（2）分配元件编号。给器件编号，并将器件编号标在接线图中。

（3）标线号。在原理图上定义并标注每一根导线的线号。

（4）填充连线的去向和线号。在器件连接导线的线侧和线端标注线号和导线去向（器件编号）。

8.3 继电器—接触器控制线路的设计方法

继电器—接触器控制是应用最广泛的控制方式之一。它通过触点的"通"、"断"来控制电动机、电磁阀或其他电气设备完成特定的动作。控制线路的设计在满足生产要求的前提下，力求使线路简单、经济、可靠。下面从几个不同角度来说明继电器—接触器控制电路设计的一般规律：

（1）尽量选用典型环节或经过实际检验过的控制线路。

（2）在控制原理正确的前提下，减少连接导线的根数与长度。进行电气原理图设计时，应合理安排各电器元件之间的连线，尤其要注重电气柜与各操作面板、行程开关之间的连线，使其尽量合理。例如，图 8 - 1(a) 所示的两地控

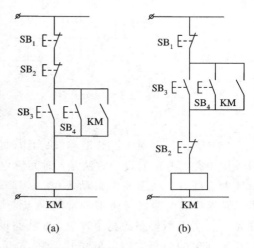

图 8 - 1 两地控制电路

制电路的原理虽然正确，但因为电气柜及一组控制按钮安装在一起（一地），距另一地的控制按钮有一定距离，所以两地间的连线较多，电路结构不尽合理。而图 8 - 1(b) 所示电路两地间的连线较少，更为合理。

（3）减少线圈通电电流所经过的触点点数，提高控制线路的可靠性。在图 8 - 2(a) 所示的顺序控制电路中，KA_3 线圈通电电流要经过 KA_1、KA_2、KA_3 的三对触点；若改为图 8 - 2(b) 所示的电路，则每个继电器的接通只需经过一对触头，工作更为可靠。

（4）减少不必要的触点和通电时间。减少不必要触点的方法是使用卡诺图或公式法化简控制电路的控制逻辑；减少电器不必要的通电时间，可以节约电能，延长器件的使用寿命。例如，降压启动控制电路的启动过程结束后，应将控制启动过程用的时间继电器和其他电器线圈断电。又如，能耗制动过程结束后，应将控制制动过程的各电器线圈均断电复位。

（5）电磁线圈的正确连接方法。电磁式电器的电磁线圈分为电压线圈和电流线圈两种类型。为保证电磁机构可靠工作，同时动作的电器的电压线圈只能并联连接。例如，图 8 - 3 所示的电压线圈就不允许串联连接，而只能并联连接。否则的话，将因衔铁气隙的不同，而使线圈交流阻抗不同，电压不平均分配，从而导致电器不能可靠工作。反之，电流线圈同时工作时只能串联，不能并联。

电磁线圈的位置通常画在控制电路的下方，电磁线圈的文字符号通常标于电磁线圈下方的电源线下。规范的电路设计习惯可以避免电器意外接通的寄生现象以及其他不必要的故障产生。

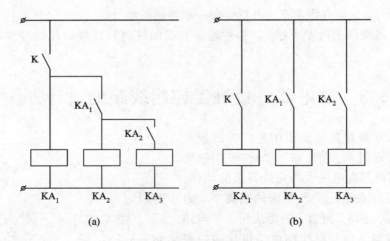

图 8-2 顺序控制电路

（6）防止竞争现象。图 8-4(a) 为由时间继电器组成的反身关闭电路。电路的设计方法是：时间继电器延时时间到后，常闭触点断开，线圈断电自动复位，为下一次通电延时做准备。但依赖继电器自身所带的常闭触点来切断其线圈的导电通路时会产生不可靠的竞争现象，在线路设计时应力求避免。对竞争现象的分析：当时间继电器的常开触点延时断开后，时间继电器的线圈失电，又使经过 t_s 秒断开的常闭触点恢复闭合，使经过 t_1 秒闭合的瞬时常开触点断开。若 $t_s > t_1$，则电路能反身关闭；若 $t_s < t_1$，则 KT 的继电器线圈再次吸合，这

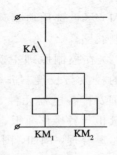

图 8-3 电压线圈并联

种现象叫触点竞争。图 8-4(b) 所示的电路增加了起控制作用的中间继电器 KA，从而可以避免竞争现象的发生。

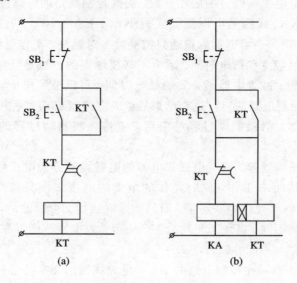

图 8-4 反身关闭电路

（7）控制电源的选择。由于触点容量大，主电路的电器一般采用交流电器，而控制电器有很多不同的选择方式。因此，控制电路设计的一项重要内容就是控制电源的选择。控制电源有交流和直流两大类，每一类电源又有不同的电压等级。电源的类型要与继电器—接触器的类型相一致。对于简单的控制线路，可直接用交流电网供电。当线路比较复杂，用的电器较多，对工作可靠性要求较高以及有安全照明要求时，可采用由控制变压器隔离并降压（127 V、110 V、36 V）的低压供电。但需注意，随着控制电源电压的降低，控制电路的电流将增大。在控制电路复杂、电器数量很多，对每一个电器的可靠性都要求较高的场合以及控制电路带有直流负载（如直流电磁铁）的情况下，控制电路可采用直流电器，需要低压直流电源供电。

（8）控制变压器容量的计算。控制变压器用来降低控制电路和辅助电路的电压，以满足一些电器元件的电压要求。在保证控制电路工作安全可靠的前提下，控制变压器的容量可以按以下条件选择：变压器的容量应大于控制电路有最大工作负载时所需要的功率，即

$$S_T \geqslant K_T \sum S_{XC}$$

式中：S_T——变压器所需容量（单位为 W）；

$\sum S_{XC}$——控制电路有最大负载时工作电器吸合所需要的功率（单位为 VA）；

K_T——变压器容量的储备系数，一般取 1.1～1.25。

8.4　PLC 控制系统设计的内容和方法

随着控制系统复杂程度的增加，PLC 控制系统将逐步取代继电器—接触器电气控制系统。本节将介绍 PLC 控制系统的一般设计内容和方法。

8.4.1　设计原则

在设计过程中，通常应遵循以下基本原则：

（1）经济性。在满足控制要求的前提下，应尽可能降低设计、使用和维护的成本，力求性价比最高。

（2）可靠性。控制系统要功能完善、稳定可靠。

（3）先进性。在满足可靠性的前提下，系统要保证一定的先进性。

（4）可扩展性。对于 PLC 单机系统，要考虑通过增加扩展模块来满足系统规模扩大的要求；对于网络系统，网络应易于增加节点，易于连接新型采集装置，易于与其他系统进行数据交换。

8.4.2　设计内容和方法

在 PLC 控制系统的设计中，要对控制对象进行详细分析，首先应确定系统用 PLC 单机控制，还是用 PLC 形成网络；然后对各种方案进行对比，确定控制方案；最后按系统要求进行硬件和软件的功能划分、设计和调试，直到满足控制系统设计要求为止。

1. 明确控制要求

通过对控制对象进行详细分析，熟悉其控制要求和生产工艺，列出控制系统的所有功能和指标要求，明确控制要求。

2. 选择 I/O 设备

根据控制系统的要求，选择合理的 I/O 设备，并初步估计需要的 I/O 点数。常用传动设备及电气元件所需的 I/O 点数可以参考表 8-1。

表 8-1　常用传动设备及电气元件所需的 I/O 点数

序号	电气设备及元件	输入点数	输出点数	I/O 总数
1	Y-△ 启动的笼型电动机	4	3	7
2	单向运行的笼型电动机	4	1	5
3	可逆运行的笼型电动机	5	2	7
4	单向变极电机	5	3	8
5	可逆变极电机	6	4	10
6	单向运行的直流电动机	9	6	15
7	可逆运行的直流电动机	12	8	20
8	单线圈电磁阀	2	1	3
9	双线圈电磁阀	3	2	5
10	比例阀	3	5	8
11	按钮开关	1		1
12	光电管开关	2		2
13	信号灯		1	1
14	拨码开关	4		4
15	三挡波段开关	3		3
16	行程开关	1		1
17	接近开关	1		1
18	抱闸		1	1
19	风机		1	1
20	位置开关	2		2

3. 选择 PLC 型号

PLC 的型号种类很多，在选择时应主要考虑以下几个方面：

(1) I/O 点数。根据输入、输出设备数量计算 PLC 的 I/O 点数，并且在选购 PLC 时要在实际需要点数的基础上留有 $10\% \sim 15\%$ 的余量。

(2) 存储容量与速度。尽管各厂家的 PLC 产品大体相同，但也有一定的区别。目前还未发现各公司之间完全兼容的产品。各个公司的开发软件都不相同，而用户程序的存储容量和指令的执行速度是两个重要指标。一般存储容量越大、速度越快的 PLC 价格就越高，但应该根据系统的大小合理选用 PLC 产品，一般按下式估算用户程序的存储容量：

存储器字数＝1.3×(开关量 I/O 点数×10＋模拟量点数×200)

(3) 编程器的选择。PLC 编程可采用以下三种方式：

• 手持编程器编程。它只能用厂家规定的语句表中的语句编程。这种方式效率低，但对于系统容量小、用量小的产品比较适宜，其体积小，易于现场调试，造价也较低。

• 图形编程器编程。该编程器采用梯形图编程，方便直观，一般的电气人员短期内就可应用自如，但该编程器价格较高。

• 个人计算机加 PLC 软件包编程。这种方式是效率最高的一种方式，也是应用非常普遍的一种方式。

因此，应根据系统的大小与难易，开发周期的长短以及资金的情况合理选购 PLC 产品。

（4）输入/输出模块的选择。选择哪一种输入/输出模块，取决于控制系统输入/输出回路的信号种类和要求。

① 电源回路。PLC 供电电源一般为 AC 85 V～240 V（也有 DC 24 V），其电源适应范围较宽，但为了抗干扰，应加装电源净化元件（如电源滤波器、1∶1 隔离变压器等）。

② 输入回路。输入回路有直流 5 V/12 V/24 V/48 V/60 V 等和交流 115 V/220 V 等形式。一般应根据现场设备和主机的距离来选择电压的高低。如 5 V 的输入模块适用于 10 m 以内的距离，48 V 适用于 30 m 以上的距离。

③ 输出回路。根据 PLC 输出端所带的负载是直流型还是交流型，是大电流还是小电流，以及 PLC 输出点动作的频率等，可确定输出端是采用继电器输出，还是晶体管输出，或晶闸管输出。不同的负载选用不同的输出方式，对系统的稳定运行是很重要的。各种输出方式之间的比较如下：

• 继电器输出：优点是不同公共点之间可带不同的交、直流负载，且电压也可不同，带负载电流可达 2 A/点。但继电器输出方式不适用于高频动作的负载，这是由继电器的寿命决定的。其寿命随带负载电流的增加而减少，一般在几十万次至几百万次之间，有的公司产品可达 1000 万次以上，响应时间为 10 ms。

• 晶闸管输出：带负载能力为 0.2 A/点，只能带交流负载，可适应高频动作，响应时间为 1 ms。

• 晶体管输出：最大优点是适应于高频动作，响应时间短，一般为 0.2 ms 左右，但它只能带 DC 5 V～30 V 的负载，最大输出负载电流为 0.5 A/点，但每 4 点不得大于 0.8 A。

当系统输出频率为 6 次/min 以下时，应首选继电器输出，因其电路设计简单，抗干扰和带负载能力强。当频率为 10 次/min 以下时，既可采用继电器输出方式，也可采用 PLC 输出驱动达林顿三极管（5 A～10 A），再驱动负载。

（5）尽量选用大公司的产品，其质量有保障，技术支持好，一般售后服务也较好，还有利于产品扩展与软件升级。

4. 系统的硬件设计

硬件设计主要包括以下几方面：

（1）分配 PLC 的 I/O 点地址。根据输入设备和输出设备的数量和型号分配 I/O 地址，以便绘制接线图及编写程序。分配 I/O 地址的原则如下：

① 每一个输入信号占用一个输入地址，每一个输出地址驱动一个负载。

② 同一类型的信号集中配置，地址编号按顺序连续编排。

③ 彼此相关的输出器件，例如，电机的正反转、电磁阀的夹紧与放松等，要连续编写其输出地址编号。

（2）绘制电气线路图。步骤为：

① 绘制主电路图。

② 绘制 PLC 输入/输出接线端子图。

③ 绘制 PLC 的电源线路。

④ 绘制输入/输出设备的电源线路。

⑤ 设计电气控制柜（台）及电器布置图。

（3）安装电气控制柜（台）。

5. 系统的软件设计

一般按以下步骤编写软件：

（1）设计控制系统流程图或功能表图，明确动作的顺序和条件。

（2）根据系统流程图或功能表图，结合分配的 I/O 地址，即可编写程序。常用的方法有经验设计法、逻辑设计法和流程图设计法（即功能表图设计法）。

① 经验设计法。经验设计法是将继电器—接触器控制线路原理图按照一定的对应关系，转化为梯形图的设计方法。该方法非常适合对继电器—接触器控制线路熟悉的工程技术人员使用。

② 逻辑设计法。逻辑设计法以逻辑代数为基础，根据生产工艺的变化，列出检测元件、中间元件和执行元件的逻辑表达式并化简，然后再转化为梯形图。

③ 顺序控制设计法（功能表图设计法）。在工业控制领域中，顺序控制设计法已经成为 PLC 程序设计的主要方法。

1）功能流程图的组成

功能流程图由状态、转换、转换条件和动作说明四部分组成。功能流程图的一般结构形式如图 8-5 所示。

（1）状态。状态用矩形框表示，框中的数字是该状态对应的工步序号，也可以将与该状态相对应的编程元件（如 PLC 内部的通用辅助继电器、移位继电器、状态继电器等）作为状态的编号。注意，"0"状态或原始状态用双线框表示。

（2）转换。转换用有向线段表示。在两个状态框之间必须用转换线段相连接。

（3）转换条件。转换条件用与转换线段垂直的短划线表示。每个转换线段上必须有一个表示转换条件的短划线。在短线旁可以用文字或

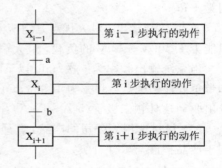

图 8-5　功能流程图的一般结构形式

图形符号或逻辑表达式注明转换条件的具体内容。当相邻两状态之间的转换条件满足时，两状态之间的转换才得以实现。

（4）动作说明。在状态框旁边，用文字说明了与状态相对应的工步的内容，这些文字即为动作说明。动作说明用矩形框围起来，用短线与状态框平行相连。动作说明旁边往往也标出了实现该动作的电气执行元件的名称或 PLC 地址。

2）功能流程图的特点

功能流程图的基本特点是各工步按顺序执行，上一工步执行结束，转换信号出现时，立即开通下一工步，同时关断上一工步。在图 8-5 中，$X_{i-1}=1$ 是第 i 步开通的前导信号，待转换条件 a 满足时，第 i 步立即开通（$X_i=1$），同时关断前一工步（$X_{i-1}=0$）。由此可见，第 i 步开通的条件有两个，即 $X_{i-1}=1$ 和 $a=1$。第 i-1 步关断的条件只有一个，即 $X_i=1$。

功能流程图第 i 步开启和关断的条件，运用逻辑表达式可表示为

$$X_i = (X_{i-1} \cdot a + X_i) \cdot \overline{X_{i+1}}$$

式中，左边的 X_i 表示第 i 步的状态；右边的 X_{i-1} 表示第 i 步的前导信号，a 表示转换条件，X_i 表示自锁信号，$\overline{X_{i+1}}$ 表示关断第 i 步的主令信号。

3）功能流程图的主要类型

功能流程图的主要类型如下：

（1）单流程。它反映按顺序排列的步相继被激活的一种基本形式，其结构如图 8-5 所示。

（2）选择分支和连接。图 8-6 是选择性分支和连接的功能流程图，它在一个活动步之后，紧接着有几个后续步可供选择，选择分支的每个工步都有各自的转换条件。图 8-6 中，当工步 2 处于激活状态时，若转换条件 b＝1，则执行工步 3；若转换条件 c＝1，则执行工步 4。b、c、d、e 是选择执行的条件。哪个条件满足，则选择相应的分支，同时关断上一工步 2。

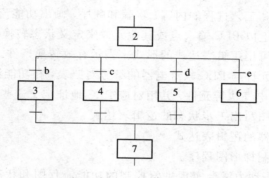

图 8-6　选择分支和连接

（3）并行分支和连接。当转换的实现导致各个分支同时被激活时，采用并行分支，如图 8-7 所示。其有向连接线的水平部分用双线表示。当工步 2 处于激活状态时，若转换条件 b＝1，则工步 3、5 同时开启，即工步 2 必须在工步 3、5 都开启后才能关断。

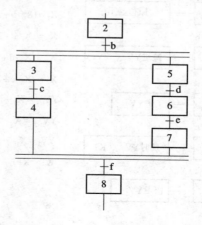

图 8-7　并行分支和连接

（4）循环和跳转。在生产过程中，有时要求在一定条件下停止执行某些原定动作，此

时可用跳转程序。有时需要重复执行，此时可用循环程序。如图 8-8 所示，当工步 1 处于激活状态时，若条件 e=1，则跳过工步 2、3，直接激活工步 4。跳转结构是一种特殊的选择分支。

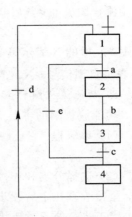

当工步 4 处于激活状态时，若条件 d=1，则循环执行，激活状态 1。循环程序也是一种特殊的选择分支。

注意：转换是有方向的，一般功能图的转换顺序是从上到下，从左到右。是正常顺序时可以省略箭头，否则必须加箭头，以标明方向。

图 8-8　循环和跳转

4）用功能流程图绘制梯形图

功能流程图完整地表现了控制系统的控制过程、各状态的功能、状态转换的顺序和条件。它是进行 PLC 应用程序设计的便捷工具。利用功能流程图进行程序设计时，大致可按以下几个步骤进行：

（1）根据控制要求和工艺过程的内容、步骤和顺序，画出功能流程图。

（2）在功能流程图上以 PLC 输入点或其他元件来定义状态转换条件，当某转换条件的实际内容不止一个时，可用逻辑表达式的形式来表示有效转换条件。

（3）按照电气执行元件与 PLC 软继电器的编号对照表，在功能流程图上指出实现状态或动作命令控制功能的电气执行元件，并用对应 PLC 地址定义这些执行元件。

（4）根据功能流程图写出工步状态的逻辑表达式。

（5）写出各执行电器的逻辑表达式。

（6）根据表达式编制梯形图程序。

图 8-9 是一个液压动力滑台实现进给控制的功能流程图和状态的逻辑关系，具体梯形图请读者自己设计。

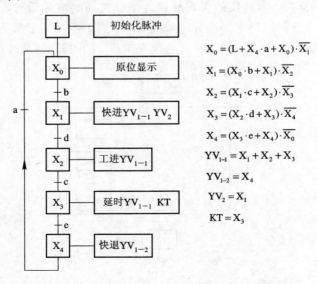

图 8-9　某液压动力滑台实现进给控制的功能流程图

$$X_0 = (L + X_4 \cdot a + X_0) \cdot \overline{X_1}$$
$$X_1 = (X_0 \cdot b + X_1) \cdot \overline{X_2}$$
$$X_2 = (X_1 \cdot c + X_2) \cdot \overline{X_3}$$
$$X_3 = (X_2 \cdot d + X_3) \cdot \overline{X_4}$$
$$X_4 = (X_3 \cdot e + X_4) \cdot \overline{X_0}$$
$$YV_{1-1} = X_1 + X_2 + X_3$$
$$YV_{1-2} = X_4$$
$$YV_2 = X_1$$
$$KT = X_3$$

8.5 应用示例

本节分别以继电器—接触器控制系统和 PLC 控制系统的应用为例，进一步说明电气控制系统的设计方法。

8.5.1 继电器—接触器控制系统设计应用示例

下面结合电气控制设备制造的工程实际，以一台小型电动机控制线路设计为例，结合电气接线图和电气互连图的绘制原则，进一步说明导线二维标注法在电气接线图中的应用方法和电气控制系统设计的过程。

1. 电动机启停控制电气原理图

电动机启停控制电气原理路如图 8-10 所示，为简化内容，电路原理分析从略。为便于施工和设计电气接线图，电气原理图中依据线号标注原则标出了各导线标号，大电流导线标出了载流面积（根据电动机工作电流计算出的导线的截面积）。元器件清单见表 8-2。

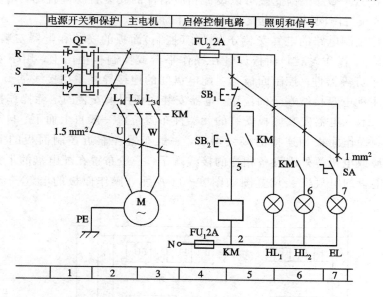

图 8-10 电动机启停控制电气原理图

表 8-2 元器件清单

序号	符号	名 称	型 号	规 格	数量
1	M	异步电动机	Y80	1.5 kW，380 V，1440 转/min	1
2	QF	低压断路器	C65AD	3 极，380 V，32 A	1
3	KM	交流接触器	CJ21-10	380 V，10 A，线圈电压 220 V	1

序号	符号	名　称	型号	规　格	数量
4	SB1	控制按钮	LAY3	红	1
5	SB2	控制按钮	LAY3	绿	1
6	SA	钮子开关	KN‑3N	220 V	1
7	HL$_1$ HL$_2$	指示信号灯	ND16	380 V，5 A	2
8	EL	照明灯		220 V，40 W	1
9	FU	熔断器	RT18	250 V，4 A	2

2. 电气安装位置图

　　电气安装位置图又称布置图，主要用来表示原理图所有电器元件在设备上的实际位置，为电气设备的制造、安装提供必要的资料。图中，各电器符号与电气原理图和元器件清单中的器件代号一致。根据此图可以设计相应器件的安装打孔位置图，用于器件的安装固定。电气安装位置图同时也是电气接线图设计的依据。

　　电动机启停控制电路的电气安装分为操作(控制)面板的安装和电器安装底板(主配电盘)的安装两部分。操作(控制)面板设计在操作平台或控制柜柜门上，用于安装各种主令电器和状态指示灯等器件。控制面板与主配电盘间的连接导线采用接线端子连接。接线端子安装在靠近主配电盘接线端子的位置。电器安装底板用来安装固定除操作按钮和指示灯外的其他电器元件。电器安装底板安装的元器件布置位置一般自上而下、自左而右依次排列。底板与控制操作面板相连接的接线端子，一般布置在靠近控制面板的上方或柜门轴侧；底板与电源或电机等外围设备相连的接线端子，一般布置在配电盘的下方靠近过线孔的位置。主配电盘的电气安装位置图如图 8 - 11 所示，操作面板的电气安装位置图如图 8 - 12 所示。

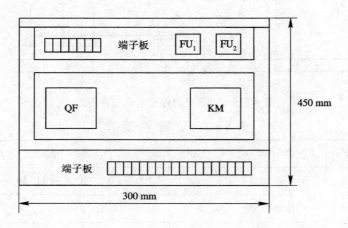

图 8 - 11　主配电盘的电气安装位置图

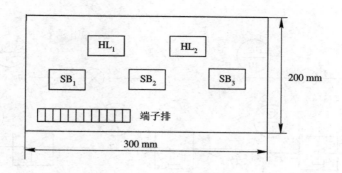

图 8-12　操作面板的电气安装位置图

3. 电气接线图

　　根据电气安装位置图及绘制电气接线图的具体原则，分别绘制操作面板和电器安装底板的电气接线图。

　　(1) 电器安装底板(主配电盘)的电气接线图如图 8-13 所示。图中，所有元件的电气符号均集中在本元件框的方框内；各个器件编号，连同电器符号标注在器件方框的右上方；电气接线图采用二维标注法表示导线的连接关系；线侧数字表示线号；线端数字 20～25 表示器件编号，用于指示导线去向；布线路径可由电气安装人员自行确定。

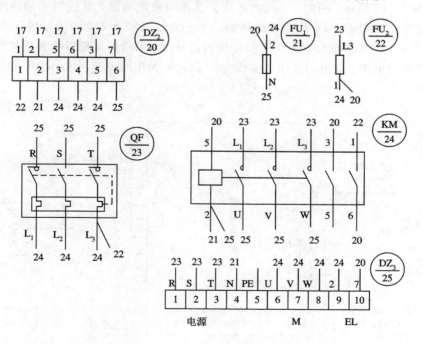

图 8-13　主配电盘的电气接线图

　　(2) 操作(控制)面板的电气接线图如图 8-14 所示。在控制面板接线图中，线侧和线上数字 1～7 表示线号；线端数字 10～25 表示所去器件编号，用于指示导线去向。控制面板与主配电盘间的连接导线通过接线端子连接，并采用塑料蛇形套管防护。

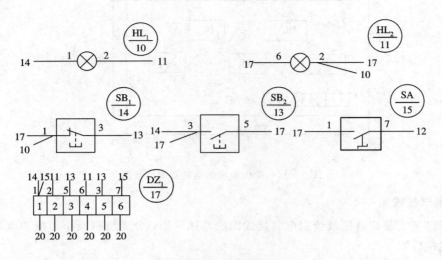

图 8-14 操作面板的电气接线图

4. 电气安装互连图

表示电动机启停控制电路的电气控制柜和外部设备及操作面板间接线关系的电气安装互连图如图 8-15 所示。图中,导线的连接关系用导线束表示,并注明了导线规范(颜色、数量、长度和截面积等)和穿线用管的种类、内径(d)、长度及考虑备用导线后的导线根数,其明细见表 8-3。连接配电盘底板和控制面板的导线,采用蛇形塑料软管或包塑金属软管保护。控制柜与电源、电机间采用电缆线连接。(注:为作图方便,图中接线端子与实际位置不相一致)。

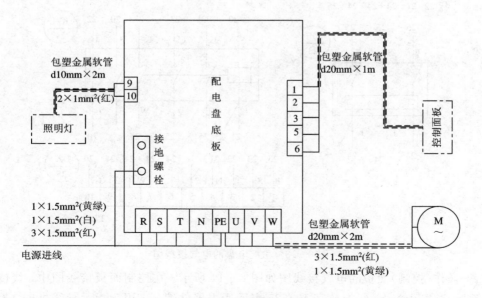

图 8-15 电气安装互连图

表 8 - 3 管内敷线明细表

序号	穿线用管类型	电线		连接线号
		截面积/mm²	根 数	
1	φ10 包塑金属软管	1	2	7、2
2	φ20 金属软管	0.75	6	1、2、3、5、6、7
3	φ20 金属软管	1.5	4	U、V、W、PE

5. 安装调试

设计工作完毕后，要进行样机的电气控制柜安装施工。按照电气接线图和电气安装互连图完成安装及接线，经检查无误且连接可靠后，可进行通电试验。首先在空载状态下(不接电动机等负荷)通过操作相应开关，给出开关信号，试验控制回路各电器元件动作以及指示的正确性。经过调试，各电器元件均按照原理要求动作准确无误后，方可进行负载试验。第二步的负载试验通过后，编写相应的原理、使用操作说明文件。

本节通过导线二维标注法的应用实例，对电气设计内容、设计方法进行了较为完整的介绍，可以使读者对低压控制柜电气设计有一个较为全面的了解，进而提高工程设计能力。

8.5.2 PLC控制系统设计应用示例

图 8 - 16 是某机械手的工作示意图。该机械手的任务是将工件从工作台 A 搬往工作台 B。机械手的初始位置在原位，按下启动按钮后，机械手将依次完成：下降→夹紧→上升→右移→下降→放松→上升→左移八个动作，实现机械手一个周期的动作。试设计该机械手的 PLC 控制系统。

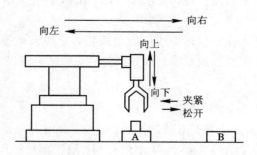

图 8 - 16 机械手的工作示意图

1. 明确控制要求

机械手的所有动作均采用电液控制、液压驱动。它的上升/下降和左移/右移均采用双线圈三位电磁阀推动液压缸完成。

控制要求如下：机械手动作转换靠限位开关来控制，限位开关 SQ_1、SQ_2、SQ_3、SQ_4 分别对机械手进行下降、上升、右移、左移动作的限位，并给出了动作到位的信号。而夹紧、放松动作的转换是由时间继电器来控制的。另外，还安装了光电开关 SP，负责监测工作台 B 上的工件是否已移走，从而产生无工件信号，为下一个工件的下放做好准备。

工作台 A、B 上工件的传送不用 PLC 控制；机械手要求按一定的顺序动作，其流程图如图 8-17 所示。

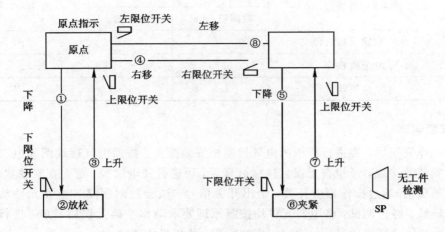

图 8-17　机械手的动作流程图

启动时，机械手从原点开始按顺序动作。停止时，机械手停止在现行工步上。重新启动时，机械手按停止前的动作继续进行。

为满足生产要求，机械手设置有手动工作方式和自动工作方式，而自动工作方式又分为单步、单周期和连续工作方式。

手动工作方式：利用按钮对机械手每一步的动作单独进行控制，例如，按"上升"按钮，机械手上升；按"下降"按钮，机械手下降。此种工作方式可使机械手置原位。

单步工作方式：从原点开始，按自动工作循环的工序，每按一下启动按钮，机械手完成一步的动作后自动停止。

单周期工作方式：按下启动按钮，从原点开始，机械手按工序自动完成一个周期的动作后停在原位。

连续工作方式：机械手在原位时，按下启动按钮，它将自动连续地执行周期动作。当按下停止按钮时，机械手保持当前状态。重新恢复后，机械手按停止前的动作继续进行。

2. 选择 I/O 设备

由机械手执行机构可知：

（1）输入为 14 个开关量信号，由限位开关、按钮、光电开关组成。

（2）输出为 6 个开关量信号，由 24 V 电液控制、液压驱动线圈和指示灯组成。

3. 选择 PLC 型号

根据控制要求，PLC 控制系统选用 SIEMENS 公司的 S7-200 系列 CPU 214，因为 I/O 点数不够，另外选择扩展模块 EM221。

4. 系统的硬件设计

（1）分配 PLC I/O 地址、内部辅助继电器的地址。表 8-4 为 PLC I/O 和所用内部辅助继电器地址分配表。

表 8 - 4　I/O 和所用内部辅助继电器地址分配表

序号	符号	功 能 描 述	序号	符号	功 能 描 述
1	I0.0	启动	13	I1.4	上升
2	I0.1	下限	14	I1.5	左移
3	I0.2	上限	15	I2.0	右移
4	I0.3	右限	16	I2.1	夹紧
5	I0.4	左限	17	I2.2	放松
6	I0.5	无工件检测	18	I2.3	复位
7	I0.6	停止	19	Q0.0	下降
8	I0.7	手动	20	Q0.1	执行夹紧
9	I1.0	单步	21	Q0.2	执行上升
10	I1.1	单周期	22	Q0.3	执行右移
11	I1.2	连续	23	Q0.4	执行左移
12	I1.3	下降	24	Q0.5	原位指示灯

　（2）绘制 PLC 输入/输出接线端子图。根据表 8 - 4 可以绘制出 PLC 输入/输出接线端子图，见图 8 - 18。

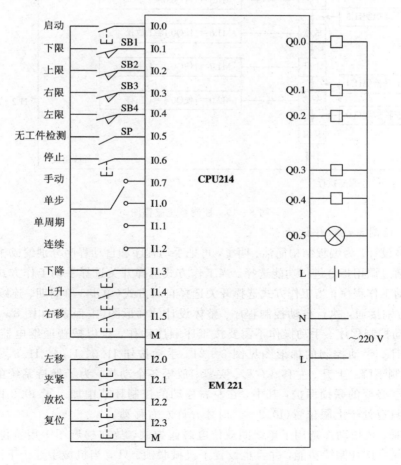

图 8 - 18　PLC 输入/输出接线端子图

5. 系统的软件设计

1）设计控制系统流程图或功能表图

控制系统流程图见图 8-19。

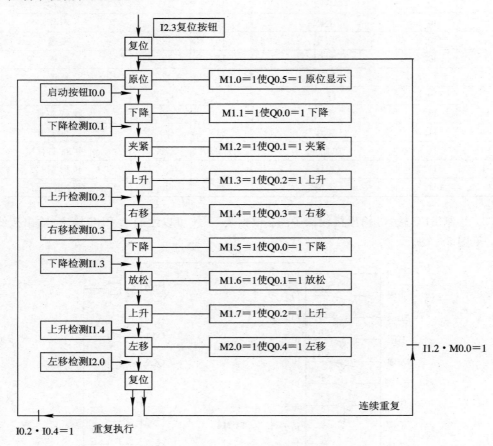

图 8-19　控制系统流程图

2）PLC 控制系统程序设计

（1）整体设计。为编程结构简洁、明了，可把手动程序和自动程序分别编成相对独立的子程序模块，通过调用指令进行功能选择。当工作方式选择开关选择手动工作方式时，I0.7 接通，执行手动工作程序；当工作方式选择开关选择自动方式（单步、单周期、连续）时，I1.0、I1.1、I1.2 分别接通，执行自动控制程序。整体设计的梯形图（主程序）如图 8-20 所示。

（2）手动控制程序。手动操作不需要按工序顺序动作，可以按普通继电器—接触器控制系统来设计。手动控制的梯形图见图 8-21。手动按钮 I1.3、I1.4、I1.5、I2.0、I2.1、I2.2 分别控制下降、上升、左移、右移、夹紧、放松各个动作。为了保持系统的安全运行，还设置了一些必要的联锁保护，其中，在左右移动的控制环节中加入了 I0.2 作上限联锁，因为机械手只有处于上限位置（I0.2=1）时才允许左右移动。

由于夹紧、放松动作选用了单线圈双位电磁阀控制，故在梯形图中用置位、复位指令来控制，该指令具有保持功能，并且也设置了机械联锁。只有当机械手处于下限（I0.1=1）时，才能进行夹紧和放松动作。

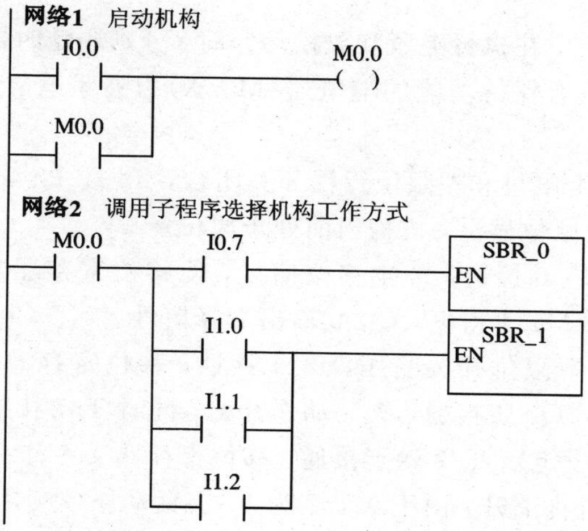

网络1 启动机构

```
  I0.0                    M0.0
──┤├──────┬──────────────(  )
          │
  M0.0    │
──┤├──────┘
```

网络2 调用子程序选择机构工作方式

```
  M0.0      I0.7              ┌─────────┐
──┤├───┬────┤├────────────────┤  SBR_0  │
       │                      │EN       │
       │                      └─────────┘
       │    I1.0              ┌─────────┐
       ├────┤├────────────────┤  SBR_1  │
       │                      │EN       │
       │                      └─────────┘
       │    I1.1
       ├────┤├───
       │
       │    I1.2
       └────┤├───
```

图 8-20 主程序梯形图

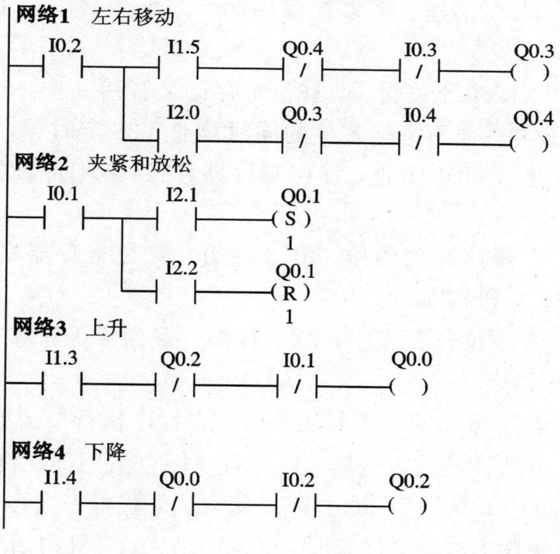

网络1 左右移动

```
  I0.2      I1.5    Q0.4    I0.3    Q0.3
──┤├───┬────┤├──────┤/├─────┤/├─────(  )
       │
       │    I2.0    Q0.3    I0.4    Q0.4
       └────┤├──────┤/├─────┤/├─────(  )
```

网络2 夹紧和放松

```
  I0.1      I2.1    Q0.1
──┤├───┬────┤├──────( S )
       │             1
       │    I2.2    Q0.1
       └────┤├──────( R )
                     1
```

网络3 上升

```
  I1.3    Q0.2    I0.1    Q0.0
──┤├──────┤/├─────┤├──────(  )
```

网络4 下降

```
  I1.4    Q0.0    I0.2    Q0.2
──┤├──────┤/├─────┤├──────(  )
```

图 8-21 手动控制的梯形图

（3）自动操作程序。由于自动操作的动作较复杂，不容易直接设计出梯形图，因此可以先画出自动操作流程图，用以表明动作的顺序和转换的条件，然后根据所采用的控制方法，就能比较方便地设计梯形图了。

机械手的自动操作流程图如图 8-19 所示。图中，矩形方框表示其自动工作循环过程中的一个"工步"，方框中用文字表示该步的编号；方框的右边画出了该步动作的执行元件；相邻两工步之间可以用有向线段连接，表明转换方向；有向线段上的小横线表示转换的条件，当转换条件得到满足时，便从上一工步转到下一工步。

对于顺序控制，可用多种方法进行编程，用移位寄存器也很容易实现这种控制功能，转换的条件由各行程开关及定时器的状态来决定。

为保证运行的可靠性，在执行夹紧和放松动作时，分别用定时器 T37 和定时器 T38 作为转换的条件，并采用具有保持功能的继电器(M0.X)为夹紧电磁阀线圈供电。其工作过程分析如下：

① 机构处于原位，上限位和左限位行程开关闭合，I0.1、I0.4 接通，移位寄存器首位 M1.0 置"1"，Q0.5 输出原位显示，机构当前处于原位。

② 按下启动按钮，I0.0 接通，产生移位信号，使移位寄存器右移一位，M1.1 置"1"（同时 M1.0 恢复为零），M1.1 得电，Q0.0 输出下降信号。

③ 下降至下限位，下限位开关受压，I0.1 接通，移位寄存器右移一位，移位结果使 M1.2 为"1"（其余为零），Q0.1 接通，夹紧动作开始，同时 T37 接通，定时器开始计时。

④ 经延时（由 K 值设定），T37 触点接通，移位寄存器又右移一位，使 M1.3 置"1"（其余为零），Q0.2 接通，机构上升。由于 M1.2 为 1，夹紧动作继续执行。

⑤ 上升至上限位，上限位开关受压，I0.2 接通，寄存器再右移一位，M1.4 置"1"（其余为零），Q0.3 接通，机构右行。

⑥ 右行至右限位，I0.3 接通，将寄存器中的"1"移到 M1.5，Q0.0 得电，机构再次下降。

⑦ 下降至下限位，下限位开关受压，移位寄存器又右移一位，使 M1.6 置"1"（其余为零），Q0.1 复位，机构放松，放下搬运零件的同时接通 T38 定时器，定时器开始计时。

⑧ 延时时间到，T38 常开点闭合，移位寄存器移位，M1.7 置"1"（其余为零），Q0.2 再次得电上升。

⑨ 上升至上限位，上限位开关受压，I0.2 闭合，移位寄存器右移一位，M2.0 置"1"（其余为零），Q0.4 置"1"，机构左行。

⑩ 左行至原位后，左限位开关受压，I0.4 接通，寄存器仍右移一位，M2.1 置"1"（其余为零），一个自动循环结束。

自动操作程序中包含了单周期或连续工作方式。程序执行单周期或连续工作方式取决于工作方式选择开关。当选择连续方式时，I1.2 使 M0.0 置"1"，当机构回到原位时，移位寄存器自动复位，并使 M1.0 为"1"，同时 I1.2 闭合，又获得一个移位信号，机构按顺序反复执行。当选择单周期操作方式时，I1.1 使 M0.0 为"0"，当机构回到原位时，按下启动按钮，机构自动动作一个运动周期后停止在原位。自动操作的梯形图程序如图 8-22 所示。

单步动作时每按一次启动按钮，机构按动作顺序向前步进一步。其控制逻辑与自动操作基本一致。所以只需在自动操作梯形图上添加步进控制逻辑即可。在图 8-22 中，移位寄存器的使能控制用 M0.1 来控制，M0.1 的控制线路串接有一个梯形图块，该块的逻辑为 $I_{0.0} \cdot I_{1.0} + \overline{I_{1.0}}$。当处于单步状态 $I_{1.0} = 1$ 时，移位寄存器能否移位，取决于上一步是否完成和启动按钮是否按下。

(4) 输出显示程序。机械手的运动主要包括上升、下降、左移、右移、夹紧、放松。在控制程序中，M1.1、M1.5 分别控制左、右下降，M1.2 控制夹紧，M1.6 控制放松，M1.3、M1.7 分别控制左、右上升，M1.4、M2.0 分别控制左、右运行，M1.0 控制原位显示。据此可设计出输出梯形图，如图 8-23 所示。

（3）对照梯形图，编写程序清单。

（4）程序调试。

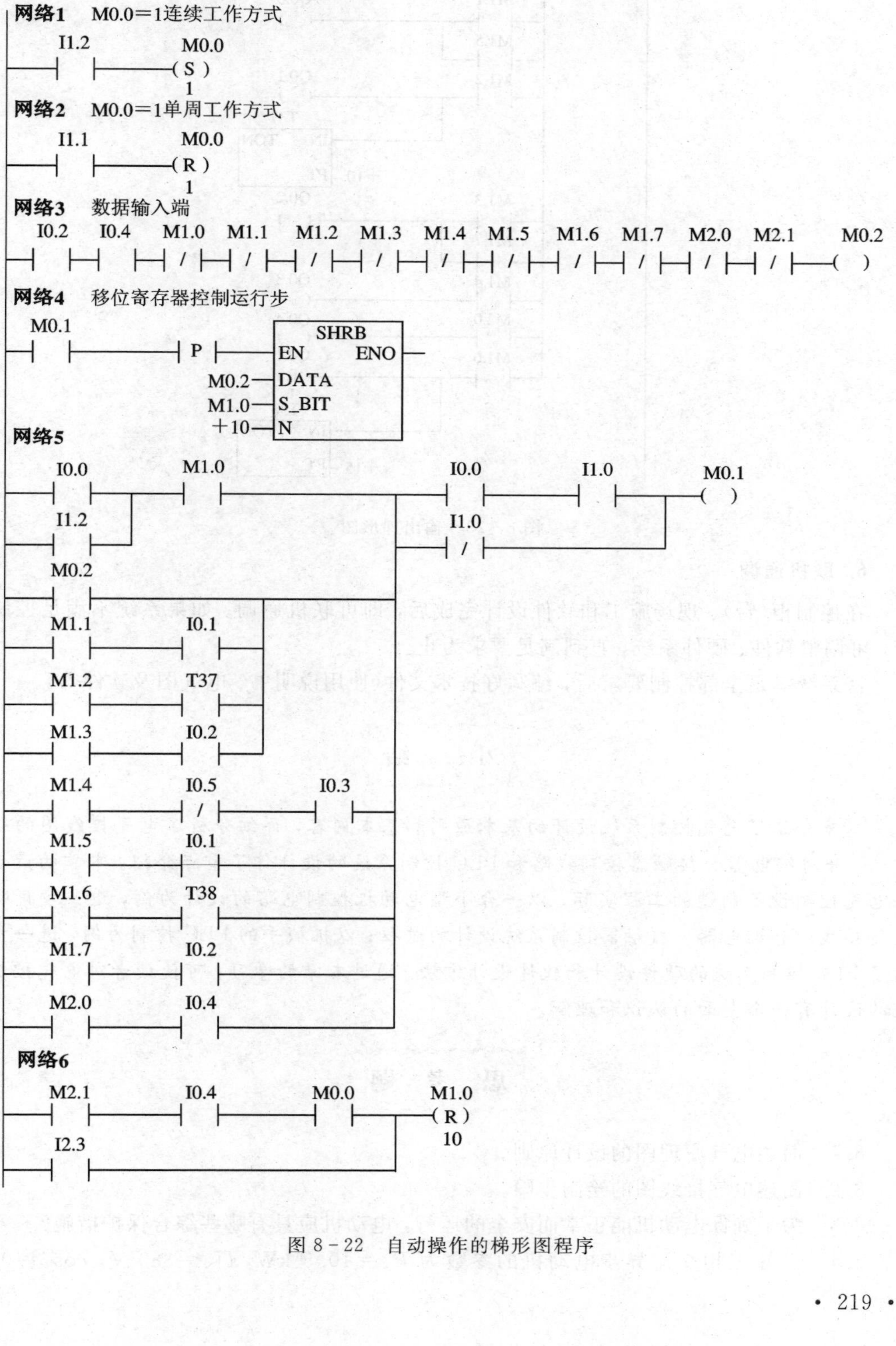

网络1　M0.0=1连续工作方式

```
  I1.2         M0.0
──┤ ├──────────( S )
                 1
```

网络2　M0.0=1单周工作方式

```
  I1.1         M0.0
──┤ ├──────────( R )
                 1
```

网络3　数据输入端

```
  I0.2  I0.4  M1.0  M1.1  M1.2  M1.3  M1.4  M1.5  M1.6  M1.7  M2.0  M2.1      M0.2
──┤ ├──┤ ├──┤/├──┤/├──┤/├──┤/├──┤/├──┤/├──┤/├──┤/├──┤/├──┤/├────( )
```

网络4　移位寄存器控制运行步

```
  M0.1                  ┌──────────────┐
──┤ ├──────────┤P├──────┤EN      SHRB   ENO├──
                        │              │
                  M0.2──┤DATA          │
                  M1.0──┤S_BIT         │
                  +10 ──┤N             │
                        └──────────────┘
```

网络5

```
  I0.0      M1.0                        I0.0      I1.0      M0.1
──┤ ├──────┤ ├────────────────┬────────┤ ├──────┤ ├────────( )
  I1.2                        │          I1.0
──┤ ├──                       ├────────┤/├──────────┘
  M0.2                        │
──┤ ├──────┬──────────────────┤
  M1.1     I0.1               │
──┤ ├──────┤ ├────────────────┤
  M1.2     T37                │
──┤ ├──────┤ ├────────────────┤
  M1.3     I0.2               │
──┤ ├──────┤ ├────────────────┤
  M1.4     I0.5      I0.3      │
──┤ ├──────┤/├──────┤ ├───────┤
  M1.5     I0.1               │
──┤ ├──────┤ ├────────────────┤
  M1.6     T38                │
──┤ ├──────┤ ├────────────────┤
  M1.7     I0.2               │
──┤ ├──────┤ ├────────────────┤
  M2.0     I0.4               │
──┤ ├──────┤ ├────────────────┘
```

网络6

```
  M2.1      I0.4      M0.0      M1.0
──┤ ├──────┤ ├──────┤ ├────────( R )
  I2.3                            10
──┤ ├──────────────────────────┘
```

图 8-22　自动操作的梯形图程序

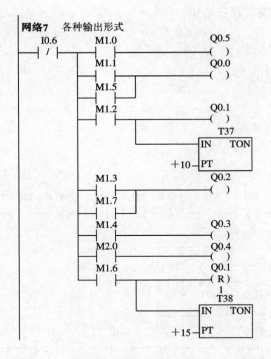

图 8-23 输出梯形图

6. 联机通调

在控制柜(台)、现场施工和软件设计完成后,即可联机通调。如果系统不满足控制要求,可调整软件、硬件系统,直到满足要求为止。

待系统满足全部控制要求后,编写好技术文件(使用说明书、电气图及软件等)。

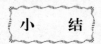

本章介绍了电气控制系统设计的基本原则和基本内容,详细分析了电气接线图的绘制方法,并对继电器—接触器控制线路和 PLC 控制系统的设计作了重点介绍。本章的最后结合电气控制设备制造的工程实际,以一台小型电动机控制电路的设计为例,进一步说明了电气接线图和继电器—接触器控制系统设计的过程;以机械手的 PLC 控制为例,进一步说明了 PLC 控制系统的硬件设计和软件设计方法。通过本章的学习,可使读者对电气控制系统的设计有一个全面的认识和理解。

思 考 题

8.1 简述电气原理图的设计原则。

8.2 简述电气接线图的绘制步骤。

8.3 为了确保电动机能正常而安全的运行,电动机应具有哪些综合保护措施?

8.4 已知三相交流异步电动机的参数为 $P_N = 10.5$ kW,$U_N = 380$ V,$\cos\varphi = 0.8$,

$n_N = 1460 \ r/m$，设计一台 Y-△启动控制电路，选择元器件参数，列写元器件清单，绘制电气安装图和电气接线图，并写出简要说明。

8.5 PLC 应用控制系统的硬件和软件的设计原则及内容是什么？

8.6 选择 PLC 机型的主要依据是什么？

8.7 设计一个车库自动门控制系统，具体控制要求是：当汽车到达车门前时，超声波开关 A 接收车来到的信号，电动机正转，开门上升；当门上升到顶点接触上限开关 B 时，电动机停转，门停止上升；当汽车驶入车库后，光电开关 C 发出信号，电动机反转，门开始下降；当门下降接触到下限开关 D 时，电动机停转。要求：按 PLC 控制系统设计的步骤进行完整的设计。

第 9 章　实　验　指　导

"电气控制与 PLC 技术"是一门实践性很强的课程,其实验环节应遵照循序渐进、由浅入深的原则,内容包括继电器—接触器控制和 PLC 控制两部分,在熟悉继电器—接触器控制系统的基础上,重点加强 PLC 控制系统的训练。

通过继电器—接触器控制系统的实验,应熟悉各种元器件的功能、选择方法,掌握电器接线图的绘制以及电气设备的调试方法。PLC 控制系统的实验通过各种工业控制模板模拟工业现场控制,使学生进一步熟悉 PLC 的组成、功能,掌握 PLC 控制系统的硬件选择和软件设计方法。

实验一　三相异步电动机 Y-△ 降压启动控制

1. 实验目的

掌握常用电工工具的使用方法,原理图、接线图的识别方法,基本控制电路的安装技能。

2. 实验内容

(1) Y-△降压启动原理图见图 2-8,元件按表 9-1 配齐,检查元件,并熟悉各元件的结构和用途。

表 9-1　电器元件及部分电工器材、仪表明细表

序号	名　称	型号与规格	数量
1	三相异步电动机	Y132MS-4,5.5 kW,380 V,11.6 A,△接法,1440 r/min	1
2	组合开关	HZ10-25/3	1
3	熔断器及熔心配套	RT18-32/25	3
4	熔断器及熔心配套	RT18-32/2	2
5	接触器	CJ10-20,线圈电压 380 V	1
6	时间继电器	JS7-2 A,线圈电压 380 V	1
7	热继电器	JR16-20/3,整定电流 11.6 A	1
8	三联按钮	LA10-3H 或 LA4-3H	1
9	端子排	JX2-1015,380 V,10 A,15 节	1
10	主电路导线	BVR-1.5 mm²	若干
11	控制电路导线	BVR-1.0 mm²	若干

序号	名　　称	型号与规格	数量
12	按钮线	BVR－0.75 mm²	若干
13	接地线	BVR－1.5 mm²	若干
14	走线槽	18 mm×25 mm	若干
15	控制板	500 mm×450 mm×20 mm	1
16	异型编码套管	φ3.5 mm	若干
17	电工通用工具	验电笔，钢丝钳，螺丝刀，电工刀，尖嘴钳，剥线钳，手电钻，活扳手，压接钳等	1
18	万用表	自定	1
19	兆欧表	自定	1
20	钳形电流表	自定	1
21	劳保用品	绝缘鞋，工作服等	1

（2）在安装板上合理布置电器元件，元件安装紧固，排列整齐。

（3）按图 9-1 所示在安装板上进行板前明线配线。要求是导线压接牢固，走线规范合理，避免交叉或架空，编码套管齐全。

（4）经教师检查线路无误后，通电做 Y-△降压启动试运转。

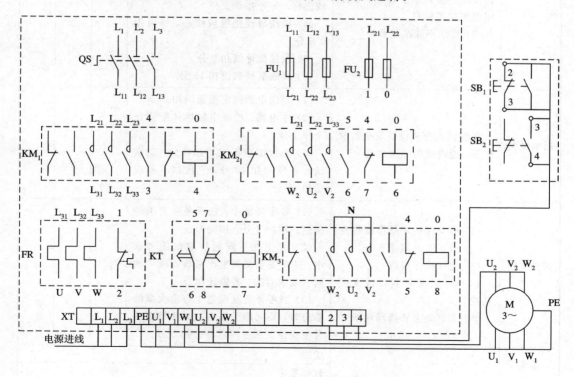

图 9-1　Y-△降压启动控制电路接线图

3. 使用设备和材料

电工常用工具、万用表，元件明细表上的所列元件，三相异步电动机，安装板，导线，编码套管等。

4. 考核配分、评分标准

考核配分、评分标准见表 9 - 2。

表 9 - 2   配分、评分标准与安全文明生产

主要内容	考核要求	评分标准	配分	扣分	得分
元件检查与安装	(1) 按照图纸的要求，正确利用工具和仪表，熟练安装电气元器件 (2) 元件在配电盘上布置要合理，安装要正确紧固 (3) 按钮盒不固定在配电盘上	(1) 电动机质量检查每漏一处扣1分 (2) 电器元件错检或漏检每处扣1分 (3) 元件布置不整齐、不匀称、不合理，每只扣1分 (4) 元件安装不牢固，安装元件时漏装螺钉，每只扣1分 (5) 损坏元件每只扣2分	30		
布线	(1) 布线要求横平竖直，接线要求紧固美观 (2) 电源和电动机配线、按钮接线要接到端子排上，要注明引出端子标号 (3) 导线不能乱线敷设	(1) 电动机运行正常，但未按原理图接线，扣1分 (2) 布线不横平竖直，主电路、控制电路每根扣0.5分 (3) 接点松动，接头铜过长，反圈，压绝缘层，标记线号不清楚，有遗漏或误标，每处扣0.5分 (4) 损伤导线绝缘或线心，每根扣0.5分 (5) 漏接接地线扣2分 (6) 导线乱线敷设扣10分	35		
通电试验	在保证人身和设备安全的前提下，通电试验一次成功	(1) 热继电器整定值错误扣2分 (2) 主电路、控制电路熔体配错每个扣1分 (3) 一次试车不成功扣5分，二次试车不成功扣10分，三次试车不成功扣15分	25		
安全文明生产	(1) 劳动保护用品穿戴整齐 (2) 电工工具佩带齐全 (3) 遵守操作规程 (4) 尊重考评员，讲文明礼貌 (5) 考试结束要清理现场	(1) 各项考试中，违反考核要求的任何一项扣2分，扣完为止 (2) 考生在不同的技能试题考试中，违反安全文明生产考核要求中的同一项内容的，要累计扣分 (3) 当考评员发现考生有重大事故隐患时，要立即予以制止，并每次从考生安全文明生产总分中扣5分	10		
备注		成绩			
		教师签字	年	月	日

5. 时限

时限为(120~150) min。

实验二　三相异步电动机的能耗制动和反接制动

1. 实验目的

掌握接线图的绘制方法和元器件的选择。

2. 实验内容

(1) 已知电动机 $P_N = 7.5$ kW，电源电压 $U_N = 380$ V，$\cos\varphi = 0.85$，选择所需元件型号及数量。

(2) 按照图 2-20 所示原理图进行接线图绘制。

(3) 在安装板上合理布置电器元件，元件要安装紧固，排列整齐。

(4) 按照所绘电气接线图，在安装板上进行板前明线配线。要求是导线压接牢固，走线规范合理，避免交叉或架空，编码套管齐全。

(5) 经教师检查线路无误后，通电做 Y-△降压启动试运转。

3. 考核配分、评分标准

考核配分、评分标准见表 9-3。

表 9-3　配分、评分标准与安全文明生产

主要内容	考核要求	评分标准	配分	扣分	得分
元件的选择	(1) 按照负载要求选择导线型号 (2) 按照负载要求选择电器元件	(1) 电器元件数量多选或漏选一处扣 1 分 (2) 电器元件 I_N 或 U_N 每选错一处扣 2 分	20		
接线图绘制	根据原理图绘制接线图	(1) 线号每标错一处扣 1 分 (2) 每个元器件接线图绘制错误扣 3 分	25		
元件安装	(1) 按照图纸要求，正确利用工具和仪表，熟练安装电气元器件 (2) 元件在配电盘上布置要合理，安装要正确紧固 (3) 按钮盒不固定在配电盘上	(1) 电动机质量检查每漏一处扣 1 分 (2) 电器元件错检或漏检每处扣 1 分 (3) 元件布置不整齐、不匀称、不合理，每只扣 1 分 (4) 元件安装不牢固，安装元件时漏装螺钉，每只扣 1 分 (5) 损坏元件每只扣 2 分	15		

主要内容	考核要求	评分标准	配分	扣分	得分
布线	（1）布线要求横平竖直，接线要求紧固美观 （2）电源和电动机配线、按钮接线要接到端子排上，要注明引出端子标号 （3）导线不能乱线敷设	（1）电动机运行正常，但未按原理图接线，扣1分 （2）布线不横平竖直，主电路、控制电路每根扣0.5分 （3）接点松动，接头铜过长，反圈，压绝缘层，标记线号不清楚，有遗漏或误标，每处扣0.5分 （4）损伤导线绝缘或线心，每根扣0.5分 （5）漏接接地线扣2分 （6）导线乱线敷设扣10分	15		
通电试验	在保证人身和设备安全的前提下，通电试验一次成功	（1）热继电器整定值错误扣2分 （2）主电路、控制电路熔体配错每个扣1分 （3）一次试车不成功扣5分，二次试车不成功扣10分，三次试车不成功扣15分	15		
安全文明生产	（1）劳动保护用品穿戴整齐 （2）电工工具佩带齐全 （3）遵守操作规程 （4）尊重考评员，讲文明礼貌 （5）考试结束要清理现场	（1）各项考试中，违反考核要求的任何一项扣2分，扣完为止 （2）考生在不同的技能试题考试中，违反安全文明生产考核要求中的同一项内容的，要累计扣分 （3）当考评员发现考生有重大事故隐患时，要立即予以制止，并每次从考生安全文明生产总分中扣5分	10		
备注		成绩			
		教师签字	年	月	日

4. 时限

时限为（120～150）min。

实验三　SIMATIC 的使用方法和 PLC 的应用练习

1. 实验目的

（1）练习使用 S7-200 编程软件，了解 PLC 实验装置的组成。

（2）掌握用户程序的输入和编辑方法。

（3）熟悉基本指令的应用。

（4）熟悉语句表指令的应用及其与梯形图程序的转换。

2．实验内容

（1）输入图 9-2 所示的梯形图，并转换成对应的语句表指令（也可结合教材第 5 章习题练习）。

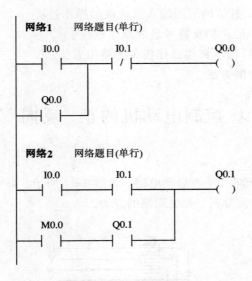

图 9-2　梯形图练习 1

（2）为梯形图 9-2 中的网络 1 添加注释，并用符号表为 I0.0、I0.1、Q0.0 添加符号名（符号名可任意设定）。

（3）练习程序的编辑、修改、复制、粘贴方法。

（4）将图 9-2 中的程序改成图 9-3，并将其转换成语句表程序，分析 OLD、ALD 语句的用法。

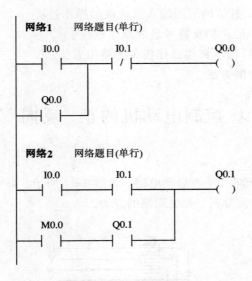

图 9-3　梯形图练习 2

（5）练习栈操作指令的使用方法。

（6）练习定时器指令及参数的输入方法。

（7）练习系统块设置的方法。

3．实验步骤

（1）开机（打开计算机电源，但不接 PLC 电源）。

（2）进入 S7-200 编程软件。

(3) 选择语言类型（SIMATIC 或 IEC）。

(4) 输入 CPU 类型。

(5) 由主菜单或快捷按钮输入并编辑程序。

(6) 进行编译，并观测编译结果，修改程序，直至编译成功。

4. 实验报告内容

(1) 以图 9-2 为例，总结梯形图输入及修改的操作过程。

(2) 写出给梯形图添加注释及符号名的操作过程。

(3) 总结 OLD、ALD 指令和栈操作指令的使用方法。

(4) 简述系统块设置的方法。

实验四　由 PLC 控制电动机的正、反向 Y-△ 降压启动

1. 实验目的

(1) 用 PLC 控制电动机 Y-△启动电路，如图 9-4 所示。

(2) 通过该实验，提高分析、解决问题的能力。

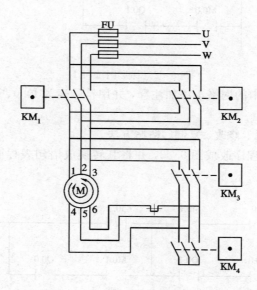

图 9-4　Y-△启动模拟控制

2. 实验设备

(1) 计算机（编程器）一台。

(2) 实验装置（含 S7-200 24 点 CPU）一台。

(3) 电动机 Y-△启动实验模板一块。

(4) 连接导线若干。

3. 电动机 Y-△启动要求

(1) 电动机 M 能实现正、反向 Y-△启动。

（2）电气操作流程说明：

按动正向启动按钮 SB_2，KM_1 和 KM_4 闭合（Y 型启动），经 3 s 后 KM_4 断开，KM_3 闭合，实现正向△型运行；按动反向启动按钮 SB_3，KM_2 和 KM_4 闭合（Y 型启动），经 3 s 后 KM_4 断开，KM_3 闭合，实现反向△型运行，按停车按钮 SB_1，电动机 M 停止运行。

4．实验内容及要求

（1）根据电动机 Y-△启动要求，设计 PLC 外部电路（配合通用器件板开关元器件）。

（2）连接 PLC 外部（输入、输出）电路，编写用户程序。

（3）输入、编辑、编译、下载、调试用户程序。

（4）运行用户程序，观察程序运行结果。

5．思考练习

（1）若电动机 M 直接由正向运行转入反向运行（不用停车按钮），程序要如何改动？

（2）结合实验过程和结果写出实验报告。

实验五　工作台的 PLC 自动循环控制

1．实验目的

（1）掌握 PLC 外部输入、输出电路的设计和导线的连接方法。

（2）利用符号表对 POU（S7-200 的三种程序组织单位，指主程序、子程序和中断程序）进行赋值。

（3）掌握应用软件的编程方法。

（4）掌握程序注释的方法。

2．实验内容及要求

（1）设计工作台自动循环的 PLC 控制电路，见图 9-5。

（2）连接 PLC 外部电路（使用通用器件板开关元器件）。

（3）输入梯形图程序。

（4）建立符号表，对 POU 赋值。

（5）为程序添加注释。

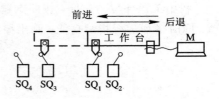

图 9-5　工作台自动循环

＊I/O 分配、符号表及注释参考：

I0.0	SB_1	正向启动按钮	I0.5	SQ_3	前进位置检测
I0.1	SB_2	反向启动按钮	I0.6	SQ_4	前进位置保护
I0.2	SB_3	停止开关	Q0.0	KM_1	正转接触器
I0.3	SQ_1	起始位置检测	Q0.1	KM_2	反转接触器
I0.4	SQ_2	起始位置保护			

（6）编辑、编译及下载用户程序。

（7）动态调试和运行用户程序，显示运行结果。

注意：程序上、下载时，必须给 PLC 上电，并将 CPU 置于 STOP 状态。

3. 实验设备

(1) 计算机(编程器)一台。

(2) 实验装置(含 S7-200 24 点 CPU)一台。

(3) 实验板一块。

(4) 连接导线若干。

4. 实验内容与要求

(1) 画出 PLC 外部(输入、输出)电路，并连接外部导线。

(2) 首先接通个人计算机(编程器)电源，然后接通可编程控制器(PLC)电源。

(3) 编程及调试运行：

① 设计 PLC 控制工作台自动循环的梯形图程序；

② 选择 CPU 的工作方式(RUN 或 STOP)；

③ 输入梯形图程序；

④ 建立符号表；

⑤ 为程序添加注释；

⑥ 程序的编译、下载；

⑦ 程序的调试和运行。

5. 实验报告内容

(1) 根据控制要求，画出程序流程框图。

(2) 总结建立符号表的优点。

(3) 详细记录并分析程序下载过程及运行时出现的问题。

6. 思考练习

利用工程环境的条件，按照本题的要求，实现对小功率单相交流异步电动机(M)的驱动，同时增加运行指示功能，画出控制原理图。

实验六　交通灯的 PLC 控制

1. 实验目的

(1) 练习定时器、计数器的基本使用方法。

(2) 掌握 PLC 的编程和调试方法。

(3) 对应用 PLC 解决实际问题的全过程有个初步的了解。

2. 实验设备

(1) 编程器一台(PC 机)。

(2) 实验装置一台(含 S7-200 24 点 CPU)。

(3) 交通灯实验模板一块，见图 9-6 所示。

(4) 导线若干。

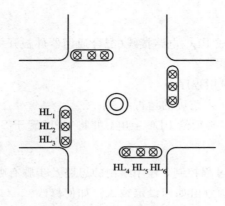

图 9-6 交通灯模拟控制板

3. 控制要求及参考

交通路口红、黄、绿灯的基本控制要求如下：

路口某方向绿灯显示（另一方向亮红灯）10 s 后，黄灯以 50% 的占空比在 1 s 内（0.5 s 脉冲宽度）闪烁 3 次（另一方向红灯亮），然后变为红灯（另一方向绿灯亮、黄灯闪烁），如此循环工作。

PLC I/O 端口分配：

SB_1	I0.0	启动按钮
SB_2	I0.1	停止按钮
HL_1（HL_7）	Q0.0	东西红灯
HL_2（HL_8）	Q0.1	东西黄灯
HL_3（HL_9）	Q0.2	东西绿灯
HL_4（HL_{10}）	Q0.4	南北红灯
HL_5（HL_{11}）	Q0.5	南北黄灯
HL_6（HL_{12}）	Q0.6	南北绿灯

PLC 参考电路如图 9-7 所示。

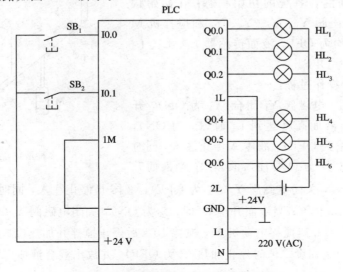

图 9-7 红绿灯控制 PLC 电气原理图

4. 实验内容及要求

（1）按照参考电路图完成 PLC 电路接线（配合通用器件板开关元器件）。

（2）输入参考程序并编辑。

（3）编译、下载、调试应用程序。

（4）通过实验模板，显示出正确的运行结果。

注意：程序上、下载时，必须给 PLC 上电，并将 CPU 置于 STOP 状态。

5. 思考练习

（1）要实现一个简单的过程控制，程序编制的思路及步骤有哪些？

（2）定时器、计数器的预置值如何设定输入？如何修改？

（3）简述上机操作步骤。

（4）增设某个方向直通的功能。

实验七　多种液体自动混合 PLC 控制

1. 实验目的

（1）结合多种液体自动混合系统，应用 PLC 技术对化工生产过程实施控制。

（2）学会熟练使用 PLC 解决生产实际问题。

2. 实验设备

（1）计算机（编程器）一台；

（2）实验装置（含 S7-200 24 点 CPU）一台；

（3）多种液体自动混合实验模板一块，如图 9-8 所示。

（4）连接导线若干。

3. 液体自动混合系统的控制要求

（1）液体自动混合系统的初始状态：在初始状态，容器为空，电磁阀 Y_1、Y_2、Y_3、Y_4 和搅拌机 M 以及加热元件 R 均为 OFF，液面传感器 L_1、L_2、L_3 和温度检测 T 均为 OFF。

（2）液体混合操作过程：

按动启动按钮，电磁阀 Y_1 闭合（Y_1 为 ON），开始注入液体 A；当液面高度达到 L_3 时（L_3 为 ON），关闭电磁阀 Y_1（Y_1 为 OFF），液体 A 停止注入，同时开启电磁阀门 Y_2（Y_2 为 ON）注入液体 B；当液面升

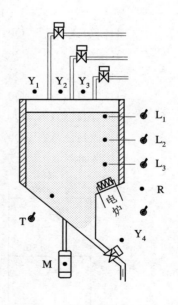

图 9-8　多种液体混合模拟控制板

至 L_2 时（L_2 为 ON），关闭电磁阀 Y_2（Y_2 为 OFF），液体 B 停止注入，同时开启电磁阀 Y_3（Y_3 为 ON），注入液体 C；当液面升至 L_1 时（L_1 为 ON），关闭电磁阀 Y_3（Y_3 为 OFF），液体 C 停止注入，然后开启搅拌电动机 M，搅拌 10 s 后停止搅拌并加热（启动电炉 R）；当温度（检测器 T 动作）达到设定值时停止加热（R 为 OFF），并放出混合液体（Y_4 为 ON），至液

体高度降为 L_3 后，再经 5 s 延时，液体可以全部放完；停止放出液体（Y_4 为 OFF），液体混合过程结束。

按动停止按钮，液体混合操作停止。

4．实验内容及要求

（1）按照液体混合要求，设计 PLC 外部电路（配合使用通用器件板开关元器件）。

（2）连接 PLC 外部（输入、输出）电路，编写用户程序。

（3）输入、编辑、编译、下载、调试用户程序。

（4）运行用户程序，观察程序运行结果。

5．思考练习

（1）分析程序运行结果。

（2）试编写出搅拌与加热同时进行的程序，要求加热与搅拌条件同时满足后顺序向下执行，观测运行结果。

（3）简述液位传感器 L_1、L_2、L_3 的工作原理及实验时的操作方法。

（4）结合实验过程和结果写出实验报告。

实验八　水塔水位 PLC 控制

1．实验目的

（1）利用 PLC 构成水塔水位（液位）控制系统。

（2）了解自动控制的工作原理及设备在日常生活中的应用。

2．水塔水位的控制要求

水塔水位的模拟控制情况如图 9 - 9 所示。

（1）初始状态：水箱没有水，液位开关 S_4 断开（S_4 为 OFF）。

（2）控制要求：本装置上电后，按动启动按钮，电动阀 Y 通电（Y 为 ON），水箱开始注水；当水箱水位达到 S_4 高度后，液位开关 S_4 闭合（S_4 为 ON），当水箱水位达到 S_3 高度（水满）时，液位开关 S_3 闭合（S_3 为 ON），注水电动阀 Y 断电（Y 为 OFF），水箱停止注水；此后，随着水塔水泵抽水过程的进行，水箱液面逐渐降低，液位开关 S_3（S_3 = OFF）复位；随着抽水过程的继续进行，水箱液面继续降低，当液面低于开关 S_4 时，液位开关 S_4 复位（S_4 为

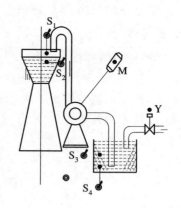

图 9 - 9　水塔水位模拟控制情况

OFF），电动阀 Y 再次通电（Y 为 ON），水箱（自动）注水，当水位达到 S_3 时再次停止注水。如此循环，使水箱水位保持在 $S_3 \sim S_4$ 之间。

当水箱水位高于 S_4 液位，并且水塔水位低于水塔最低允许液面开关 S_2（液位开关 S_2 为 OFF）时，水泵电动机 M 开始运行，向水塔抽水；当液面达到最高液位开关 S_1 时，水塔

电动机 M 停止抽水（M 为 OFF）。此循环控制使得水塔水位自动保持在 $S_1 \sim S_2$ 之间。

3. 实验设备

（1）计算机（编程器）一台。

（2）实验装置（含 S7-200 24 点 CPU）一台。

（3）水塔水位实验模板一块。

（4）连接导线若干。

4. 实验内容及要求

（1）按照水塔水位的控制要求，设计 PLC 外部电路。

（2）连接 PLC 外部（输入、输出）电路，编写用户程序。

（3）输入、编辑、编译、下载、调试用户程序。

（4）运行用户程序，观察程序运行结果。

5. 思考练习

（1）联系抽水马桶与水塔水位系统，比较两者的工作原理和控制过程的异同，进一步理解水位控制系统的工作原理及控制过程。

（2）结合实验结果写出实验报告。

实验九 循环显示 PLC 控制

1. 实验目的

（1）熟悉 PLC 循环程序的编程。

（2）了解工业顺序控制的基本原理。

（3）学会熟练使用 PLC 解决动态显示问题。

2. 实验器材

（1）计算机（编程器）一台。

（2）实验装置（含 S7-200 24 点 CPU）一台。

（3）循环显示实验模板一块，见图 9-10 所示。

（4）连接导线若干。

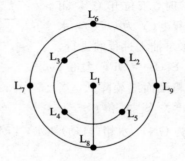

图 9-10 循环显示模拟控制板

3. 循环显示要求

模板中心的黄灯 L_1 亮 $\xrightarrow{0.5\,s}$ 红灯 L_2、L_3、L_4、L_5 间隔 0.5 s 依次点亮 $\xrightarrow{1.5\,s}$ 绿灯 L_6、L_7、L_8、L_9 间隔 0.5 s 依次点亮 $\xrightarrow{1.5\,s}$ 黄灯 L_1 熄灭 $\xrightarrow{1.5\,s}$ L_2、L_3、L_4、L_5 同时熄灭 $\xrightarrow{1.5\,s}$ L_6、L_7、L_8、L_9 同时熄灭 $\xrightarrow{1.5\,s}$ 返回初始步,循环显示。

4. 实验内容及要求

(1) 按照循环显示实验模板的要求,设计 PLC 外部电路(配合使用通用器件板开关元器件)。

(2) 连接 PLC 外部(输入、输出)电路,编写用户程序。

(3) 输入、编辑、编译、下载、调试用户程序。

(4) 运行用户程序,观察程序运行结果。

5. 思考练习

(1) 请重新设计一套循环显示程序流程,利用本控制模板,显示出不同的动态结果。

(2) 结合实验结果写出实验报告。

实验十　电梯 PLC 控制

1. 实验目的

(1) 掌握 PLC 的基本指令及功能指令的综合应用。

(2) 掌握 PLC 与外围控制电路的实际接线方法。

(3) 掌握随机逻辑程序的设计方法。

2. 实验器材

(1) 编程器一台(PC 机)。

(2) 可编程序控制实验装置一台。

(3) 四层电梯自动控制演示板一块,见图 9-11 所示。

(4) 连接导线若干。

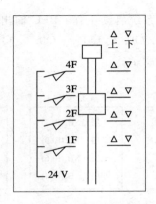

图 9-11　电梯模拟控制板

3. 实验内容与步骤

电梯实验动作要求如下：

(1) 电梯上行设计要求：

① 当电梯停于 1 楼（1F）或 2F、3F 时，4F 呼叫，则上行到 4F，碰行程开关后停止；

② 电梯停于 1F 或 2F，3F 呼叫时，则上行到 3F，碰行程开关后控制停止；

③ 电梯停于 1F，2F 呼叫，则上行到 2F，碰行程开关后控制停止；

④ 电梯停于 1F，2F、3F 同时呼叫，则电梯上行到 2F，停 5 s，继续上行到 4F 并停止；

⑤ 电梯停于 1F，3F、4F 同时呼叫，则电梯上行到 3F，停 5 s，继续上行到 4F 并停止；

⑥ 电梯停于 1F，2F、4F 同时呼叫，则电梯上行到 2F，停 5 s，继续上行到 4F 并停止；

⑦ 电梯停于 1F，2F、3F、4F 同时呼叫，则电梯上行到 2F，停 5 s，继续上行到 3F，停 5 s，继续上行到 4F 并停止；

⑧ 电梯停于 2F，3F、4F 同时呼叫，则电梯上行到 3F，停 5 s，继续上行到 4F 并停止。

(2) 电梯下行设计要求：

① 电梯停于 4F 或 3F 或 2F，1F 呼叫，则电梯下行到 1F 并停止；

② 电梯停于 4F 或 3F，2F 呼叫，则电梯下行到 2F 并停止；

③ 电梯停于 4F，3F 呼叫，则电梯下行到 3F 并停止；

④ 电梯停于 4F，3F、2F 同时呼叫，则电梯下行到 3F，停 5 s，继续下行到 2F 并停止；

⑤ 电梯停于 4F，3F、1F 同时呼叫，则电梯下行到 3F，停 5 s，继续下行到 1F 并停止；

⑥ 电梯停于 4F，2F、1F 同时呼叫，则电梯下行到 2F，停 5 s，继续下行到 1F 并停止；

⑦ 电梯停于 4F，3F、2F、1F 同时呼叫，则电梯下行到 3F，停 5 s，继续下午到 2F，停 5 s，继续下行到 1F 并停止；

(3) 各楼层运行时间应在 15 s 以内，否则认为有故障。

(4) 电梯停于某一层，数码管应显示该层的楼层数。

(5) 电梯上、下行时，相应的标志灯亮。

4. I/O 地址

输入、输出地址分配参考：

PLC 进入 RUN 状态，电梯系统启动工作；PLC 输出 Q0.0/Q0.1，用于上行/下行指示和提升电机（M）正/反转控制；Q0.2、Q0.3、Q0.4、Q0.5 分别显示电梯所在的层位置 1～4；输入地址分配如图 9-12 所示。

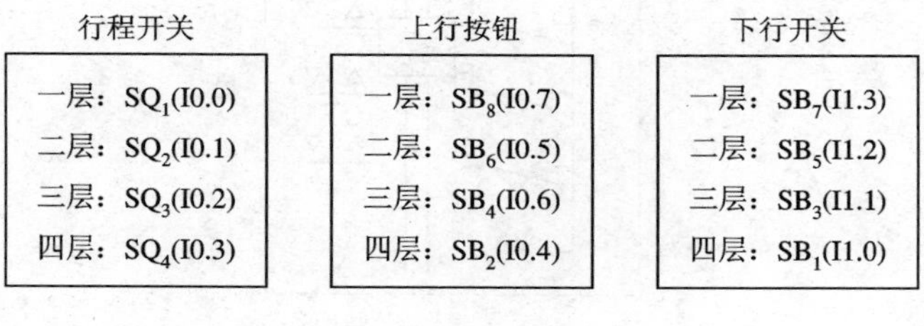

行程开关	上行按钮	下行开关
一层：SQ_1(I0.0)	一层：SB_8(I0.7)	一层：SB_7(I1.3)
二层：SQ_2(I0.1)	二层：SB_6(I0.5)	二层：SB_5(I1.2)
三层：SQ_3(I0.2)	三层：SB_4(I0.6)	三层：SB_3(I1.1)
四层：SQ_4(I0.3)	四层：SB_2(I0.4)	四层：SB_1(I1.0)

图 9-12　电梯输入地址分配参考

5. 思考练习

（1）按照题目给出的条件要求，最少需要多少点的 PLC？

（2）分析实验结果及本实验要求存在的主要问题。

（3）根据实验结果写出实验报告。

附录 A 电气图常用文字、图形符号

附表 1 电气图常用文字符号（摘自 GB 7159—87）

文字符号	名 称	文字符号	名 称
A	激光器、调节器	FS	延时和瞬时动作限流保护器件
AD	晶体管放大器	FU	熔断器
AJ	集成电路放大器	FV	限电压保护器件
AM	磁放大器	G	发生器、发电机、电源
AV	电子管放大器	GA	异步发电机
AP	印制电路板	GB	蓄电池
AT	抽屉柜	GF	旋转或静止变频器
B	光电池、测功计、晶体换能器、送话器、拾音器、扬声器	GS	同步发电机
BP	压力变换器	H	信号器件
BQ	位置变换器	HA	音响信号器件
BR	转速变换器	HL	光信号器件、指示灯
BT	温度变换器	K	继电器、接触器
BV	速度变换器	KA	瞬时接触器式继电器、瞬时通断继电器
C	电容器	KL	锁扣接触式继电器、双稳态继电器
D	数字集成电路和器件、延迟线、双稳态元件、单稳态元件、寄存器、磁心存储器、磁带或磁盘记录机	KM	接触器
E	未规定的器件	KP	极化继电器
EH	发热器件	KR	舌簧继电器
EL	照明灯	KT	延时通断继电器
EV	空气调节器	L	电感器、电抗器
F	保护器件、过电压放电器件避雷器	M	电动机
FA	瞬时动作限流保护器件	MG	发电或电动两用电机
FR	延时动作限流保护器件	MS	同步电动机

文字符号	名　称	文字符号	名　称
MT	力矩电动机	ST	温度传感器
N	模拟器件、运算放大器、模拟数字混合器件	T	变流器、变压器
P	测量设备、试验设备信号发生器	TA	电流互感器
PA	电流表	TC	控制电路电源变压器
PC	脉冲计数器	TM	动力变压器
PJ	电度表	TS	磁稳压器
PS	记录仪	TV	电压互感器
PT	时钟、操作时间表	U	鉴别器、解调器、变频器、编码器、交换器、逆变器、电报译码器
PV	电压表	V	电子管、气体放电管、二极管、晶体管、晶闸管
Q	动力电路的机械开关器件	VC	控制电路电源的整流桥
QF	断路器	W	导线、电缆、汇流桥、波导管、方向耦合器、偶极天线、抛物型天线
QM	电动机的保护开关	X	接线端子、插头、插座
QS	隔离开关	XB	连接片
R	电阻器、变阻器	XJ	测试插孔
RP	电位器	XP	插头
RS	测量分流表	XS	插座
RT	热敏电阻器	XT	接线端子板
RV	压敏电阻器	Y	电动器件
S	控制、记忆、信号电路开关器件选择器	YA	电磁铁
SA	控制开关	YB	电磁制动器
SB	按钮	YC	电磁离合器
SL	液压传感器	YH	电磁卡盘、电磁吸盘
SP	压力传感器	YM	电动阀
SQ	极限开关（接近开关）	YV	电磁阀
SR	转数传感器	Z	电缆平衡网络、压伸器、晶体滤波器、（补偿器）、（限幅器）、（终端装置）、（混合变压器）

附表 2　常用辅助文字符号

符　号	名　　称	符　号	名　　称	符　号	名　　称
A	电流	F	快速	PU	不保护接地
A	模拟	FB	反馈	R	记录
AC	交流	FW	正/向前	R	右
A/AUT	自动	GN	绿	R	反
ACC	加速	H	高	RD	红
ADD	附加	IN	输入	R/RST	复位
ADJ	可调	INC	增	RES	备用
AUX	辅助	IND	感应	RUN	运转
ASY	异步	L	左	S	信号
B/BRK	制动	L	限制	ST	启动
BK	黑	L	低	S/SET	置位/定位
BL	蓝	LA	封闭	SAT	饱和
BW	向后	M	主	STE	步进
C	控制	M	中	STP	停止
CW	顺时针	M	中间线	SYN	同步
CCW	逆时针	M/MAN	手动	T	温度
D	延时/延迟	N	中性线	T	时间
D	差动	OFF	断开	TE	无噪声接地
D	数字	ON	闭合	V	真空
D	降	OUT	输出	V	速度
DC	直流	P	压力	V	电压
DEC	减	P	保护	WH	白
E	接地	PE	保护接地	YE	黄
EM	紧急	PEN	保护接地与中性线共用		

附表 3　电气图常用图形符号(摘自 GB 4728 - 84)

符号名称	图形符号	符号名称	图形符号
接地一般符号		三相自耦变压器	
接机壳		动合(常开)触点开关通用符号	
电阻一般符号		动断(常闭)触点	
电容器一般符号	或	先断后合转换触点	
电感器、线圈、绕组		中间位置断开的双向触点	
半导体二极管		线圈通电时延时闭合的动合触点	或
反向阻断三极晶闸管 P 型控制极(阴极端受控)		线圈通电时延时断开的动断触点	或
PNP 晶体管		线圈断电时延时断开的动合触点	或
光敏电阻		线圈断电时延时闭合的动断触点	或
PNP 型光电晶体管		线圈通电和断电都延时的动合触点	
直流并励电动机(M)或发电机(G)		线圈通电和断电都延时的动断触点	
三相笼型电动机	M 3~	按钮开关(不闭锁)	E-\
三相、线绕转子异步电动机	M 3~	旋动开关(闭锁)	
双绕组变压器	或	脚踏开关	
电抗器、扼流器	或	压力开关	P
铁芯变压器		液面开关	

241

符号名称	图形符号	符号名称	图形符号
凸轮动作开关		缓释放继电器的线圈	
行程开关的动合触点		缓吸合继电器的线圈	
行程开关的动断触点		缓吸合和释放的继电器线圈	
双向操作的行程开关		快速动作继电器的线圈	
带动合和动断触点的按钮		熔断器一般符号	
接触器的动合触点		接插器件	—(— 或 —<
接触器的动断触点		信号灯	
热敏自动开关的动断触点		电喇叭	
热继电器的动断触点		电铃	
隔离开关触点		报警器	
接近开关的动合触点		蜂鸣器	
继电器线圈一般符号		双向二极管（交流开关二极管）	
欠电压继电器线圈	U<	双向三极晶体闸流管（三端双向晶体闸流管）	
过电流继电器的线圈	I>	光耦合器（光隔离器）	
热继电器热元件			

附录 B SIMATIC 软件介绍

随着 PLC 应用技术的不断进步，西门子（SIEMENS）公司的 S7-200 系列 PLC 编程软件的功能也在不断完善，尤其是汉化工具的使用，使 PLC 的编程软件更具有可读性。本附录以 2001 年版的 S7-200 系列 PLC 编程软件为例，介绍编程软件的安装、功能和使用方法，并结合应用实例介绍用户程序的输入、编辑、调试及监控运行的方法。

B.1 SIMATIC S7-200 编程软件

SIMATIC S7-200 编程软件是西门子公司为 S7-200 系列可编程控制器编制的工业编程软件的集合，其中，STEP7-Micro/WIN32 软件是基于 Windows 的应用软件。

B.1.1 STEP7-Micro/WIN32 软件

STEP7-Micro/WIN32 软件包括有 Microwin 3.1（新版本编程软件 STEP7-Micro/WIN32 Version 3.1）软件，Microwin 3.1 的升级版本软件 Microwin 3.1 SP1，Toolbox（包括 U_{ss} 协议指令（变频通讯用）和 TP070（触摸屏）的组态软件 Tp Designer V1.0 设计师）工具箱，以及 Microwin 3.11 Chinese（Microwin 3.11 SP1 和 Tp Designer 的专用汉化工具）等编程软件。

编程软件 STEP7-Micro/WIN32 Version 3.1（V3.1）适用于 S7-200 系列 PLC 的系统设置（CPU 组态）、用户程序开发和实时监控运行；升级版 Microwin 3.1 SP1 扩充了 V3.1 的功能；Toolbox（工具箱）提供用户指令和触摸屏 TP070 的组态软件；汉化软件是针对 SP1 和 Toolbox 的软件，它不能汉化 V3.1 及早期版本的软件。

B.1.2 编程软件的安装

编程软件 STEP7-Micro/WIN32 可以安装在 PC（个人电脑）及 SIMATIC 编程设备 PG70 上。在个人电脑上安装的条件和方法如下。

1. 安装条件

个人计算机（PC）采用 486 或更高配置，能够安装 Windows 95 以上操作系统。

2. 安装方法

按 Microwin 3.1、Microwin 3.1 SP1、Toolbox、Microwin 3.11 Chinese 的顺序进行安装，必要时可查看光盘软件的 Readme 文件，按照提示步骤安装。

B.1.3 建立 S7-200 CPU 的通讯

S7-200 CPU 与个人计算机之间有两种通讯连接方式，一种是采用专用的 PC/PPI 电缆，另一种是采用 MPI 卡和普通电缆。可以使用个人计算机（PC）作为主设备，通过 PC/PPI 电缆或 MPI 卡与一台或多台 PLC 相连，实现主、从设备之间的通讯。

1. PC/PPI 电缆通讯

典型的单主机连接如附图 1 所示，即一台 PLC 用 PC/PPI 电缆与个人计算机连接，不需要外加其他硬件设备。PC/PPI 电缆是一条支持个人计算机（PC）的、按照 PPI 通讯协议设置的专用电缆线。电缆线中间有通讯模块，模块外部设有波特率设置开关，两端分别为 RS232 和 RS485 接口。PC/PPI 电缆的 RS232 端连接到个人计算机的 RS232 通讯接口 COM1 或 COM2 上，PC/PPI 的另一端（RS485 端）接到 S7-200 CPU 通信口上。

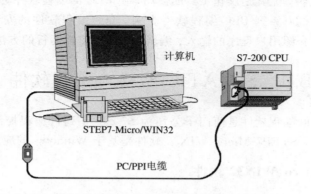

附图 1　PLC 与计算机（编程器）的连接

有五种支持 PPI 协议的波特率可以选择，系统默认值为 9600 波特。PC/PPI 电缆波特率选择开关 PPI 的位置应与软件系统设置的通讯波特率相一致。

2. MPI 通讯

多点接口（MPI）卡提供了一个 RS485 端口，可以用直通电缆和网络相连。在建立 MPI 通讯之后，可以把 STEP7-Micro/WIN32 连接到包括许多其他设备的网络上，每个主设备（CPU）都有一个惟一的地址。附图 2 显示使用 MPI 卡时 PLC 和个人计算机的连接方法，此时需要将 MPI 卡安装在计算机的 PCI 插槽内，然后启动安装文件，将该配置文件放在 Windows 目录下，并将 CPU 与个人计算机 RS485 接口用电缆线连接。

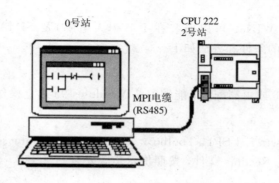

附图 2　MPI 卡的通讯方式

3. 通讯参数设置

通讯参数设置的内容有 CPU 地址、PC 软件地址和接口（PORT）等设置。

附图 3 显示的是通讯参数设置对话框。在检视菜单上点击通讯（M），会出现通讯参数。系统编程器的本地地址默认值为 0。远程地址的选择项按实际 PC/PPI 电缆所带 PLC 的地址设定。需要修改其他通讯参数时，双击 PC/PPI Cable（电缆）图标，可以重新设置通讯参数。远程通讯地址可以采用自动搜索的方式获得。

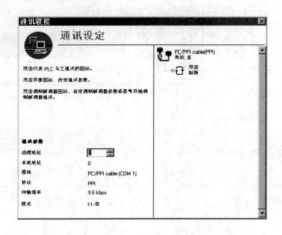

附图 3 通讯参数设置对话框

B.2 STEP7-Micro/WIN32 软件介绍

B.2.1 STEP7 软件的基本功能

编程软件 STEP7 的基本功能是协助用户完成 PLC 应用程序的开发，同时具有设置 PLC 参数、加密和运行监视等功能。

STEP7-Micro/WIN32 编程软件在离线条件下，可以实现程序的输入、编辑、编译等功能。

编程软件在联机工作方式（PLC 与编程计算机相连）下可实现上、下载、通讯测试及实时监控等功能。

B.2.2 STEP7-Micro /WIN32 窗口组件及功能

STEP7-Micro/WIN32 窗口的首行主菜单包括有文件、编辑、检视、PLC、调试、工具、视窗及帮助等，主菜单下方两行为工具条快捷按钮，其他为窗口信息显示区，如附图 4 所示。

窗口信息显示区分别为程序数据显示区、浏览条、指令树和输出视窗显示区。当在检视菜单子目录项的工具栏中选中浏览栏和指令树时，可在窗口左侧垂直地依次显示出浏览条和指令树窗口；选中工具栏的输出视窗时，可在窗口的下方横向显示输出视窗框，非选中时为隐藏方式。输出视窗下方为状态条，提示 STEP7-Micro/WIN32 的状态信息。

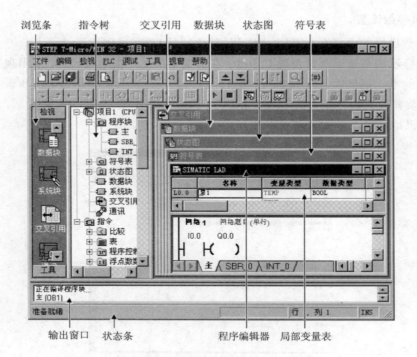

附图 4　STEP7-Micro/WIN32 窗口组件

1. 主菜单及子目录的状态信息

（1）文件。文件的操作有新建、打开、关闭、保存、另存、导入、导出、上载、下载、页面设置、打印及预览等。

（2）编辑。编辑菜单提供程序的撤销、剪切、复制、粘贴、全选、插入、删除、查找、替换等子菜单，用于程序的修改操作。

（3）检视。检视菜单的功能有六项：① 可以用来选择在程序数据显示窗口区显示不同的程序编辑器，如语句表（STL）、梯形图（阶梯）、功能图（FBC）；② 可以进行数据块、符号表的设定；③ 对系统块配置、交叉引用、通讯参数进行设置；④ 工具栏区可以选择浏览栏、指令树及输出视窗的显示与否；⑤ 缩放图像项可对程序区显示的百分比等内容进行设定；⑥ 对程序块（OBI）的属性进行设定。

（4）PLC（可编程控制器）。PLC 菜单用以建立与 PLC 联机时的相关操作，如用软件改变 PLC 的工作模式，对用户程序进行编辑，清除 PLC 程序及电源启动重置，显示 PLC 信息及 PLC 类型设置等。

（5）排错。排错菜单用于联机形式的动态调试，有单次扫描、多次扫描、程序状态等选项。选项"子菜单"与检视菜单的缩放功能一致。

（6）工具。工具菜单提供复杂指令向导（PID、NETR/NETW、HSC 指令）和 TD200 设置向导，以及 TP070（触摸屏）的设置。在客户自定义项（子菜单）可添加工具。

（7）视窗。视窗菜单可以选择窗口区的显示内容及显示形式（梯形图、语句表及各种表格）。

（8）帮助。帮助菜单可以提供 S7-200 的指令系统及编程软件的所有信息，并提供在线帮助和网上查询、访问、下载等功能。

2. 工具条、浏览条和指令树

STEP7-Micro/WIN32 提供了两行快捷按钮工具条,用户也可以通过工具菜单自定义。

(1) 工具条快捷按钮。标准工具条如附图 5 所示,快捷按钮的功能自左至右为:打开新项目;打开现有项目;保存当前项目;打印;打印预览;剪切选择并复制到剪切板;将选择内容复制到剪切板;将剪切板的内容粘贴到当前位置;撤销最近输入;编译程序块或数据块(激活窗口内);全部编译(程序块、数据块及系统块);从 PLC 向 STEP7-Micro/WIN 32 上载项目;从 STEP7-Micro/WIN32 向 PLC 下载项目;顺序排序(是指符号表名称列按照 A~Z 排序);逆序排序(是指符号表名称列按照 Z~A 排序);缩放(是指设定梯形图及功能块图视图的放大程度);打开/关闭常量说明器(此按钮可以使常量说明器可见或隐藏,需要知道常量的准确内存尺寸时,显示常量说明器)。

标准工具条

附图 5　标准工具条

快捷按钮新建、打开、保存、打印、预览、剪切、粘贴、拷贝、撤销用来修改程序,编译、全部编译按钮用来检查用户程序的语法错误,然后在输出视窗框内显示编译结果。上载、下载按钮用来实现 PLC 与 PC 机之间的程序及数据传递。

第二行工具条为指令工具条和调试工具条。

指令工具条提供与编程相关的按钮,主要有编程元件类快捷按钮和网络的插入、删除按钮等。对于不同的程序编辑器,指令工具条的内容不同。LAD(梯形图)编辑器的指令工具条如附图 6 所示。图中,快捷按钮的功能自左至右为:行下插入;行上插入;行左插入;行右插入;插入触点;插入线圈;插入方框;插入网络;删除网络;为各网络查看/隐藏符号信息表。

梯形图指令工具条

附图 6　指令工具条

调试工具条见附图 7。图中,快捷按钮的功能自左至右为:将 PLC 设定成运行模式;将 PLC 设定成停止模式;程序状态在打开/关闭之间进行切换;触发暂停在打开/关闭之间进行切换(只用于语句表);图状态在打开/关闭之间进行切换;状态图单次读取;状态图全部写入;强制 PLC 数据(包括状态图、梯形图编辑或功能块图编辑);对 PLC 数据取消强制;全部取消强制;读取全部强制数值等。

调试工具条

附图 7　调试工具条

（2）浏览条。浏览条中设置了控制程序特性的按钮，包括程序块显示、符号表、状态图表、数据块、系统块、交叉参考及通讯等控制按钮。

（3）指令树。指令树以树形结构提供所有项目对象和当前编程器的所有指令。鼠标左键双击指令树中的指令符，可自动在梯形图显示区光标位置插入所选的梯形图指令（在语句表程序中，指令树只作参考）。

3. 程序编辑器窗口

程序编辑器窗口包含项目所用编辑器的局部变量表、符号表、状态图表、数据块、交叉引用、程序视图（梯形图、功能块图或语句表）和制表符。制表符在窗口的最下方，在制表符上单击，可使编程器显示区的程序在子程序、中断及主程序之间移动。

（1）交叉引用。交叉引用窗口用以提供用户程序所用的 PLC 资源信息。在进行程序编译后，利用浏览条中的交叉参考按钮可以查看程序的交叉参考窗口（或选择"检视菜单→交叉引用"，进入交叉参考窗口），以了解程序在何处使用了何符号及内存赋值。

（2）数据块。数据块允许对 V（变量存储器）进行初始数据赋值，操作形式分为字节、字或双字。

（3）状态图。在向 PLC 下载程序后，可以建立一个或多个状态图表，用于联机调试时监视各变量的值和状态。

在 PLC 运行方式下，可以打开状态图窗口，当程序扫描执行时，可连续、自动地更新状态图表的数值。打开状态图是为了检查程序，但不能对程序进行编辑，程序的编辑需要在关闭状态图的情况下进行。

（4）符号表/全局变量表。在编程时，为增加程序的可读性，可以不采用元件的直接地址作为操作数，而用带有实际含义的自定义符号名作为编程元件的操作数。这时需要用符号表建立自定义符号名与直接地址编号之间的对应关系。

符号表与全局变量表的区别是数据类型列。符号表是 SIMATIC 编程模式，无数据类型。全局变量表是 IEC 编程模式，有数据类型列。利用符号表或全局变量表可以对三种程序组织单位（POU）中的全局符号进行赋值，该符号值能在任何 POU（S7-200 的三种程序组织单位，指主程序、子程序和中断程序）中使用。

（5）局部变量表。局部变量表包括 POU 中局部变量的所有赋值。变量在表内的地址（暂时存储区）由系统处理。

使用局部变量有两个优点：① 创建可移植的子程序时，可以不引用绝对地址或全局符号；② 使用局部变量作为临时变量（局部变量定义为 TEMP 类型）进行计算时，可以释放PLC 内存。

B.2.3　系统模块的设置原理及系统块配置（CPU 组态）方法

系统设置又称为 CPU 组态。STEP7-Micro/WIN32 编程软件的系统设置路径有三种：

① 在"检视"菜单中选择"系统块"项；② 在"浏览条"上点击"系统块"按钮；③ 单击"指令树"内的"系统块"图标。

系统块配置的主要内容有数字量输入滤波、模拟量输入滤波、脉冲截取位（捕捉）及输出表等的设置，另外还有通讯口、保存范围、背景时间及密码设置等。

下面结合系统块的主要配置内容对配置功能和方法加以说明。

1. 数字量输入滤波设置

S7-200 CPU 允许为部分或全部主机数字量输入点有选择地设置输入滤波器（过滤器），如附图 8 所示。通过设定输入延迟时间，可以过滤输入信号。当输入状态发生改变时，才能被认为有效，以抑制输入噪声脉冲的干扰。

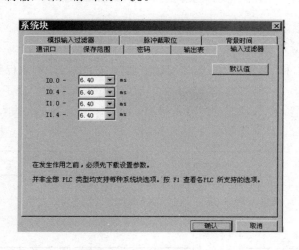

附图 8　为抑制噪声干扰而配置的数字输入滤波器

选择"输入过滤器"项，可以对数字量输入点进行延迟时间的设定，如 CPU 22X 可定义的延迟时间为 0.2～12.8 ms，系统默认延迟时间为 6.4 ms。

2. 模拟量输入滤波设置

使用 CPU 222、224 及 CPU 226 时，可以对各模拟输入选择软件滤波器，进行模拟量的数字滤波设置。模拟量的数字滤波多用于输入信号变化缓慢的场合，高速变化信号一般不采用数字滤波。

模拟量输入信号经滤波后，求出的平均值（滤波值）可供用户程序使用。

滤波值的求解过程：CPU 运行时，系统按照设定的周期采样个数对模拟输入量进行采样，然后求出其总和的平均值作为模拟输入滤波值。模拟输入滤波器选择的系统设置界面如附图 9 所示。其中，可选择的设置项共有三项：一是模拟输入点的选择，有 AIW0～AIW62 共 32 点；二是样本数目，即一个周期内的采样次数，设置范围为 32～256，系统默认值为 64；三是静区设置（静区又称死区）。模拟输入滤波器反应信号速度变化是有一定限制的，当输入与平均值的差超过静区设定范围时，滤波器对最近的模拟量输入值变化是一个阶跃函数，而不是平均值。静区的设定值采用模拟量输入的数字信号值，设定范围为 16～4080，系统默认值为 320。

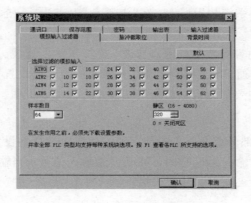

附图 9　模拟输入滤波器

3. 脉冲截取位（脉冲捕捉）

从 PLC 扫描周期可以看出，如果数字量输入脉冲宽度过窄，则未保持到输入采样阶段的输入脉冲信号可能会丢失。S7-200 CPU 为各主机数字量输入单元提供了脉冲捕捉功能。当为输入启动了脉冲截取后，输入状态的改变被锁存，即被保留至下一次输入更新。这样，持续时间短的脉冲就会被捕捉保留，而不会丢失了。启动脉冲捕捉功能的 PLC 操作见附图 10。

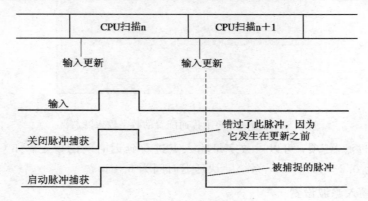

附图 10　脉冲捕捉示意图

在系统块界面上点击"脉冲截取位"标签，设置脉冲捕捉功能选项，如附图 11 所示。这时需要对要求脉冲捕捉的数字量输入点进行选择，然后进行确认。系统默认所有点都不采用脉冲捕捉。

附图 11　脉冲捕捉设置

4. 输出表的设置

S7-200 CPU 为其数字量输出点提供两种性能：一种是预置数字量输出点在 CPU 变为 STOP 方式后为已知值；另一种是设置数字量输出保持 CPU 变为 STOP 方式之前的状态。

在系统块界面上点击"输出表"标签，即可进入设置输出状态界面，此时可对各数字输出点进行设置，如附图 12 所示。

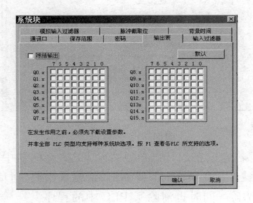

附图 12　设置输出状态

由 RUN 到 STOP 过渡时，如果将输出选项栏的对应值设定为 ON(1 态)，则从输出状态表可以获得此时的输出状态，如果不设定输出选项栏的值，则其默认值是 OFF(输出 0 态)。

5. 加密

所有的 S7-200 CPU 都提供了密码系统保护，用以限定对某些待定的 CPU 功能的使用。对 S7-200 CPU 存取功能的限制见附表 4。表中密码限制分为三个等级，可根据需要选择。

附表 4　对 S7-200 CPU 存取功能的限制

任　务	1 级	2 级	3 级
读/写用户数据、读/写时钟	不限制	不限制	不限制
启动、停止、重启 CPU			
上载 CPU 中程序、数据和配置			
下载 STL 状态到 CPU		需要密码	需要密码
删除用户程序、数据及配置			
强制数据或单次/多次扫描			
拷贝到存储器卡			
在 STOP 模式下写输出			

(1) 设置密码方法。使用 STEP7-Micro/WIN32 给 CPU 创建密码，方法是：选择"检视→系统块"，点击"密码项"，将出现附图 13 所示对话框，参照附表 4 选择加密等级，然后输入密码并确认。

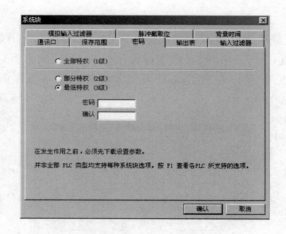

附图 13　密码设置

（2）清除密码方法。若忘记密码，则必须清除 CPU 存储器中的程序，装入新的程序。当进入 PLC 程序进行上载、下载操作时，将弹出"请输入密码"对话框，此时输入"clearplc"后确认，则 PLC 密码被清除，同时也清除了 PLC 中的程序。

B.3　程序编制及运行

B.3.1　建立项目（用户程序）

1. 打开已有的项目文件

打开已有项目常用的方法有两种：① 由文件菜单打开，即引导到现存项目，再打开文件；② 由文件名打开，因为最近的工作项目的文件名在文件菜单下会列出，所以可直接选择而不必打开对话框。另外也可以用 Windows 资源管理器寻找到适当的目录，项目在使用.mwp 扩展名的文件中。

2. 创建新项目（文件）

创建新项目的方法有三种：① 单击"新建"快捷按钮；② 打开文件菜单，点击"新建"按钮，建立一个新文件；③ 点击浏览条中的"程序块"图标，新建一个 STEP7‐Micro/WIN32项目。

3. 确定 CPU 类型

在打开一个项目后，开始写程序之前，可以选择 PLC 的类型。CPU 的类型有两种确定方法：① 在指令树中右击"项目 1（CPU）"，在弹出的对话框中左击"类型（T）…"项，即弹出"PLC 类型"对话框，在该对话框中选择所用 PLC 型号后确认即可；② 用 PLC 菜单选择"类型（T）…"项，即弹出"PLC 类型"对话框，然后选择正确的 CPU 类型即可。

B.3.2　梯形图编辑器

1. 梯形图元素的工作原理

触点代表电流可以通过的开关；线圈代表由电流充电的中继或输出；框盒（指令盒）代

表电流到达此框时执行指令盒的功能，例如计数、定时或数学操作。

2. 梯形图排布规则

网络必须从触点开始，以线圈或没有 ENO 端的框盒结束。指令盒（框盒）有 ENO 端时，电流扩展到方框以外，能在方框后放置指令。

注：对于每个用户程序，一个线圈或指令盒只能使用一次，并且不允许多个线圈串联使用。

3. 在梯形图中输入指令（编程元件）

（1）进入梯形图（LAD）编辑器。拉开"检视"菜单，单击"阶梯（L）"选项，可以进入梯形图编辑状态，程序编辑窗口将显示梯形图编辑图标。

（2）指令的输入方法。编程元件包括线圈、触点、指令盒及导线等。程序一般是顺序输入的，即自上而下，自左至右地在光标所在处放置编程元件，也可以移动光标在任意位置输入元件。每输入一个元件，光标自动向前移到下一列。换行时点击下一行位置移动光标。如附图 14 所示，方框即为光标，⊢⊢ 表示一个阶梯的开始，──≫ 表示可以继续输入元件。

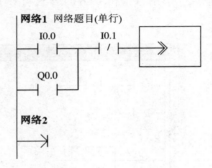

附图 14　梯形图指令编辑器

编程元件的输入有指令树双击、拖放和点击工具条快捷按钮或快捷键操作等若干方法。在梯形图编辑器中，单击工具条快捷按钮或用快捷键 F4（触点）、F6（线圈）、F9（指令盒）及指令树双击均可以选择输入指令。

工具条有 7 个编程按键，前 4 个为连接导线，后三个为触点、线圈、框盒。

元件的输入首先是在程序编辑窗口中将光标移到需要放置元件的位置，然后输入指令（元件）。指令的输入有以下两种方法：

① 用鼠标左键输入指令。例如输入触点元件，将光标移到编程区域，左键单击工具条的触点按钮，出现下拉菜单如附图 15（a）所示。用鼠标单击选中器件，按回车键，可输入元件图形，再点击元件符号上方的"???"，可输入指令操作数。

② 采用快捷键（F4、F6、F9 等）、移位键和回车键配合起来安放元件（输入指令）。例如安放输出触点，按 F6 键，将弹出如附图 15（b）所示的下拉菜单。在该下拉菜单中选择元件（可使用移位键寻找需要的元件）后，按回车键，元件将出现在光标处，再次按回车键，光标选中元件符号上方的"???"，输入操作数后按回车键确认，然后用移位键将光标移到下一行，即可输入新的程序。当输入地址、符号超出范围或与指令类型不匹配时，在该值下面将出现红色波浪线。一行程序输入结束后，单击图中该行下方的编程区域，输入触点会生成新的一行。

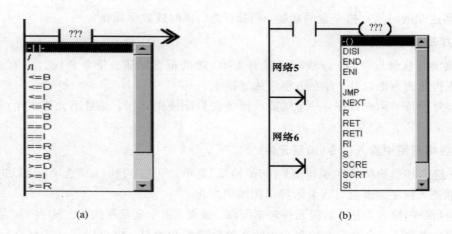

(a)   (b)

附图 15　触点、线圈指令的下拉对话框

上、下行线的操作：将光标移到要合并的触点处，单击"上行线"或"下行线"按钮。

（3）梯形图功能指令的输入。采用指令树双击的方式可在光标处输入功能指令，如附图 16 所示。

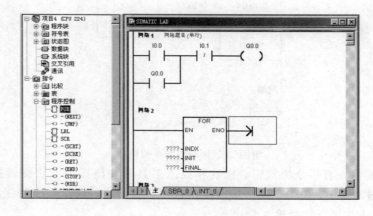

附图 16　功能指令的输入

4. 程序的编辑及参数设定

程序的编辑包括程序的剪切、拷贝、粘贴、插入和删除，字符串的替换、查找等。

（1）插入和删除。程序删除和插入的选项有行、列、阶梯、向下分支的竖直垂线、中断或子程序等。插入和删除的方法有两种：① 在程序编辑区单击右键，在弹出的如附图 17 所示的下拉菜单中点击"插入"或"删除"项，在弹出的子菜单中单击对应选项进行编辑；② 用编辑菜单选择"插入"或"删除"项，在弹出的子菜单中单击对应选项进行程序编辑。

（2）程序的复制、粘贴。可以由编辑菜单选择"复制/粘贴"项进行复制；也可以按下工具条中的"复制"和"粘贴"快捷按钮进行复制；还可以用光标选中复制内容后，单击右键，在弹出的菜单选项中选择"复制"，然后粘贴。

程序复制分为单个元件复制和网络复制两种。单个元件复制是在光标含有编程元件时单击复制项。网络复制可通过在复制区拖动光标或使用 Shift 及上、下移位键，选择单个或多个相邻网络，在网络变黑（被选中）后单击复制。光标移到粘贴处后，可以用已有效的"粘

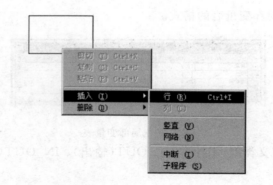

附图 17 插入下拉菜单

贴"按钮进行粘贴。

(3) 符号表。利用符号对 POU 中符号赋值的方法：单击浏览条中的"符号表"按钮，在程序显示窗口的符号表内输入参数，建立符号表。符号表见附图 18。符号表的使用方法有两种：① 编程时使用符号名称的，在符号表中填写符号名和对应的直接地址；② 编程时使用直接地址的，在符号表中填写符号名和对应的直接地址，编译后，软件将直接赋值。使用符号表并经编译后，由"检视"菜单选中"符号寻址"项，则直接地址将转换成符号表中对应的符号名。由"检视"菜单选中"符号信息表"项，在梯形图下方将出现符号表，格式如附图 19 所示。

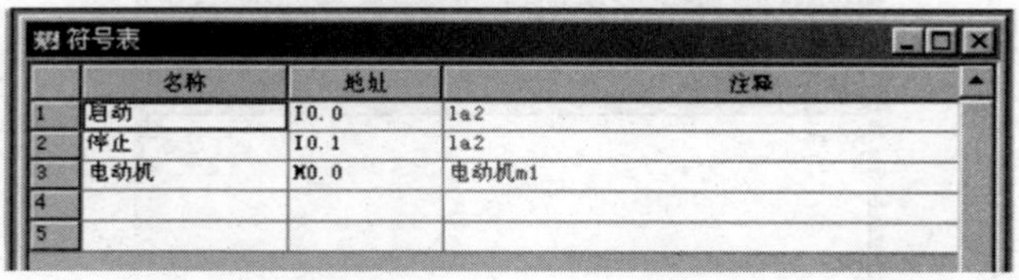

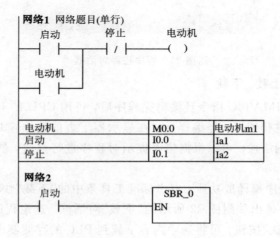

附图 18 符号表

网络1 网络题目(单行)

电动机	M0.0	电动机m1
启动	I0.0	Ia1
停止	I0.1	Ia2

网络2

附图 19 带符号表的梯形图

(4) 局部变量表。可以拖动分割条，展开局部变量表并覆盖程序视图，此时可设置局部变量表。附图 20 为局部变量表的格式。

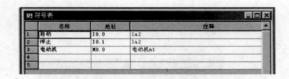

附图 20　局部变量表

局部变量有四种定义类型：IN（输入）、OUT（输出）、IN_OUT（输入_输出）及 TEMP（临时）。

IN、OUT 类型的局部变量：由调用 POU（三种程序）提供输入参数或由调用 POU 返回输出参数的变量。

IN_OUT 类型的局部变量：数值由调用 POU 提供参数，经子程序的修改后，返回 POU。

TEMP 类型的局部变量：临时保存在局部数据堆栈区内的变量，一旦 POU 执行完成，则临时变量的数据将不再有效。

5．程序注释

网络题目区又称网络名区，用左键双击后，将弹出如附图 21 所示的对话框。写入网络题目区的中、英文注释可在程序段中的网络名区域显示。网络注释内容为隐藏方式。

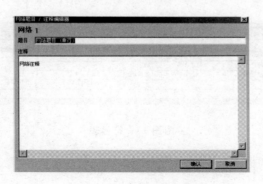

附图 21　程序注释对话框

6．程序的编译及上载、下载

（1）编译。输入 SIMATIC 指令且编辑完程序后，可用 CPU 的下拉菜单或工具条中的编译快捷按钮对程序进行编译。经编译后，在显示器下方的输出窗口中将显示编译结果，并能明确指出错误的网络段。可以根据错误提示对程序进行修改，然后再次编译，直至编译无误。

（2）下载。用户程序编译成功后，点击标准工具条中的"下载"快捷按钮，或拉开文件菜单，选择"下载"项，将弹出如附图 22 所示的"下载"对话框。选定程序块、数据块、系统块等下载内容后，按"确认"按钮，可将选中内容下载到 PLC 的存储器中。

（3）载入（上载）。上载指令的功能是将 PLC 中未加密的程序或数据送入编程器（PC 机）。

上载的方法是点击标准工具条中上载快捷键或者拉开 CPU 菜单选择上载项，在弹出的上载对话框中选择程序块、数据块、系统块等上载内容后，在程序显示窗口上载 PLC 内部程序和数据。

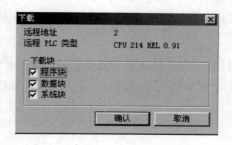

附图 22　程序下载对话框

B.3.3　程序的监视、运行、调试及其他

1. 程序的运行

当 PLC 工作方式开关在 TERM 或 RUN 位置（CPU 21X 系列方式开关只能在 TERM 位置）时，通过 STEP7 - Micro/WIN32 的菜单命令或快捷按钮都可以对 CPU 的工作方式进行软件设置。工作方式快捷按钮参见附图 6。

2. 程序监视

三种程序编辑器都可以在 PLC 运行时监视程序执行的过程和各元件的状态及数据，这里重点介绍梯形图编辑器监视运行的方法。

梯形图监视功能：拉开"检视"菜单，选中"程序状态"，这时闭合触点和通电线圈内部的颜色将变蓝（呈阴影状态）。在 PLC 的运行（RUN）工作状态下，随着输入条件的改变和定时及计数过程的进行，每个扫描周期的输出处理阶段都将各个器件的状态刷新，动态地显示各个定时、计数器的当前值，并用阴影表示触点和线圈的通电状态，以方便用户在线动态地观察程序的运行，如附图 23 所示。

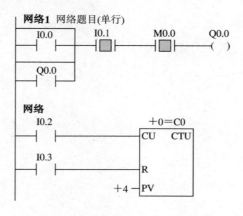

附图 23　梯形图运行状态的监视

3. 动态调试

动态调试过程是指结合程序监视运行的动态显示，分析程序运行的结果以及影响程序运行的因素，然后退出程序运行和监视状态，在 STOP 状态下对程序进行修改及编辑，重新进行编译、下载、监视运行，如此反复修改调试，直至得出正确的运行结果。

4. 编程语言的选择

SIMATIC 指令与 IEC 1131-3 指令的选择方法是：在工具菜单下打开"选项"目录，在弹出的对话框中选择"指令系统"。例如将记忆表选择为"国际"，编程模式选择为"SIMATIC"，即可选中"SIMATIC 指令"。

5. 其他功能

STEP7-Micro/WIN32 编程软件提供有 PID（闭环控制）、HSC（高速计数）、NETR/NETW（网络通讯）和人机界面 TD200 的使用向导功能。

工具菜单的指令向导选项，可以为 PID、NETR/NETW 和 HSC 指令快捷简单地设置复杂的选项。设置完成后，指令向导将为所选设置生成程序代码。

工具菜单的 TD200D 精灵选项，是 TD200 的设置向导，用来帮助设置 TD200 的信息。设置完成后，向导将生成支持 TD200 的数据块代码。

附录 C PLC 特殊标志存储器和错误信息

附表 5   操作数寻址范围

数据类型	寻 址 范 围
BYTE	IB, QB, MB, SMB, VB, SB, LB, AC, 常数，＊VD，＊AC，＊LD
INT/WORD	IW, QW, MW, SW, SMW, T, C, VW, AIW, LW, AC, 常数，＊VD，＊AC，＊LD
DINT	ID, QD, MD, SMD, VD, SD, LD, HC, AC, 常数，＊VD，＊AC，＊LD
REAL	ID, QD, MD, SMD, VD, SD, LD, AC, 常数，＊VD，＊AC，＊LD

注：输出(OUT)操作数寻址范围不含常数项，＊VD 为间接寻址。

附表 6   特殊标志存储器 SM

SM 位	描　述
SM0.0	该位始终为 1
SM0.1	该位在首次扫描时为 1，用途之一是调用初始化子程序
SM0.2	若保持数据丢失，则该位在一个扫描周期中为 1。该位可用作错误存储器位，或用来调用特殊启动顺序功能
SM0.3	开机后进入 RUN 方式，该位将 ON 一个扫描周期。该位可用作在启动操作之前给设备提供一个预热时间
SM0.4	该位提供了一个时钟脉冲，30 s 为 1，30 s 为 0，周期为 1 min。它提供了一个简单易用的延时，或 1 min 的时钟脉冲
SM0.5	该位提供了一个时钟脉冲，0.5 s 为 1，0.5 s 为 0，周期为 1 s。它提供了一个简单易用的延时，或 1 s 的时钟脉冲
SM0.6	该位为扫描时钟，本次扫描时置 1，下次扫描置 0。可用作扫描计数器的输入
SM0.7	该位指示 CPU 工作方式开关的位置(0 为 TERM 位置，1 为 RUN 位置)。当开关在 RUN 位置时，用该位可使自由端口通讯方式有效；当切换至 TERM 位置时，同编程设备的正常通讯也会有效
SM1.0	当执行某些指令后其结果为 0 时，将该位置 1
SM1.1	当执行某些指令后其结果溢出，或查出非法数值时，将该位置 1
SM1.2	当执行数学运算后其结果为负数时，将该位置 1
SM1.3	试图除以零时，将该位置 1

SM 位	描　　述
SM1.4	当执行 ATT(Add to Table)指令，若添加到表中数据的数量超出表范围，则该位置 1
SM 1.5	当执行 LIFO 或 FIFO 指令，试图从空表中读数时，将该位置 1
SM1.6	当试图把一个非 BCD 数转换为二进制数时，将该位置 1
SM1.7	当 ASCII 码不能转换为有效的十六进制数时，将该位置 1
SMB2	在自由端口通讯方式下，该字符存储从口 0 或口 1 接收到的每一个字符
SM3.0	口 0 或口 1 的奇偶校验错(0＝无错，1＝有错)
SM3.1-SM3.7	保留
SM4.0	当通信中断队列溢出时，将该位置 1
SM4.1	当输入中断队列溢出时，将该位置 1
SM4.2	当定时中断队列溢出时，将该位置 1
SM4.3	在运行时刻发现编程问题时，将该位置 1
SM4.4	该位指示全局中断允许位，当允许中断时，将该位置 1
SM4.5	当口 0 发送空闲时，将该位置 1
SM4.6	当口 1 发送空闲时，将该位置 1
SM4.7	当发生强置时，将该位置 1
SM5.0	当有 I/O 错误时，将该位置 1
SM5.1	当 I/O 总线上连接了过多的数字量 I/O 点时，将该位置 1
SM5.2	当 I/O 总线上连接了过多的模拟量 I/O 点时，将该位置 1
SM5.3	当 I/O 总线上连接了过多的智能 I/O 模块时，将该位置 1
SM5.4-SM5.6	保留
SM5.7	当 DP 标准总线出现错误时，将该位置 1

注：其他特殊存储器的标志位可参见 S7-200 系统手册。

参 考 文 献

[1] 张桂香. 电气控制与 PLC. 北京：化学工业出版社，2003
[2] 许廖. 工厂电气控制设备. 2 版. 北京：机械工业出版社，2001
[3] 连赛英. 机床电气控制技术. 北京：机械工业出版社，1996
[4] 何焕山. 工厂电气控制设备. 北京：高等教育出版社，1999
[5] 王炳实. 机床电气控制. 2 版. 北京：机械工业出版社，1999
[6] 孙平. 可编程控制器原理及应用. 北京：高等教育出版社，2003